Analysis II

2. Auflage

vdf Hochschulverlag AG
an der ETH Zürich

Meike Akveld
René Sperb

Analysis II

2. Auflage

Dr. Meike Akveld
akveld@math.ethz.ch

Prof. Dr. René Sperb
sperb@math.ethz.ch

Satz und Grafiken:
Marianne Pfister, Meike Akveld

Bibliografische Information der Deutschen Nationalbibliothek
Die Deutsche Nationalbibliothek verzeichnet diese Publikation in der Deutschen Nationalbibliografie; detaillierte bibliografische Daten sind im Internet über http://dnb.d-nb.de abrufbar.

ISBN 978-3-7281-3653-4

1. Auflage 2011
2., überarbeitete Auflage 2015

www.vdf.ethz.ch

Vorwort zu Analysis 2

Der Band Analysis 2 ist die Fortsetzung von Analysis 1 von Akveld/ Sperb. Die Themen sind Differentialrechnung für mehrere Variablen (Kap. 5), Integralrechnung (Kap. 6) und partielle Differentialgleichungen (Kap. 7), die neuerdings erst in der Analysis III Vorlesung behandelt werden. Dazu kommen noch ein Anhang (Kap. 5.8) mit einem Ausflug in die lineare Algebra und ein Anhang (Kap. 6.8) mit Grundlagen der Differentialgeometrie, die im Zusammenhang mit Vermessungstechnik von Bedeutung sind, sowie eine Einführung in die Fouriertransformation, die heute in den verschiedensten praktischen Anwendungen eingesetzt wird (Kap. 7.5).

Geometrische Aspekte sind bei mehreren Variablen von grosser Bedeutung und die graphische Veranschaulichung wird sehr wichtig. Deshalb sind neu sehr viele farbige Abbildungen dabei, die zwar leider den Druck verteuern, aber dem Verständnis von komplexeren Situationen enorm helfen.

Das Kapitel 7 über partielle Differentialgleichnugen ist beigefügt worden, weil für das Verständnis der meisten physikalischen Vorgänge die Beherrschung partieller Differentialgleichungen eine Grundvoraussetzung ist. Im Weitern spielen mathematische Modelle heute eine immer wichtigere Rolle in den verschiedensten Gebieten, und dort sind wieder partielle Differentialgleichungen von grösster Bedeutung. Deren numerische Behandlung gehört zu den Standardproblemen in der Industrie und Forschung. Aber ohne Grundkenntnisse der analytischen Methoden kann man auch die numerischen Methoden nicht verstehen.

In der vorliegenden Auflage sind verschiedene Korrekturen und Verbesserungen in der Strukturierung des Textes vorgenommen worden. Die Kapitel sind weiter aufgeteilt in Unterkapitel und neu dazu gekommen ist auch ein Stichwortverzeichnis. Dazu haben wir versucht, Beispiele konsequent mit BEISPIEL: anzufangen und mit einem Kreis ○ zu beenden. Theoreme sind fett gedruck, wie **Theorem**, und der Text des Satzes ist kursiv geschrieben. Das Ende eines Beweises wird mit dem in der Mathematik üblichen Quadrat □ angegeben. Die Autoren erhoffen sich damit einen Vorteil für die Studierenden beim Erarbeiten dieses sicher anspruchsvollen Textes. An Frau Marianne Pfister geht unser Dank für die Überarbeitung der Latex-Version und des Layouts. Schliesslich danken wir auch Rafaela Guberovich für das Verfassen und Schreiben von vielen Aufgaben und Lösungen.

Inhaltsverzeichnis

5 Differentialrechnung

VORBEMERKUNG:

Funktionen mit zwei Variablen lassen sich, wie weiter unten erklärt, als Flächen im Raum darstellen. Für Funktionen mit drei oder mehr Variablen ist etwas anschaulich Analoges nicht mehr möglich. Es gibt viele Situationen, wo eine andere Interpretation möglich ist: z.B. die Temperatur $T(x, y, z)$ in einem Punkt des Raumes (3 Variablen) oder die Temperatur $T(x, y, z, t)$ in einem Raumpunkt zu einer bestimmten Zeit (4 Variablen).

5.1 Darstellung von Funktionen mit zwei Variablen

Wir betrachten zuerst eine Funktion mit zwei Variablen x, y und Funktionswert $f(x, y)$. In einem räumlichen kartesischen Koordinatensystem können wir dann als z-Koordinate den Wert $f(x, y)$ wählen. Falls (x, y) in einem Gebiet G der Ebene variiert, liegen die z-Werte $f(x, y)$ auf einem Flächenstück im Raum über dem Gebiet G.

Als erstes Beispiel wählen wir eine lineare Funktion:

$$f(x, y) = ax + by + c.$$

Wir wollen uns überlegen, wie der Graph dieser Funktion aussieht. Aus der Vektorgeometrie ist bekannt, dass die Gleichung $ax + by + cz = d$ eine Ebene im Raum beschreibt. Also handelt es sich hier auch um eine Ebene.

Um ihre Lage im Raum zu finden, genügt es, wenn wir die Schnittpunkte mit den Achsen kennen. Um den Schnittpunkt x_s mit der x-Achse zu bestimmen, müssen wir $y = 0$ und $z = f(x, y) = 0$ setzen und erhalten damit

$$x_s = -\frac{c}{a}.$$

Analog erhalten wir

$$y_s = -\frac{b}{a} \quad \text{und} \quad z_s = c.$$

Am bequemsten ist es, die Ebene direkt in der Achsenabschnittsform

$$\frac{x}{p} + \frac{y}{q} + \frac{z}{r} = 1$$

zu schreiben. Die Achsenabschnitte sind dann, wie man sofort verifiziert, p, q und r. In der Zeichnung unten ein Ausschnitt aus der Ebene:

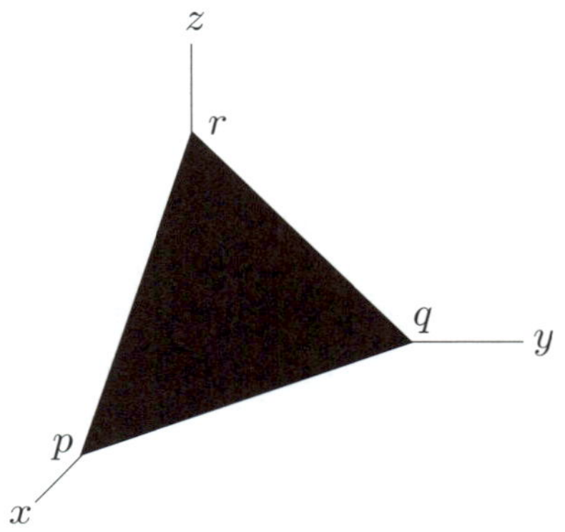

Abb. 5.1. Graph einer linearen Funktion in zwei Variablen

Um eine weitere wichtige Darstellungsart einer Fläche zu beschreiben, betrachten wir

$$f(x, y) = x^2 - y^2$$

mit folgendem Graphen:

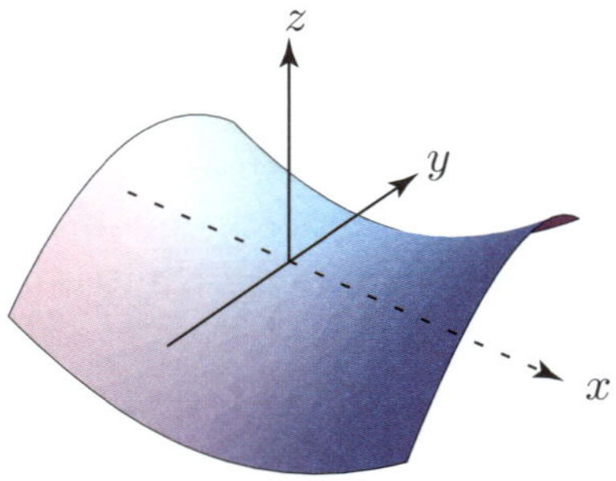

Abb. 5.2. Graph einer nicht linearen Funktion in zwei Variablen

Eine andere wichtige Information erhält man, wenn man die Linien in der xy-Ebene betrachtet, für welche $f(x, y)$ einen konstanten Wert annimmt. Diese Linien oder Kurven nennt man Niveaulinien. Auf einer Landkarte entsprechen sie den Höhenkurven. In unserem Beispiel heisst dies:

$$x^2 - y^2 = \text{const.} = c,$$

und das Bild dürfte bekannt sein: Hyperbeln. In Abb. 5.3 sind einige Niveaulinien (d.h. für verschiedene Werte von c) gezeichnet.

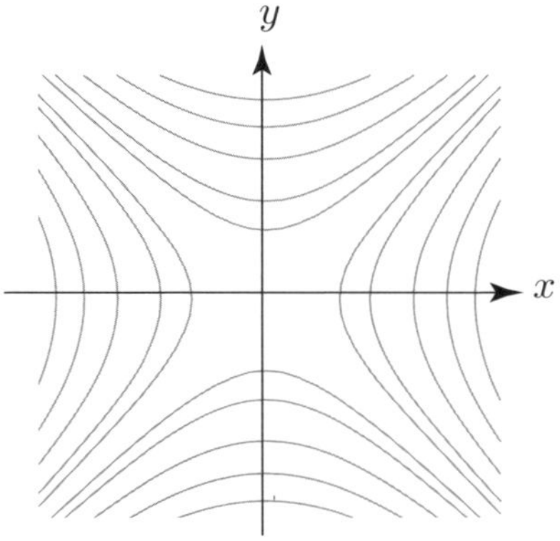

Abb. 5.3. Niveaulinien der Funktion $f(x, y) = x^2 - y^2$

Ein spezieller, aber oft auftretender Fall ist, dass die Funktion $f(x, y)$ die Form

$$f(x, y) = g(x^2 + y^2)$$

hat. Dann sind die Niveaulinien $g(x^2 + y^2) = \text{const.}$, d.h. $x^2 + y^2 = \text{const.}$, also Kreise. Die Fläche $z = f(x, y)$ ist also dann rotationssymmetrisch.

Man kann die Sachlage noch besser verstehen, wenn man beachtet, dass $r = \sqrt{x^2 + y^2}$ der Abstand von der z-Achse ist. Dann ist das Bild von $f(x, y) = g(\sqrt{x^2 + y^2})$ eine Rotationsfläche mit dem Profil $z = g(r)$.

Beispiel:

$z = a\sqrt{x^2 + y^2}$ hat das Profil $z = ar$, also eine Gerade mit Steigung a durch den Nullpunkt.

Zu beachten ist weiter noch, dass $r \geq 0$. Damit ist klar, dass das Bild ein Kegel mit Spitze im Nullpunkt und halbem Öffnungswinkel α ist, wobei $\tan \alpha = \frac{1}{a}$ gilt, siehe folgende Abbildung:

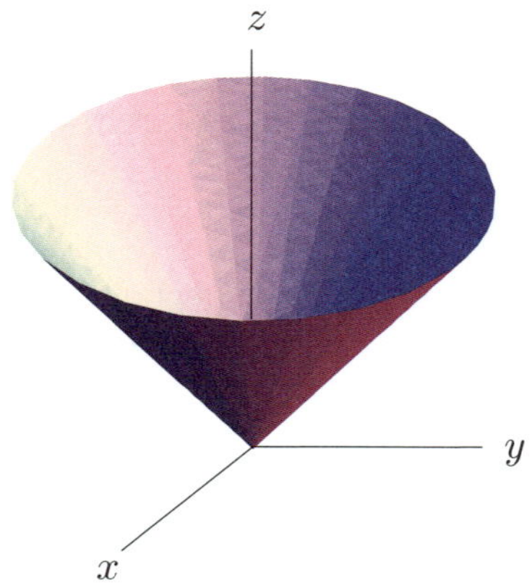

Abb. 5.4. Ein Kegel mit Spitze im Nullpunkt

Man kann natürlich die Fläche, gegeben durch $z = f(x, y)$, auch mit einer anderen Ebene oder mit einer anderen Fläche schneiden. Oft liefern auch Schnitte mit Ebenen parallel zur (x, z)-Ebene, zur (y, z)-Ebene oder sogar mit einer beliebigen Ebene wichtige Informationen. Dazu betrachten wir das folgende Beispiel:

Beispiel: Wir nehmen den Kegel

$$z = \sqrt{x^2 + y^2}$$

und schneiden mit der Ebene $x = a$. Das ergibt durch Einsetzen und Quadrieren:

$$z^2 = a^2 + y^2,$$

oder äquivalent:

$$\left(\frac{z}{a}\right)^2 - \left(\frac{y}{a}\right)^2 = 1,$$

was bekanntlich die Gleichung einer Hyperbel ist; siehe Abb. 5.5.

Sie hat zwei Äste, denn durch das Quadrieren ist noch der zweite Ast dazu gekommen. Man kann auch eine Ellipse als Schnittkurve bekommen, beispielsweise durch Schnitt mit der Ebene

$$z = 2 - \frac{1}{2}x.$$

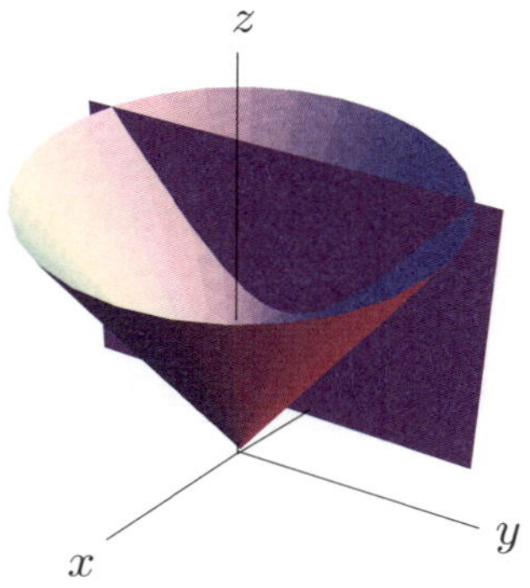

Abb. 5.5. Ein Kegel, geschnitten mit einer vertikalen Ebene

Einsetzen und wieder quadrieren ergibt jetzt

$$\left(2 - \frac{1}{2}x\right)^2 = x^2 + y^2.$$

Nach einiger Umformung erkennt man (versuchen Sie es selbst!), dass die Ellipse die Achsenlängen $a = \frac{8}{3}$ und $b = \frac{4}{\sqrt{3}}$ sowie den Mittelpunkt bei $(-\frac{4}{3}, 0)$ hat. Die Situation ist folgendermassen dargestellt:

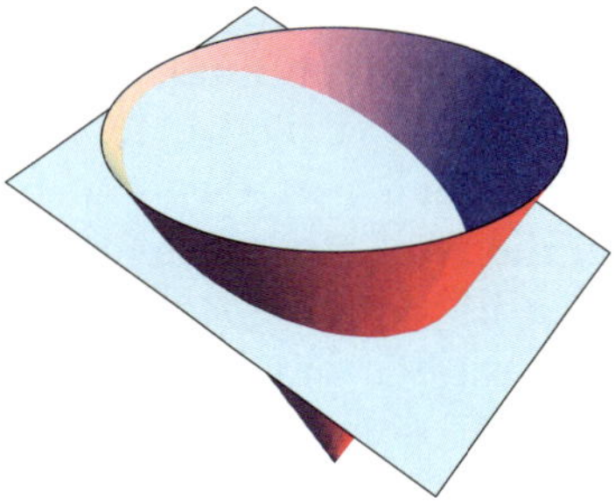

Abb. 5.6. Schnittmenge eines Kegels und einer Ebene

Es ist noch zu bemerken, dass die obige Gleichung die Gleichung der Projektion der Schnittellipse auf die (x, y)-Ebene ist. Die wahre Schnittellipse hat die Achsenlängen

$$a = \frac{8}{3} \cdot \frac{\sqrt{5}}{2},$$
$$b = \frac{4}{\sqrt{3}}.$$

Der Faktor $\frac{\sqrt{5}}{2}$ für die Achse a ergibt sich aus der Steigung 1/2 der Schnittebene. ○

Die Schnittmenge von zwei Flächen besteht aus einer oder mehreren Raumkurven. Das kann zu sehr komplizierten Situationen führen, was hier nicht diskutiert werden soll.

BEISPIEL: Wir betrachten die folgende Liste von Funktionen:

a) $f(x,y) = \cos^2 y + \frac{1}{4}x^2.$ b) $f(x,y) = x^2y^2e^{-x^2-y^2}.$

c) $f(x,y) = \cos x \cos y.$ d) $f(x,y) = y^3 - 3x^2y.$

In Abb. 5.7 und 5.8 sehen Sie einerseits eine Liste von Graphen und anderseits eine Liste von Niveaulinien. Die Aufgabe ist, diese einander richtig zuzuordnen. Betrachten wir zum Beispiel den Graph D, so sehen wir eine Periodizität sowohl in der x- wie auch in der y-Richtung. Dies entspricht dem Bild ii) der Niveaulinien und unter den Funktionen ist c) die einzige, die sowohl in x wie auch in y periodisch ist. Damit haben wir das Triple c), D, ii) gefunden. Der Graph A ist symmetrisch in der x- und der y-Richtung, genau wie die Niveaulinien iv). Bei den Funktionen ist nur die Funktion b) symmetrisch in x und y. D.h. das Triple b), A, iv) gehört also zusammen. Bei den Niveaulinien in iii) sehen wir, dass die beiden Achsen und zwei weitere Ursprungsgeraden die Null-Niveaulinien sind. Wenn wir die Funktion in d) faktorisieren, $f(x,y) = y(y^2 - 3x^2)$, dann entspricht dies genau dieser Situation. Von den Graphen hat B) sicher nicht diese Eigenschaft, also muss es Graph C sein, und somit haben wir die beiden letzten Triple gefunden: d), C, iii) und a), B, i). ○

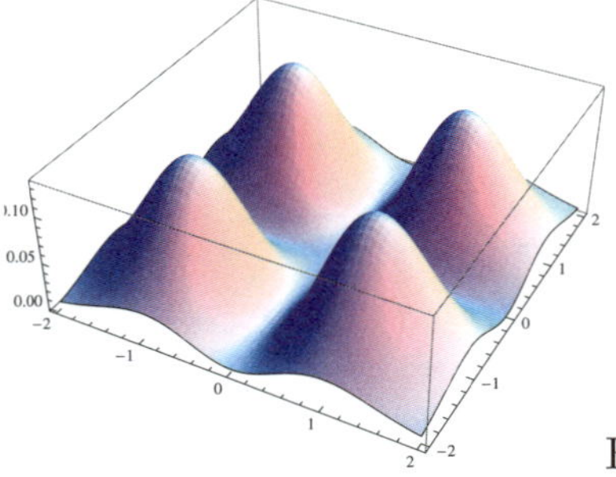

A)

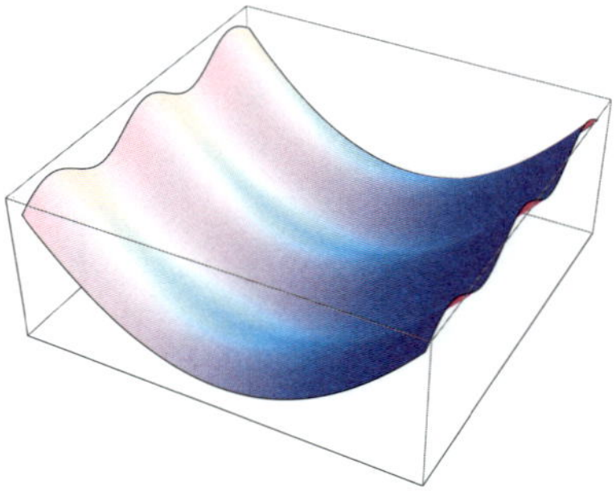

B)

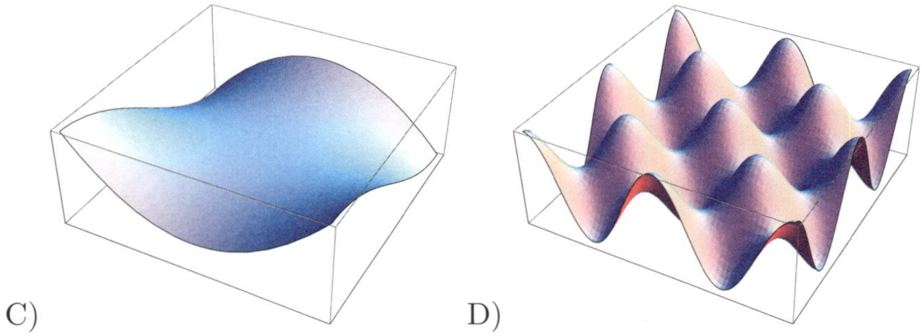

Abb. 5.7. Verschiedene Funktionsgraphen

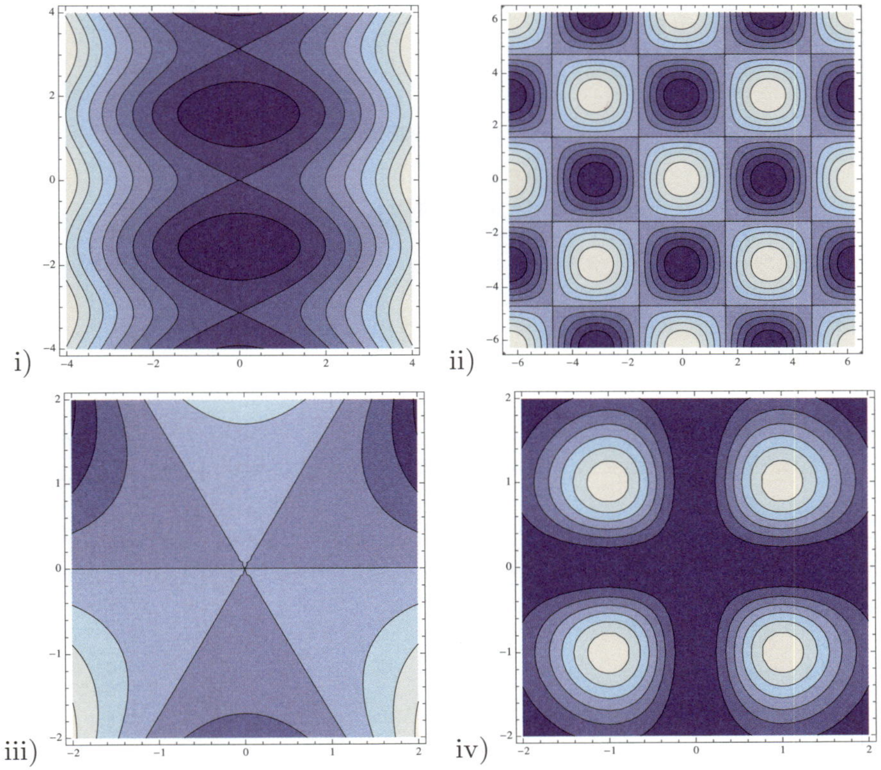

Abb. 5.8. Niveaulinien verschiedener Funktionen

5.2 Partielle Ableitungen und der Gradient

Für eine Funktion einer Variablen war die erste Ableitung definiert worden als

$$\frac{df}{dx}(x) = \lim_{\Delta x \to 0} \frac{f(x+\Delta x) - f(x)}{\Delta x} .$$

Für eine Funktion mit zwei Variablen definiert man die *partielle Ableitung nach* x analog als

$$\frac{\partial f}{\partial x}(x,y) = \lim_{\Delta x \to 0} \frac{f(x+\Delta x, y) - f(x,y)}{\Delta x} .$$

Das Zeichen ∂, gelesen *delta*, wird gewählt, um klarzustellen, dass x nicht die einzige Variable ist. Die geometrische Bedeutung ist entsprechend der Definition die folgende: die Fläche $z = f(x,y)$ wird mit der Ebene $y =$ const. geschnitten und die partielle Ableitung gibt die Steigung der Tangente an die Schnittkurve:

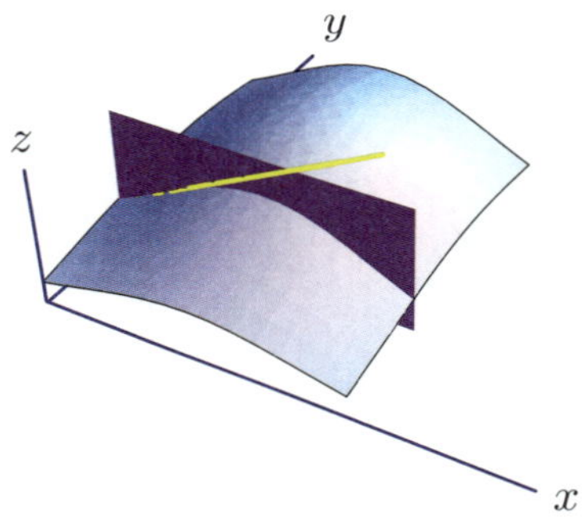

Abb. 5.9. Veranschaulichung der partiellen Ableitung $\frac{\partial f}{\partial x}(x,y)$

Die Berechnung der partiellen Ableitung geschieht nach den bekannten Ableitungsregeln, unter Beachtung der Vorgabe, dass y als Konstante zu behandeln ist.

Beispiel: Sei $f(x,y) = \sqrt{x^3 + 3yx + y}$, so gilt:

$$\frac{\partial f}{\partial x}(x,y) = \frac{3x^2 + 3y}{2\sqrt{x^3 + 3yx + y}} .$$

○

Andere Schreibweisen für die partielle Ableitung sind f_x, $\partial_x f$ oder auch $D_x f$. Völlig analog definiert man

$$\frac{\partial f}{\partial y}(x,y) = \lim_{\Delta y \to 0} \frac{f(x, y + \Delta y) - f(x,y)}{\Delta y} \,.$$

Die geometrische Bedeutung ist evident: Steigung der Tangente an die Schnittkurve der Fläche $z = f(x,y)$ mit der Ebene $x = \text{const}$.

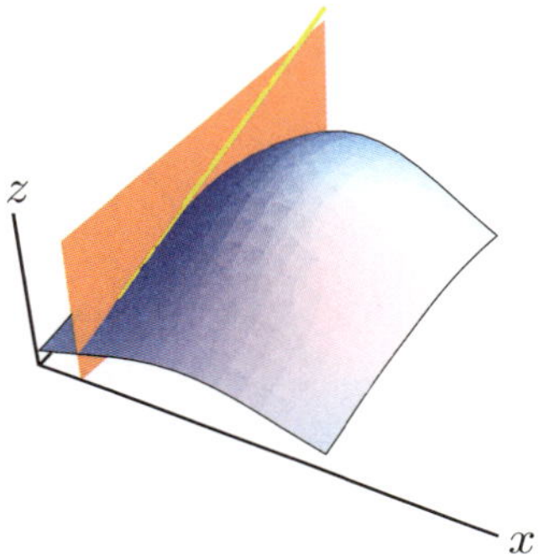

Abb. 5.10. Veranschaulichung der partiellen Ableitung $\frac{\partial f}{\partial y}(x,y)$

Die Berechnung ist auch klar: jetzt ist x als Konstante zu behandeln. Im obigen Beispiel erhält man also:

$$\frac{\partial f}{\partial y}(x,y) = \frac{3x+1}{2\sqrt{x^3+3yx+y}}.$$

Für viele spätere Rechnungen werden wir die Tangentensteigung für eine beliebige Schnittebene (senkrecht zur (x,y)-Ebene) brauchen, gemäss folgendem Bild:

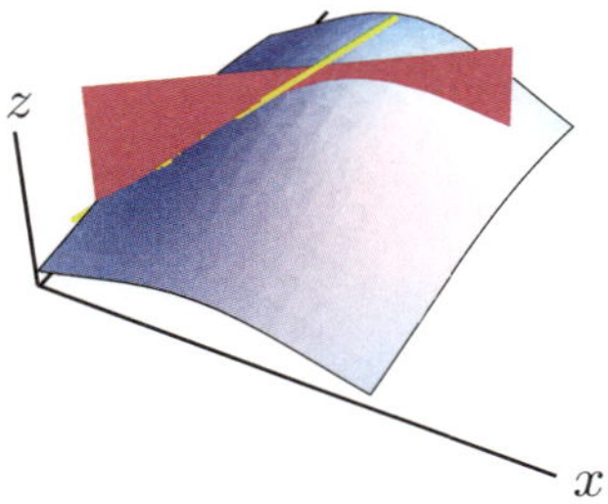

Abb. 5.11. Tangentensteigung in einer beliebigen Schnittebene

Wenn wir das Skelett der Situation betrachten, ergibt sich folgendes Bild:

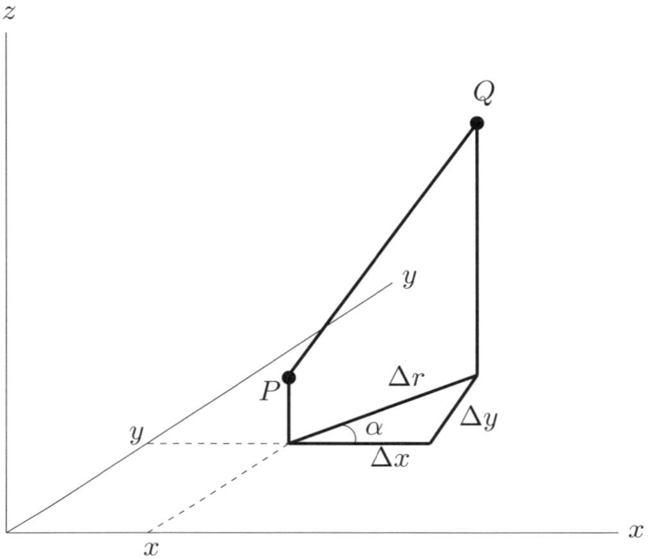

Abb. 5.12. Sekantensteigung

Wir müssen zuerst die Steigung σ der Sekante PQ durch zwei Flächenpunkte bestimmen. Aus der obigen Zeichnung können wir entnehmen, dass

$$\sigma = \frac{f(x + \Delta x, y + \Delta y) - f(x, y)}{\Delta r} ,$$

wobei $\Delta r = \sqrt{\Delta x^2 + \Delta y^2}$. Jetzt wird der Ausdruck für σ auf typische Mathematikerart umgeschrieben:

$$\sigma = \frac{f(x + \Delta x, y + \Delta y) - f(x, y + \Delta y)}{\Delta r} + \frac{f(x, y + \Delta y) - f(x, y)}{\Delta r} .$$

Man muss nun beachten, dass $\Delta r \to 0$ auch $\Delta x \to 0$ und $\Delta y \to 0$ nach sich zieht. Weiter schreiben wir:

$$\frac{\Delta x}{\Delta r} = \cos \alpha, \quad \frac{\Delta y}{\Delta r} = \sin \alpha.$$

Damit können wir den Ausdruck für σ umschreiben in die Form:

$$\sigma =$$
$$\frac{f(x+\Delta x, y+\Delta y) - f(x, y+\Delta y)}{\Delta x} \cdot \cos\alpha + \frac{f(x, y+\Delta y) - f(x,y)}{\Delta y} \cdot \sin\alpha.$$

Wenn man jetzt den Grenzwert für $\Delta r \to 0$ bildet, d.h. auch $\Delta x \to 0$ und $\Delta y \to 0$, bekommt man die Steigung τ der Tangente an die Schnittkurve. Dies wird die Ableitung in Richtung α oder die Richtungsableitung von f in Richtung α genannt, und wir schreiben es als $D_\alpha f$. Das wichtige Resultat kann somit geschrieben werden als

$$\tau = D_\alpha f(x,y) = f_x(x,y) \cdot \cos\alpha + f_y(x,y) \cdot \sin\alpha.$$

Wir schreiben das Ergebnis noch um mittels des Einheitsvektors

$$\vec{e_\alpha} = (\cos\alpha, \sin\alpha)$$

und dem neu eingeführten Vektor $\nabla f(x,y) = \big(f_x\,(x,y), f_y\,(x,y)\big)$: *Gradient von* f.

Das Symbol ∇ wird wegen seiner Form nach einem antiken Saiteninstrument *Nabla* genannt. In dieser Schreibweise heisst unser wichtiges Resultat:

$$\boxed{D_\alpha f(x,y) = \nabla f(x,y) \cdot \vec{e_\alpha}\,,}$$

wobei $\cdot$ das Skalarprodukt von zwei Vektoren bezeichnet. Wir zeigen, dass man die Richtungsableitung auch geometrisch deuten kann als Steigung der Schnittgeraden der Tangentialebene und der Ebene senkrecht zur (x,y)-Ebene in der vorgegebenen Richtung.

Wir nehmen im Folgenden an, eine Fläche sei in der Form $z = f(x,y)$ darstellbar. Später werden wir das erweitern.

Wir werden als Anwendung der Kettenregel in 5.4 zeigen, dass man die Tangentialebene T_P auf folgende Art definieren kann: Die Tangentialebene in einem regulären Punkt P einer Fläche S wird aufgespannt durch die Tangentenvektoren an alle Kurven in F durch P. Ein Punkt $P = (x_0, y_0, f(x_0,y_0))$ in F heisst dabei regulär, falls f_x und f_y in (x_0, y_0) stetig sind:

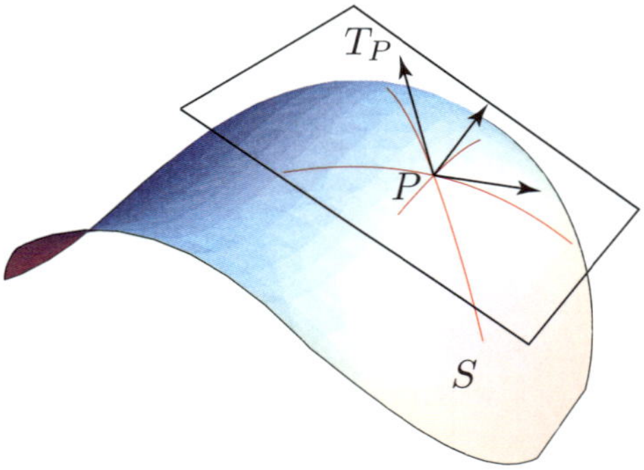

Abb. 5.13. Die Definition der Tangentialebene als Menge aller Tangentenvektoren

Die Tangentialebene T_P in einem Punkt P einer Fläche ist demnach aufgespannt durch zwei Tangentenvektoren t_1 und t_2 in P.

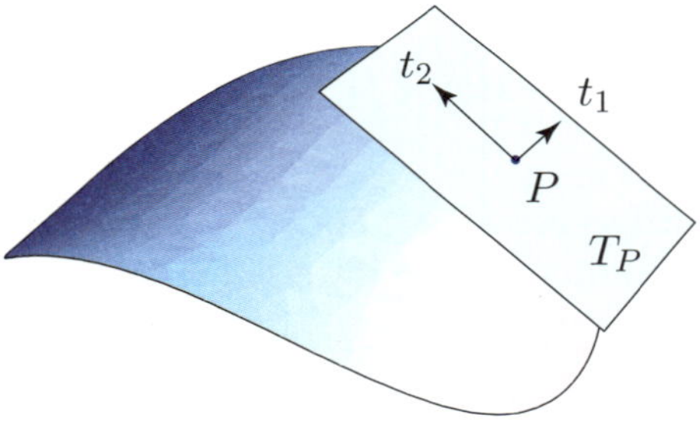

Abb. 5.14. Die Tangentialebene T_P zu einer Fläche im Punkt P

Diese Tangentenvektoren sind ihrerseits wieder definiert als Tangentenvektoren an eine Kurve in der Fläche. Es sei jetzt $P = (x_0, y_0, z_0)$, wobei $z_0 = f(x_0, y_0)$. Als Kurven in der Fläche wählen wir die Schnittkurven einmal mit der Ebene $x = x_0$ und einmal mit der Ebene $y = y_0$. Das sind die Ebenen, die bei der Definition der partiellen Ableitungen benutzt wurden. Also können wir für die Vektoren t_1 und t_2 nehmen:

$$(1, 0, f_x(x_0, y_0)) \quad \text{und} \quad (0, 1, f_y(x_0, y_0)).$$

Wenn wir das Vektorprodukt dieser zwei Vektoren berechnen, erhalten wir einen Normalvektor $\vec{n}$ zur Tangentialebene T_P. Man bekommt dann

$$\vec{n} = (-f_x(x_0, y_0), -f_y(x_0, y_0), 1).$$

Wir benutzen weiter die Tatsache, dass die Ebene T_P vektoriell beschrieben werden kann durch die Bedingung

$$\vec{n} \cdot (\vec{r} - \vec{r_0}) = 0,$$

wobei $\vec{r} = (x, y, z)$ zu einem beliebigen Punkt in T_P zeigt und $\vec{r_0}$ zu P zeigt. Damit haben wir die Gleichung der Tangentialebene gefunden:

$$\boxed{-f_x(x_0, y_0) \cdot (x - x_0) - f_y(x_0, y_0) \cdot (y - y_0) + (z - f(x_0, y_0)) = 0\,.}$$

Nun schneiden wir T_P mit einer Schnittebene S senkrecht zur (x, y)-Ebene durch den Punkt $P_0 = (x_0, y_0)$ in einer Richtung γ, d.h. es muss gelten: $y - y_0 = \tan\gamma(x - x_0)$. Wenn wir diese Relation in der Gleichung für T_P einsetzen, erhalten wir die Gleichung der Schnittgeraden s:

$$z - z_0 = f_x(x_0, y_0) \cdot (x - x_0) + \tan\gamma f_y(x_0, y_0) \cdot (x - x_0).$$

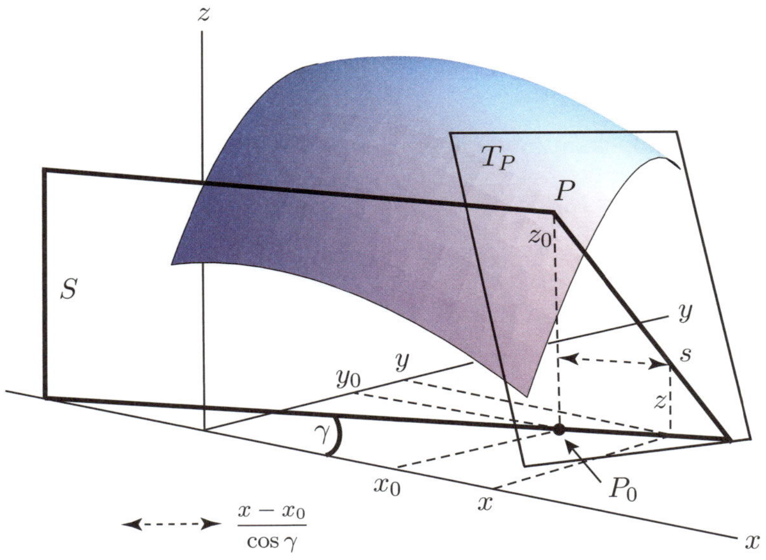

Abb. 5.15. Richtungsableitung als Schnitt mit Tangentialebene

Die Steigung von s ist aber

$$\left(\frac{z - z_0}{\frac{x - x_0}{\cos\gamma}}\right) = f_x(x_0, y_0)\cos\gamma + f_y(x_0, y_0)\sin\gamma,$$

das ist also genau was wir auf andere Art als Steigung in Richtung γ erhalten haben.

Der Gradient spielt in vielen Problemen eine wichtige Rolle, insbesondere in der Physik. Eine wichtige Bedeutung ersieht man weiter aus folgender Betrachtung: Wir nehmen einen festen Punkt (x, y) und suchen die Richtung α, für die $D_\alpha f$ maximal ist. Dazu müssen wir uns an die geometrische Eigenschaft des Skalarproduktes erinnern:

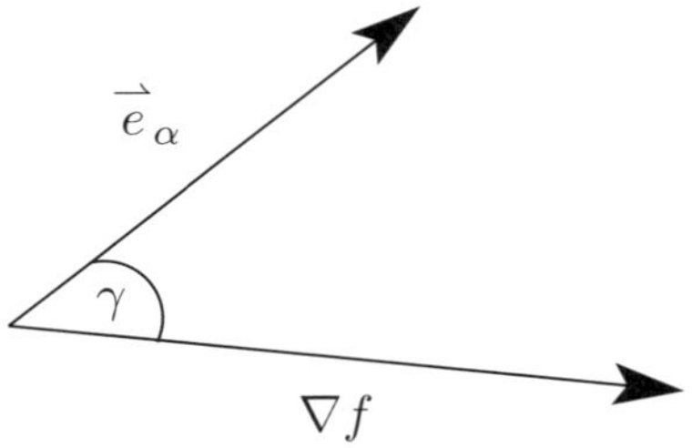

Abb. 5.16. Veranschaulichung des Skalarproduktes

Das Skalarprodukt kann auch geschrieben werden als

$$\nabla f(x, y) \cdot \vec{e_\alpha} = |\nabla f(x, y)| \cdot |\vec{e_\alpha}| \cdot \cos \gamma,$$

wo $\gamma = \angle(\nabla f(x, y), \vec{e_\alpha})$. Es ist zu beachten, dass das Multiplikationszeichen auf der linken Seite das Skalarprodukt bezeichnet. Auf der rechten Seite bezeichnet der Punkt die übliche Multiplikation von Zahlen – man verwendet also das gleiche Zeichen, es ist aus der Situation jeweils klar, was gemeint ist. Da aber $|\vec{e_\alpha}| = 1$ und $|\nabla f(x, y)|$ konstant ist, wenn man den Punkt (x, y) nicht ändert, ist klar, dass dieser Ausdruck maximal wird, wenn $\cos \gamma = 1$, d.h. $\gamma = 0$. Mit anderen Worten: der Gradient gibt die Richtung der maximalen Steigung an.

Falls $\gamma = \frac{\pi}{2}$ oder $\gamma = -\frac{\pi}{2}$, ist $\cos \gamma = 0$ und damit auch die Richtungsableitung, das heisst aber, dass dies die Richtung der Niveaulinie sein muss. Also gilt auch:

Der Gradient steht senkrecht zur Niveaulinie.

BEISPIELE:

1. Was ist die Steigung der Funktion $f(x,y) = e^{-x^2+2y}$ im Punkt $(-3,4)$ in Richtung des Vektors $(1,2)$? Wir berechnen zuerst

$$f_x(x,y) = -2xe^{-x^2+2y}, \quad f_y(x,y) = 2e^{-x^2+2y}.$$

Der Einheitsvektor in derselben Richtung ist $\overrightarrow{e_\alpha} = \frac{(1,2)}{\sqrt{5}}$. Nun müssen wir $x = -3$ und $y = 4$ einsetzen und erhalten damit die Steigung von f an der Stelle $(-3,4)$ in Richtung des Vektors $(1,2)$:

$$D_\alpha f(-3,4) = \begin{pmatrix} 6e^{-1} \\ 2e^{-1} \end{pmatrix} \cdot \frac{1}{\sqrt{5}} \begin{pmatrix} 1 \\ 2 \end{pmatrix} = \frac{10}{\sqrt{5}} e^{-1} \approx 1.645\,.$$

2. Ein Motocrossfahrer fährt den Hügel

$$z = 1 - \frac{1}{2}x^2 - \frac{1}{4}y^2$$

hinauf. Auf der Landkarte entspricht sein Weg der Parabel $y = (x-1)^2$ von $(1,0)$ zum Punkt $(0,1)$. Wieviel Prozent Steigung hat er zu überwinden im Punkt $(\frac{1}{2}, y, z)$?

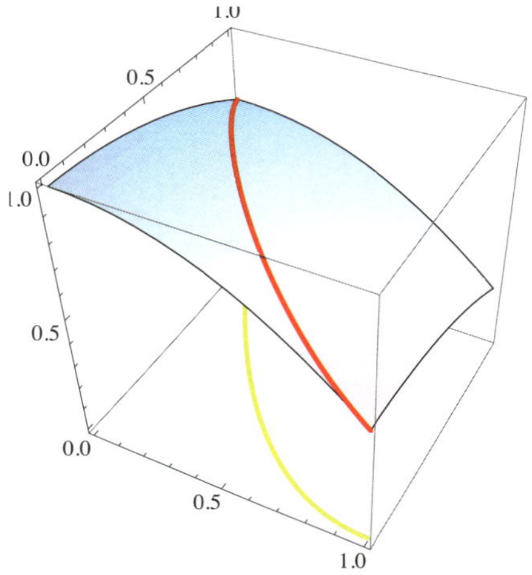

Abb. 5.17. Weg des Motocrossfahrers

Lösung: Wir brauchen zuerst die Tangentenrichtung der Parabel im Punkte $(\frac{1}{2}, (\frac{1}{2}-1)^2)$. Die Steigung der Parabel ist dort -1. Als Richtungsvektor kann man den Vektor $(-1, 1)$ nehmen, da wir in negativer x-Richtung fahren. Wir haben also $\vec{e}_\alpha = \frac{(-1,1)}{\sqrt{2}}$.

Weiter ist $f_x = -x = -\frac{1}{2}$, $f_y = -\frac{1}{2}y = -\frac{1}{8}$. Damit bekommt man die Steigung

$$D_\alpha f = \nabla f \cdot \vec{e}_\alpha = \frac{3}{8\sqrt{2}};$$

dies entspricht einer Steigung von etwa 26.5%. ○

5.2.1 Verallgemeinerung auf drei oder mehr Variablen

Für eine Funktion $w = f(x, y, z)$ von drei Variablen definiert man die partiellen Ableitungen völlig analog, und die Berechnung ist ebenfalls gleich: Die zwei anderen Variablen werden beim Ableiten als Konstante behandelt. Gradient und Richtungsableitung werden ebenso übernommen, nur gibt man jetzt bequemer direkt die Richtung durch einen Vektor vor.

Beispiel:

Sei $f(x, y, z) = xyz + xz + y + 2z$ eine Funktion und $P = (1, -2, \frac{1}{2})$ ein Punkt im Definitionsbereich. Bestimme die Richtungsableitung von f an der Stelle P in Richtung $\vec{v} = (1, 1, 2)$. Wir berechnen zuerst den Gradienten von f:

$$\begin{aligned}\nabla f(x, y, z) &= (f_x(x, y, z), f_y(x, y, z), f_z(x, y, z)) \\ &= (yz + z, xz + 1, xy + x + 2),\end{aligned}$$

und den normalisierten Richtungsvektor $\vec{e} = \frac{(1,1,2)}{\sqrt{6}}$. Damit bekommt man im Punkt P durch Einsetzen:

$$D_{\vec{e}} f\left(1, -2, \frac{1}{2}\right) = \nabla f\left(1, -2, \frac{1}{2}\right) \cdot \vec{e} = \frac{3}{\sqrt{6}}.$$

○

Man kann wieder zeigen, dass der Gradient die Richtung der stärksten Zunahme angibt, wobei dann $|\nabla f|$ diese Zunahmerate ist. Anstatt Niveaulinien hat man jetzt Niveauflächen, und der Gradient steht senkrecht zur

Niveaufläche, wie wir später sehen werden. Zur Illustration zwei bekannte Fälle:

BEISPIEL:

1. Eine Ebene im Raum können wir z.B. als Niveaufläche der Funktion $f(x, y, z) = ax + by + cz$ auffassen. Dazu senkrecht steht also der Vektor (a, b, c) und dies ist ja der Gradient von f.

2. Eine Kugel können wir als Niveaufläche der Funktion $f(x, y, z) = x^2 + y^2 + z^2$ auffassen. Dann verifiziert man sofort, dass $\nabla f(x, y, z) = 2(x, y, z)$ senkrecht zur Kugelfläche ist.

○

5.2.2 Anwendungen

Wir betrachten in diesem Abschnitt einige Anwendungen der partiellen Ableitungen und des Gradienten.

1. Steigung einer implizit gegebenen Kurve

Eine Kurve sei in der Form $f(x, y) = \text{const.}$ gegeben. Gesucht ist die Steigung in einem Punkt (x, y) der Kurve.

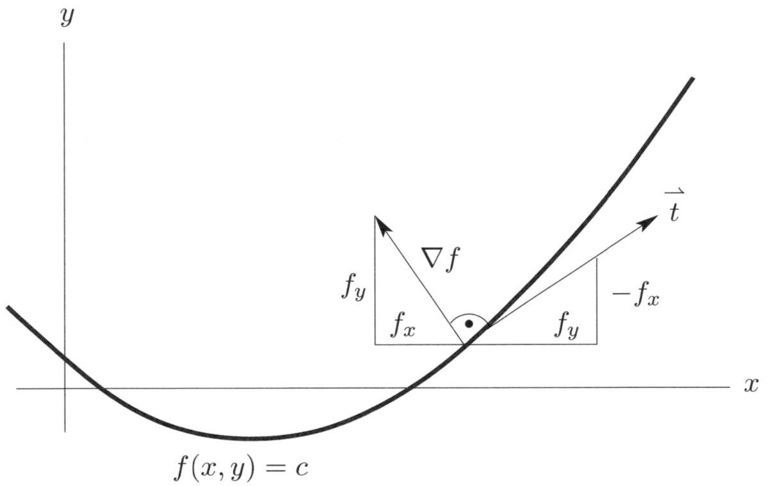

Abb. 5.18. Tangente zu einer implizit gegebenen Kurve

Wir nutzen aus, dass der Gradient (f_x, f_y) senkrecht zum Tangentialvektor $\vec{t}$ steht. Damit erhalten wir $\vec{t} = (f_y, -f_x)$. Die Vorzeichenwahl entspricht dabei der gezeichneten Situation. Somit erhalten wir für die Steigung:

$$y' = -\frac{f_x}{f_y},$$

wobei $y = y(x)$ die (gedachte) explizite Form des selben Kurvenstücks ist.

BEISPIEL:

Gegeben sei die Kurve $f(x, y) = xye^{x+y} = 2$. Diese Gleichung lässt sich nicht explizit auflösen nach y. Trotzdem können wir die Steigung in einem Punkt berechnen.

Gesucht sei zum Beispiel die Steigung im Punkte $(2, ?)$. Zuerst muss man mit einem Näherungsverfahren (z.B. mit dem Newtonverfahren) den y-Wert bestimmen. Man erhält dann $y \approx 0.120$. Jetzt können wir diesen Wert in der obigen Ableitungsformel einsetzen und bekommen nach Kürzung des Exponentialfaktors $-\frac{f_x}{f_y} = -\frac{y+x\cdot y}{x+x\cdot y}$ und damit $y' \approx -0.161$. ○

2. Falllinien einer Fläche

Die Falllinien sind die Kurven (in der Landkarte), die der Richtung des steilsten Anstiegs (oder Abfalls) folgen. Wie wir wissen, ist das die Richtung des Gradienten.

Für eine Fläche $z = f(x, y)$ müssen wir also die Differentialgleichung

$$y' = \frac{f_y(x, y)}{f_x(x, y)}$$

lösen. Hier ist $y = y(x)$ die Gleichung der Falllinie. Wir wählen z.B. $f(x, y) = xy$, die Niveaulinien sind also Hyperbeln. Dann heisst die Differentialgleichung:

$$\frac{dy}{dx} = \frac{x}{y}.$$

Durch Separation erhalten wir zuerst

$$y\,dy = x\,dx,$$

und durch Integration schliesslich

$$\frac{y^2}{2} = \frac{x^2}{2} + c.$$

Die Falllinien sind also ebenfalls Hyperbeln $x^2 - y^2 = c$, wobei c der Scharparameter ist; siehe Abb. 5.19, wobei die roten Kurven die Niveaulinien sind und die blauen Kurven die Falllinien.

Die beiden Kurvenscharen bilden eine orthogonale Schar. Solche Scharen spielen in der Physik und anderen Gebieten oft eine wichtige Rolle: z.B. Äquipotenziallinien und Kraftlinien in einem elektrischen Feld oder im Gravitationsfeld der Erde (in der Vermessung wichtig), Stromlinien einer stationären Strömung und die dazu orthogonalen Kurven.

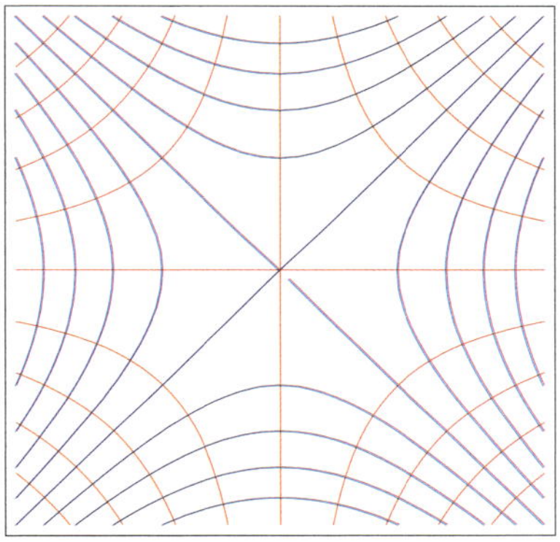

Abb. 5.19. Eine orthogonale Schar von Hyperbeln

3. Enveloppe einer Kurvenschar

Bei einer Kurvenschar $f(x, p)$, $p =$ Scharparameter ist folgender Typus von Bild möglich:

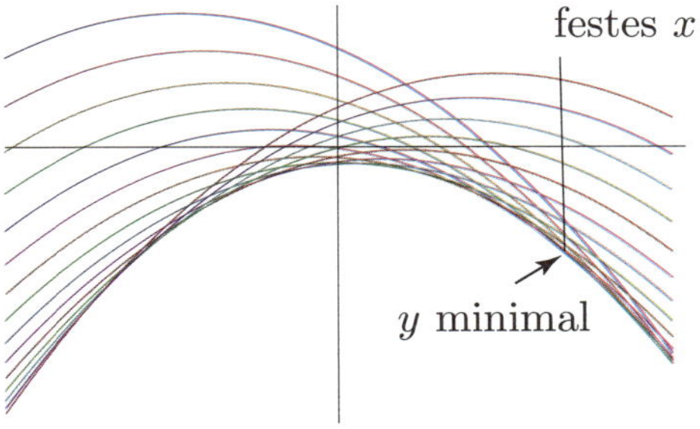

Abb. 5.20. Bild einer Kurvenschar

Es gibt für die Kurven der Schar eine Grenze, die "Enveloppe" (Einhüllende), die aus Punkten der Kurvenschar besteht. Im gezeichneten Fall ist es eine Begrenzung nach unten. Wie kann man sie berechnen? Wenn wir das obige Bild betrachten, kann man folgende zwei Bedingungen ablesen:

(a) Bei festem x_0 muss $y = f(x_0, p)$ ein Extremum (hier Minimum) sein, also muss gelten:
$$\frac{\partial f}{\partial p}(x_0, p) = 0\,.$$

(b) Der Grenzpunkt muss auf einer Kurve der Schar liegen, d.h. $y = f(x_0, p)$. Aus den Bedingungen (a), (b) muss man den Parameter p eliminieren und man erhält dann die Gleichung der Enveloppe.

Wir wenden unsere Erkenntnisse gleich in einem angewandten Beispiel an.

BEISPIEL:

Im Nullpunkt befindet sich ein Wasserrohr, dessen Richtung man beliebig verändern kann. Die Austrittsgeschwindigkeit sei fest (v). Wo im Raum kann man nicht nass werden?

Unter Vernachlässigung der Luftreibung können wir den Wasserstrahl als Wurfparabel auffassen. Das Ganze wird rotationssymmetrisch zur z-Achse werden, also genügt es, die Situation in der (x, z)-Ebene zu rechnen.

Die Gleichung der Wurfparabel kann man bestimmen, indem man die Newton'sche Gleichung

$$\text{Kraft} = \text{Masse} \times \text{ Beschleunigung}$$

anwendet, wobei wir nehmen:

$m =$ Masse eines Wasserpartikels, $\vec{r} = (x(t), z(t)) =$ Ort und die Kraft $\vec{K} = (0, -mg)$, wobei $g =$ Erdbeschleunigung.

Jetzt muss man das einfache System

$$m\ddot{\vec{r}} = \vec{K}$$

lösen, mit den Anfangsbedingungen

$$x(0) = 0, z(0) = 0, \dot{x}(0) = v \cdot \cos\alpha, \dot{z}(0) = v \sin\alpha.$$

Das ergibt eine Parameterdarstellung (mit der Zeit t als Parameter). Durch Elimination von t erhält man (die Rechnung ist als Übung zu empfehlen!):

$$z = \tan\alpha \cdot x - \frac{gx^2}{2v^2 \cos^2\alpha}.$$

Es ist bequemer, als Parameter $p = \tan\alpha$ zu wählen. Dann ist

$$\frac{1}{\cos^2\alpha} = p^2 + 1,$$

und die Parabelschar wird

$$z = px - \frac{g}{2v^2}(p^2 + 1)x^2.$$

Die Gleichung

$$\frac{\partial z}{\partial p}(x, p) = 0$$

liefert dann

$$p = \frac{v^2}{gx},$$

und Einsetzung in der Gleichung für z führt dann zur Gleichung der Enveloppe, nämlich:

$$z = \frac{v^2}{2g} - \frac{g^2}{2v^2}x^2,$$

also wieder eine Parabel.

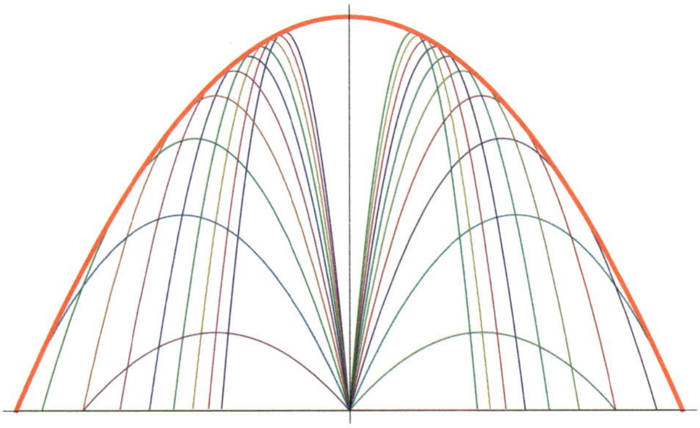

Abb. 5.21. Wo wird man nass?

Das Raumgebiet, in dem man trocken bleibt, liegt also ausserhalb des Rotationsparaboloids, das aus der Enveloppe durch Rotation um die z-Achse entsteht; siehe Abb. 5.21. ○

5.3 Totales Differential, Kettenregel

Für eine Funktion $f(x)$ mit einer Variablen wurde das Differential an der Stelle x definiert als

$$df = f'(x) \cdot dx,$$

und die geometrische Deutung war die Näherung der Funktionsänderung $\Delta f = f(x + \Delta x) - f(x)$ durch die Tangente im Punkt $(x, f(x))$:

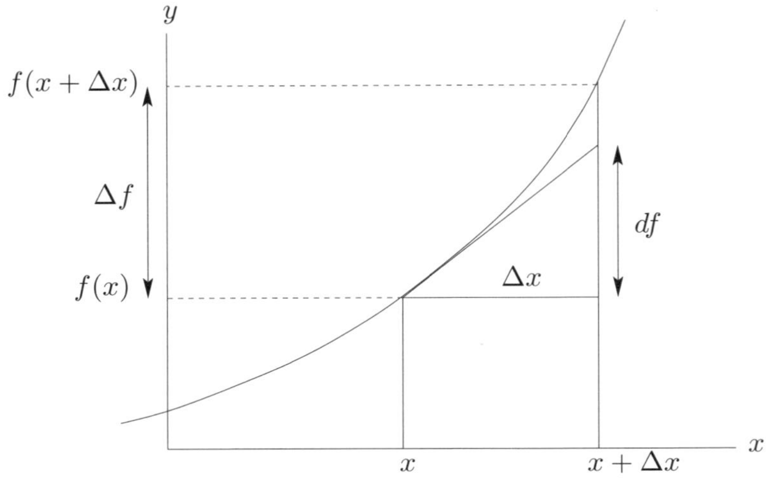

Abb. 5.22. Die Tangente als lineare Approximation

Nun soll dieselbe Situation für zwei Variablen betrachtet werden, d.h. wir suchen eine Näherung für

$$\Delta f = f(x + \Delta x, y + \Delta y) - f(x, y).$$

Dazu benützen wir jetzt die Ableitung in Richtung $(\Delta x, \Delta y)$ im Punkt (x, y). Der Einheitsvektor ist in diesem Falle

$$\vec{e} = \frac{(\Delta x, \Delta y)}{\sqrt{\Delta x^2 + \Delta y^2}}.$$

Man muss noch weiter beachten, dass jetzt auch an Stelle von dx der Term $dr = \sqrt{\Delta x^2 + \Delta y^2}$ tritt. Bilden wir dann

$$df = \nabla f \cdot \vec{e}\, \Delta r,$$

hebt sich der Wurzelausdruck weg und es bleibt

$$\boxed{df = f_x \Delta x + f_y \Delta y.}$$

Dies nennt man das vollständige oder totale Differential. Geometrisch entspricht es der Approximation durch die Tangentialebene in der Umgebung eines Punktes der Fläche

$$z = f(x, y)\,.$$

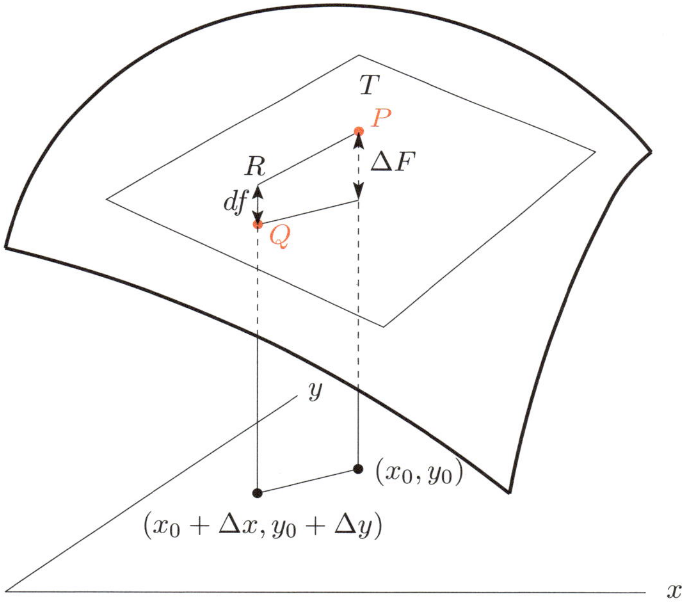

Abb. 5.23. Das totale Differential als lineare Approximation

In Abb. 5.23 haben die Punkte P, Q und R folgende z-Werte: P: $f(x_0, y_0)$, Q: $f(x_0 + \Delta x, y_0 + \Delta y)$ und R: Approximation durch die Tangentialebene T in P.

Es ist nun leicht zu erraten, was der entsprechende Ausdruck für drei Variablen ist:

$$\boxed{df = f_x \cdot \Delta x + f_y \cdot \Delta y + f_z \cdot \Delta z,}$$

und man kann dies natürlich durch eine analoge Rechnung bestätigen. Die Approximation durch das Differential ist für viele spätere Rechnungen von grosser Bedeutung. Als eine erste Anwendung können wir damit die Kettenregel für Funktionen mit mehreren Variablen herleiten. Diese spielt auch in vielen Problemen eine wichtige Rolle.
Wir untersuchen zunächst eine zusammengesetzte Funktion der Form:

$$w(x, y) = f(u(x, y), v(x, y)) .$$

Um $\frac{\partial w}{\partial x}(x, y)$ zu berechnen, brauchen wir:

$$\lim_{\Delta x \to 0} \frac{f(u(x + \Delta x, y), v(x + \Delta x, y)) - f(u(x, y), v(x, y))}{\Delta x} .$$

Nun approximieren wir $u(x+\Delta x, y)$ mit Hilfe des totalen Differentials durch

$$u(x + \Delta x, y) \approx u(x, y) + u_x(x, y) \cdot \Delta x.$$

Weil wir die Ableitung nach x suchen, ist $\Delta y = 0$.

Den Term rechts können wir auch schreiben als

$$u + du,$$

und analog haben wir

$$v(x + \Delta x, y) \approx v(x, y) + v_x(x, y) \cdot \Delta x = v + dv .$$

Der Zähler im Ausdruck für den Grenzwert kann damit in die Form

$$f(u + du, v + dv) - f(u, v) \approx f_u \cdot du + f_v \cdot dv = f_u \cdot u_x \cdot \Delta x + f_v \cdot v_x \cdot \Delta x$$

gebracht werden. Somit kann man Δx kürzen und man erhält die Kettenregel

$$\partial_x f(u(x, y), v(x, y)) = f_u \cdot u_x + f_v \cdot v_x ,$$

und völlig analog natürlich:

$$\partial_y f(u(x, y), v(x, y)) = f_u \cdot u_y + f_v \cdot v_y .$$

Die Kettenregel für mehr als zwei Variablen ist nun einfach zu erraten, zum Beispiel:

$$\boxed{\partial_y f(u(x, y, z), v(x, y, z), w(x, y, z)) = f_u \cdot u_y + f_v \cdot v_y + f_w \cdot w_y .}$$

Als kleine Anwendung der Kettenregel leiten wir ein schon bekanntes Resultat anders her, nämlich die Steigung einer implizit gegebenen Kurve $f(x,y) = \text{const.}$

Sei $y = y(x)$ die explizite aber oft unbekannte Kurvengleichung in einem Intervall (x_1, x_2). Dann muss für alle Werte x in diesem Intervall gelten:

$$f(x, y(x)) = \text{const.}$$

Da diese Gleichung für alle x gilt, muss auch die erste Ableitung links und rechts gleich sein:

$$\frac{d}{dx} f = f_x + f_y \cdot y' = 0\,.$$

Da x die einzige Variable ist, steht ganz links eine gewöhnliche Ableitung, da f zwei Variablen hat, folgen dann partielle Ableitungen von f. Falls $f_y \neq 0$, erhalten wir natürlich wieder unser altes Ergebnis, dass

$$y' = -\frac{f_x}{f_y}\,.$$

Die Kettenregel für mehrere Variablen wird weniger angewendet, um irgendeine Ableitung zu berechnen, sondern mehr um theoretisch wichtige Resultate herzuleiten, wie man im nächsten Abschnitt sehen wird.

5.3.1 Übungsaufgaben zu Kapitel 5.3

1. Gegeben sei die Funktion

$$f(x,y) = x^2 - 3y^2 + 12y.$$

   (a) Veranschaulichen Sie f mit Hilfe der Schnitte

$$S_{x=x_0}, \qquad x_0 \in \{-2, -1, 0, 1, 2\}$$

   und

$$S_{y=y_0}, \qquad y_0 \in \{-2, -1, 0, 1, 2\}.$$

   (b) Skizzieren Sie die Fläche, welche von $f(x,y)$ beschrieben wird.

   (c) Bestimmen Sie einen Punkt $(x^\star, y^\star)$, so dass die Tangentialebene an $(x^\star, y^\star, f(x^\star, y^\star))$ parallel zur (x,y)-Ebene liegt.

   (d) Wo durchstösst die Verlängerung der Flächennormalen durch $(1, 1, f(1,1))$ die (x,y)-Ebene?

2. Seien $a, b, c > 0$. Die Menge

$$\left\{(x, y, z) \in \mathbb{R}^3 : \frac{x^2}{a^2} + \frac{y^2}{b^2} + \frac{z^2}{c^2} \leq 1\right\}$$

definiert ein sogenanntes Ellipsoid. Das Volumen des Ellipsoids beträgt:

$$V(a, b, c) = \frac{4}{3}\pi\, a\, b\, c.$$

Angenommen, ein Ellipsoid wurde zu $a = 1\text{m}$, $b = 2\text{m}$, $c = 3\text{m}$ vermessen, wobei der maximale Messfehler mit 1 cm angegeben ist. Bestimmen Sie mit Hilfe des totalen Differentials eine Näherung für den resultierenden maximalen Fehler im Volumen, sowohl absolut als auch relativ.

3. Gegeben sei die Gleichung:

$$F(x, y) = (x^2 + y^2)^2 - 2x(x^2 - y^2) - \frac{1}{81} = 0,$$

deren Lösungsmenge folgendermassen aussieht:

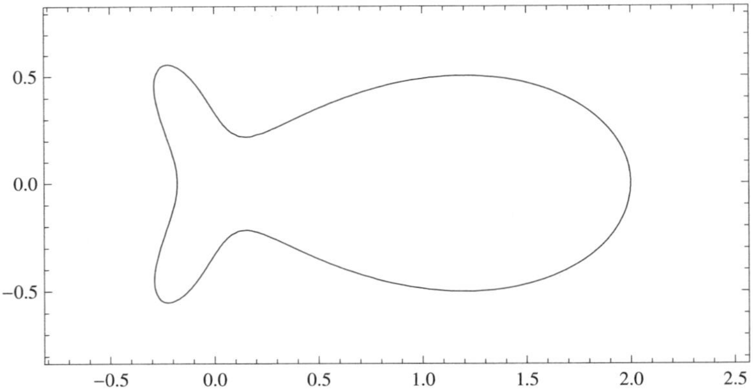

Fassen Sie die Koordinate y in der Umgebung des Punktes $P = (0, \frac{1}{3})$ als Funktion von x auf, $y = \phi(x)$, und berechnen Sie die Ableitung $\phi'(0)$.

4. Ein Hügel sei beschrieben durch die Funktion

$$h(x,y) = 15\,e^{-\left(\frac{x}{50}\right)^2-\left(\frac{y}{20}\right)^2},$$

wobei die positive x-Achse nach Osten orientiert ist und die positive y-Achse nach Norden. In Position $(10, 5, h(10, 5))$ steht ein Mann.

   (a) Wie gross ist die Steigung/das Gefälle, wenn der Mann seinen Standort Richtung Nordosten bzw. Westen verlässt?

   (b) Ein Wanderer befindet sich irgendwo im Nebel auf einem Berg, dessen Höhenfunktion wir nicht kennen. Er möchte schnellstmöglich ins Tal. Alles, was er weiss, ist, dass der Weg Richtung Osten 25% Steigung hat und Richtung Nordwesten 35% Gefälle. In welche Richtung muss er gehen, und wie steil ist es da?

5. Ein höhenkranker Wanderer befindet sich in einem x-y-Koordinatensystem in Position $(-2000, 5000)$. Seine Umgebung sei beschrieben durch die Fläche:

$$f(x,y) = 400\left(\left(\frac{x}{2000}\right)^2 - 3\left(\frac{y}{2000}\right)^2 + 12\left(\frac{y}{2000}\right)\right),$$

(vgl. Serie 1, Aufgabe 1). Der Wanderer folgt stets der Richtung des steilsten Abstiegs, um möglichst schnell Höhe zu verlieren. (Alle Grössenangaben in dieser Aufgabe beziehen sich auf die Einheit m.)

   (a) Zeigen Sie, dass die "Falllinie" des Wanderers durch die Differentialgleichung

$$\frac{y'(x)}{y(x) - 4000} = -\frac{3}{x}$$

   beschrieben ist.

   (b) Berechnen Sie den Weg des Wanderers, indem Sie diese Differentialgleichung lösen.

   (c) Bei richtiger Rechnung in Teil (b) kommt der Wanderer auf seinem Weg an der Position $(x, y) = (-1500, 6370)$ vorbei. Wie hoch befindet er sich dann noch?

6. Eine Strecke der Länge l hat ihre Endpunkte auf den Achsen. Berechnen Sie die Enveloppe all dieser Strecken.

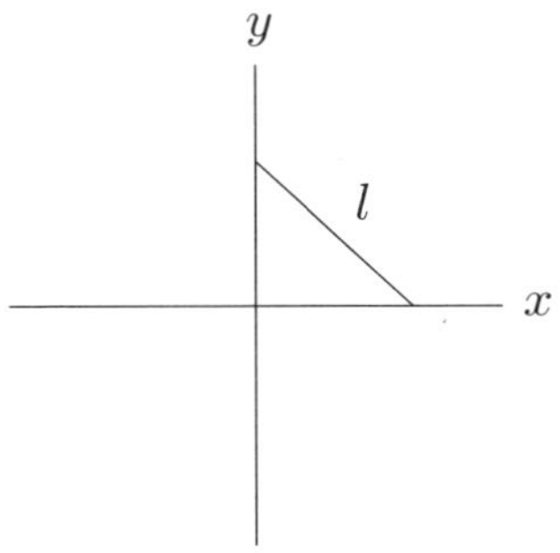

Abb. 5.24. Bestimmen Sie die Enveloppe

7. Gegeben ist der Hügel $4 - x^2 - y^2 - z \geq 0$. Ein Weg ist gegeben (auf der Landkarte) durch $y = 2 - x^2$. Wo auf diesem Weg ist die steilste Stelle?

5.4 Anwendungen der Kettenregel und höhere Ableitungen

5.4.1 Krümmung einer Kurve

Die Krümmung spielt in vielen Problemen der Physik und Naturwissenschaften eine wichtige Rolle, deshalb sind verschiedene Berechnungsmöglichkeiten von Bedeutung. Es sei eine Kurve in impliziter Form $f(x, y) = \text{const.}$ gegeben. Gesucht ist die Krümmung in einem Punkt dieser Kurve.

Zuerst müssen wir uns an eine Formel aus Analysis 1 erinnern: falls die Kurve in expliziter Form $y = y(x)$ bekannt ist, so gilt:

$$\kappa = \frac{y''}{\left(\sqrt{1 + y'^2}\right)^{3/2}}.$$

Also brauchen wir noch die zweite Ableitung y''. Dazu starten wir mit dem früher gefundenen Ausdruck

$$y' = -\frac{f_x}{f_y},$$

wobei jetzt zu beachten ist, dass nach Annahme $y = y(x)$. Weiter muss man berücksichtigen, dass die Gleichung für y' nicht nur für einen einzigen Wert von x gilt, sondern für ein ganzes Intervall. Das nennt man eine Identität.

Es muss also auch die Ableitung nach x übereinstimmen. Um die Ableitung zu berechnen, ist es wichtig, sich klar zu machen, dass jetzt f_x ausgeschrieben heisst: $f_x(x, y(x))$ und entsprechend $f_y(x, y(x))$. Wir müssen also die Quotientenregel und dann die Kettenregel für zwei Variablen anwenden. Es ist bequem, zuerst

$$\frac{d}{dx}(f_x)$$

zu berechnen. Hier wurde eine gewöhnliche Ableitung vorangestellt, da der ganze Ausdruck ja nur noch von x abhängt. Wenn wir jetzt die Kettenregel für zwei Variablen benutzen, ergibt sich als erster Schritt:

$$\frac{d}{dx}(f_x) = f_{xx} + f_{xy} \cdot y'.$$

Dabei sind jetzt zweite Ableitungen aufgetreten, wobei die Reihenfolge der Ableitungen aus der Schreibweise ersichtlich ist. Desgleichen erhält man

$$\frac{d}{dx}(f_y) = f_{yx} + f_{yy} \cdot y'.$$

Es sind nun die partiellen Ableitungen f_{xy} und f_{yx} aufgetreten, und wir können nun ein wichtiges Resultat verwenden: die beiden Ausdrücke sind im "Normalfall" identisch. Genauer gilt:

Satz (Clairaut, Schwarz): *Falls f_x, f_y und f_{xy} in einem Punkt (x_0, y_0) stetig sind, so ist in (x_0, y_0) auch f_{yx} stetig, und es gilt dort $f_{yx} = f_{xy}$.*

BEMERKUNGEN:

(1) Für praktisch alle hier je verwendeten Funktionen sind die Stetigkeitsvoraussetzungen immer erfüllt.

(2) Falls die Voraussetzungen nicht erfüllt sind, lassen sich Gegenbeispiele angeben, d.h. die gemischten Ableitungen stimmen nicht mehr überein.

(3) Für höhere Ableitungen gilt natürlich auch: falls sie stetig sind, kommt es bei höheren Ableitungen nicht auf die Reihenfolge an.

(4) Computersoftware ist oft falsch programmiert und berechnet die höhere Ableitungen automatisch in alphabetischer Reihenfolge. Dies kann falsche Resultate liefern.

GEGENBEISPIEL:

Betrachte die folgende Funktion und bestimme ihre gemischte zweite Ableitung im Punkt $(0,0)$:

$$f(x,y) = \begin{cases} \dfrac{xy(x^2-y^2)}{x^2+y^2} & \text{für } (x,y) \neq (0,0) \\ 0 & \text{für } (x,y) = (0,0). \end{cases}$$

Um die Ableitungen auszurechnen, müssen wir zurückgreifen auf den Differentialquotienten:

$$\begin{aligned}
(f_x)_y(0,0) &= \lim_{h\to 0} \frac{f_x(0,h) - f_x(0,0)}{h} \\
&= \lim_{h\to 0} \frac{\lim\limits_{k\to 0} \frac{f(k,h)-f(0,h)}{k} - \lim\limits_{k\to 0} \frac{f(k,0)-f(0,0)}{k}}{h} \\
&= \lim_{h\to 0} \frac{\lim\limits_{k\to 0} \frac{kh(k^2-h^2)-0}{k(k^2+h^2)} - 0}{h} \\
&= \lim_{h\to 0} \frac{\frac{-h^3}{h^2}}{h} = -1 \,.
\end{aligned}$$

Anderseits gilt:

$$\begin{aligned}
(f_y)_x(0,0) &= \lim_{h\to 0} \frac{f_y(h,0) - f_y(0,0)}{h} \\
&= \lim_{h\to 0} \frac{\lim\limits_{k\to 0} \frac{f(h,k)-f(h,0)}{k} - \lim\limits_{k\to 0} \frac{f(0,k)-f(0,0)}{k}}{h} \\
&= \lim_{h\to 0} \frac{\lim\limits_{k\to 0} \frac{hk(h^2-k^2)-0}{k(h^2+k^2)} - 0}{h} \\
&= \lim_{h\to 0} \frac{\frac{h^3}{h^2}}{h} = 1 \,.
\end{aligned}$$

Wir sehen also, dass in diesem Fall die zweiten Ableitungen nicht kommutieren. ○

Wir gehen nun zurück zu unserer Krümmungsberechnung und schreiben zuerst nach der Quotientenregel:

$$y'' = -\frac{\frac{d}{dx}(f_x) \cdot f_y - \frac{d}{dx}(f_y) \cdot f_x}{{f_y}^2},$$

danach kann man die oben berechneten Ausdrücke für y' und $\frac{d}{dx}(f_x)$, $\frac{d}{dx}(f_y)$ einsetzen. Zum Schluss muss man noch in der Formel für κ einsetzen. Die Rechnung ist als "Fingerübung" sehr zu empfehlen, sie lässt sich natürlich auch durchführen mit Hilfe z.B. von *Mathematica* oder *Maple.*
Man erhält dann nach einiger Umformungsarbeit:

$$\kappa = \frac{2 \cdot f_{xy} \cdot f_x \cdot f_y - f_{yy} \cdot f_x^2 - f_{xx} \cdot f_y^2}{|\nabla f|^3}.$$

Als kleines Testbeispiel nehmen wir den Kreis $x^2 + y^2 - R^2 = 0$. Man erhält:

$$f_x = 2x, \quad f_y = 2y, \quad f_{xy} = 0, \quad f_{xx} = 2, \quad f_{yy} = 2, |\nabla f| = 2\sqrt{x^2 + y^2}.$$

Setzt man alles ein in der Formel für κ und benützt es so, dass $x^2 + y^2 = R^2$, so erhält man das bekannte Resultat $\kappa = \frac{1}{R}$.

Die obige Formel für die Krümmung erlaubt wieder ihre Berechnung, wenn die Kurve nicht in expliziter Form darstellbar ist.

Beispiel:

Als Berechnungsbeispiel nehmen wir jetzt die Kurve $1 - x^4 - x \cdot y - y^4 = 0$.

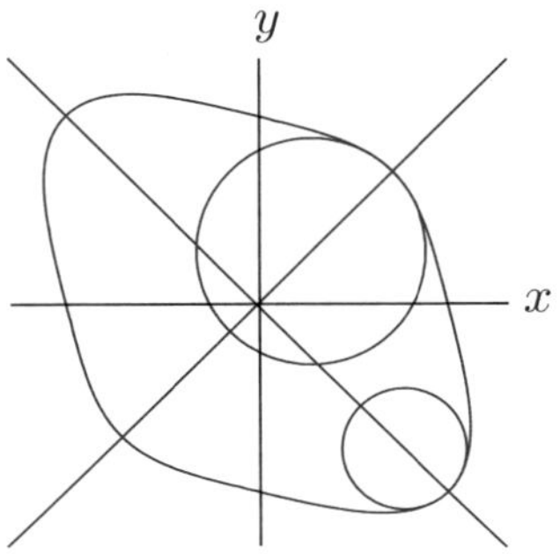

Abb. 5.25. Kurve gegeben durch $1 - x^4 - x \cdot y - y^4 = 0$

Die Kurve ist symmetrisch zu den Geraden $y = \pm x$. (Finden Sie die analytische Begründung selbst!) Gesucht sind die Radien der Krümmungskreise in den Schnittpunkten mit den Symmetrieachsen.

Lösung: Es wäre hier zwar möglich, eine explizite Darstellung der Kurve anzugeben. Diese ist aber sehr kompliziert, da es die Lösung einer Gleichung vierten Grades verlangt. Die vorliegende Rechnung ist viel einfacher. Wir berechnen zuerst die Schnittpunkte: für $S1, S2$ können wir $x = y$ setzen und haben dann die biquadratische Gleichung

$$2x^4 + x^2 = 1,$$

mit den Lösungen $x = y = \pm\frac{1}{\sqrt{2}}$.

Für $S3, S4$ entsprechend haben wir die Gleichung

$$2x^4 - x^2 = 1,$$

mit den Lösungen $x = y = \pm 1$. Einsetzen der Ableitungen in der obigen Formel für die Krümmung ergibt

$$\kappa(x,y) = \frac{-2\left(4x^3+y\right)\left(4y^3+x\right) + 12x^2\left(x+4y^3\right)^2 + 12y^2\left(y+4x^3\right)^2}{\left(\left(4x^3+y\right)^2 + \left(x+4y^3\right)^2\right)^{3/2}},$$

und damit die Krümmungen: bei $S1, S2$ $\kappa = \frac{5}{3}$, bei $S3, S4$ $\kappa = \frac{13}{3\sqrt{2}}$.

Die Krümmungsradien sind also $\frac{3}{5}$ und $\frac{3\sqrt{2}}{13} \approx 0.326$. ○

5.4.2 Umrechnung von Differentialausdrücken

Bei vielen Problemen in Anwendungen stösst man auf das Problem, Differentialausdrücke auf andere Koordinatensysteme umrechnen zu müssen. Der Grund dafür ist, dass man die Koordinaten der Geometrie einer Problemstellung anpasst. Wir werden das in Kapitel 6 und 7 anwenden. Es gibt nun Differentialausdrücke, die von überragender Bedeutung sind, da sie in unzähligen Problemen angetroffen werden. Wir werden zwei der wichtigsten hier betrachten.

Als Erstes betrachten wir Polarkoordinaten, die wir ja zum ersten Mal schon bei den komplexen Zahlen verwendet haben.

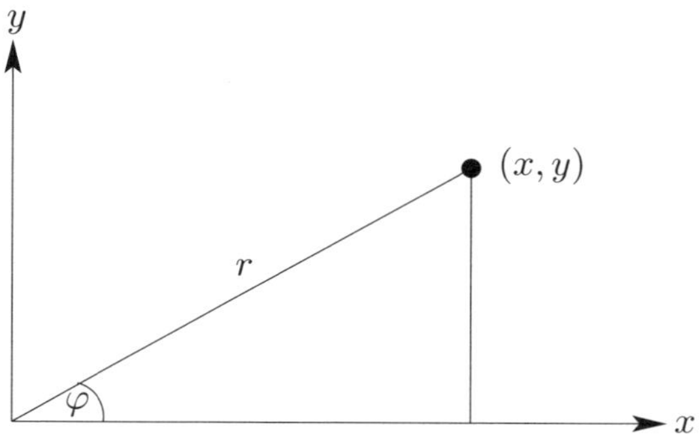

Abb. 5.26. Kartesische und Polarkoordinaten

Wir schreiben die Beziehung zwischen kartesischen und Polarkoordinaten auf zwei Arten auf:

$$x = r\cos\varphi \qquad r = \sqrt{x^2+y^2}$$

$$y = r\sin\varphi \qquad \varphi = \arctan\left(\frac{y}{x}\right).$$

Die letzte Beziehung gilt zwar nur im I- und IV-Quadranten, aber alle daraus abgeleiteten Beziehungen gelten in allen Quadranten.

Es sei nun eine beliebige Funktion $f(x, y)$ gegeben (später kann das z.B. die Temperatur in einem Punkt (x, y) sein). Nun kann es sein, dass man lieber Polarkoordinaten benutzt und die Funktion mit den Variablen r, φ beschreibt. Dann wird eine neue Funktion $\widetilde{f}(r, \varphi)$ den Wert an der selben Stelle beschreiben.

Eine Grundaufgabe ist es nun, z.B. Ableitungen nach x oder y umzuschreiben in Ableitungen nach r und φ.
Ausgangspunkt der Rechnungen ist die Identität:

$$f(x, y) = \widetilde{f}(r(x, y), \varphi(x, y)),$$

die wir auf beiden Seiten nach x partiell ableiten. Dies führt mit Hilfe der Kettenregel im ersten Schritt zur Identität:

$$\partial_x f(x,y) = \partial_r \widetilde{f}(r(x,y),\varphi(x,y))\cdot\partial_x r(x,y) + \partial_\varphi \widetilde{f}(r(x,y),\varphi(x,y))\cdot\partial_x\varphi(x,y).$$

Von den oberen Gleichungen erhalten wir:

$$\partial_x r(x,y) = \frac{x}{\sqrt{x^2+y^2}} = \cos\varphi$$

$$\partial_x\varphi(x,y) = \frac{1}{1+\left(\frac{y}{x}\right)^2}\cdot\left(-\frac{y}{x^2}\right) = -\frac{y}{r^2} = -\frac{\sin\varphi}{r}.$$

Wir haben also in leicht abgekürzter Schreibweise:

$$\frac{\partial f}{\partial x} = \frac{\partial \widetilde{f}}{\partial r} \cdot \cos\varphi - \frac{\partial \widetilde{f}}{\partial \varphi} \cdot \frac{\sin\varphi}{r}\,.$$

Das ist jetzt die Übersetzung der Ableitung von kartesischen auf Polarkoordinaten. Eine noch kompaktere Schreibweise bekommt man, indem man nur noch die Operationen schreibt:

$$\boxed{\frac{\partial}{\partial x} = \cos\varphi \cdot \frac{\partial}{\partial r} - \frac{\sin\varphi}{r} \cdot \frac{\partial}{\partial \varphi}\,.}$$

Diese Gleichung muss so gelesen werden: die Operationen links und rechts entsprechen einander, d.h. eine Ableitung nach x in kartesischen Koordinaten entspricht in Polarkoordinaten einer Kombination von Ableitung nach r, multipliziert mit $\cos\varphi$, minus Ableitung nach φ multipliziert mit $\frac{\sin\varphi}{r}$. Eine völlig analoge Rechnung zeigt dann, dass

$$\boxed{\frac{\partial}{\partial y} = \sin\varphi \cdot \frac{\partial}{\partial r} + \frac{\cos\varphi}{r} \cdot \frac{\partial}{\partial \varphi}\,.}$$

Als Testbeispiel nehmen wir

$$f(x,y) = x^2 y \Rightarrow \widetilde{f}(r,\varphi) = r^3 \cos^2\varphi \sin\varphi.$$

Dann ist

$$\frac{\partial f}{\partial x}(x,y) = 2xy$$

und

$$\begin{aligned}
\frac{\partial f}{\partial x}(r(x,y),\varphi(x,y)) &= \frac{\partial \widetilde{f}}{\partial r}(r,\varphi) \cdot \cos\varphi - \frac{\partial \widetilde{f}}{\partial \varphi}(r,\varphi) \cdot \frac{\sin\varphi}{r} \\
&= 3r^2 \cos^3\varphi \sin\varphi + 2r^2 \cos\varphi \sin^3\varphi - r^2 \cos^3\varphi \sin\varphi \\
&= 2r^2(\cos^3\varphi \sin\varphi + \cos\varphi \sin^3\varphi) \\
&= 2r^2 \cos\varphi \sin\varphi \left(\cos^2\varphi + \sin^2\varphi\right) \\
&= 2r^2 \cos\varphi \sin\varphi \\
&= 2xy\,.
\end{aligned}$$

Nach diesem Test betrachten wir einen ersten wichtigen Ausdruck, der in vielen Anwendungen eine Rolle spielt: $|\nabla f|^2$. Dieser Term entspricht oft einer Energiedichte und ist deshalb von Bedeutung.

Wir können jetzt direkt die oben berechneten Ausdrücke für Polarkoordinaten einsetzen und erhalten nach Vereinfachung die Relation

$$|\nabla f|^2 = \left(\frac{\partial \widetilde{f}}{\partial r}\right)^2 + \frac{1}{r^2} \cdot \left(\frac{\partial \widetilde{f}}{\partial \varphi}\right)^2 .$$

Der nächste Differentialausdruck ist wahrscheinlich der wichtigste in Mathematik, Physik und Naturwissenschaften und wird nach dem berühmten französischen Mathematiker "Laplaceoperator" genannt (engl.: Laplacian). Er ist in zwei Dimensionen definiert als

$$\Delta f = \frac{\partial^2 f}{\partial x^2} + \frac{\partial^2 f}{\partial y^2},$$

gelesen als "Laplace f". Er spielt eine zentrale Rolle bei Diffusionsproblemen (also z.B. Mischungsvorgängen), Wellenausbreitung, Strömungsproblemen sowie unzähligen anderen Vorgängen, wovon einige in Kapitel 7 behandelt werden. Um den Laplaceoperator in Polarkoordinaten zu berechnen, benutzen wir die vorher hergeleiteten Beziehungen und bilden

$$\frac{\partial^2 f}{\partial x^2} = \left(\cos\varphi \cdot \frac{\partial}{\partial r} - \frac{\sin\varphi}{r} \cdot \frac{\partial}{\partial \varphi}\right)\left(\cos\varphi \cdot \frac{\partial \widetilde{f}}{\partial r} - \frac{\sin\varphi}{r} \cdot \frac{\partial \widetilde{f}}{\partial \varphi}\right),$$

wobei die obige Bildung bedeutet: die Operation in der ersten Klammer ist auf die zweite Klammer anzuwenden. Es werden am Schluss viele Terme wegfallen und vereinfacht, so dass wir uns begnügen, die ersten zwei Terme zu schreiben:

$$\frac{\partial^2 f}{\partial x^2} = \cos^2\varphi \cdot \frac{\partial^2 \widetilde{f}}{\partial r^2} - \frac{\cos^2\varphi}{r} \cdot \frac{\partial \widetilde{f}}{\partial \varphi} + \ldots$$

Analog bildet man

$$\frac{\partial^2 f}{\partial y^2} = \left(\sin\varphi \cdot \frac{\partial}{\partial r} + \frac{\cos\varphi}{r} \cdot \frac{\partial}{\partial \varphi}\right)\left(\sin\varphi \cdot \frac{\partial \widetilde{f}}{\partial r} + \frac{\cos\varphi}{r} \cdot \frac{\partial \widetilde{f}}{\partial \varphi}\right).$$

Wenn man dann alle Terme berücksichtigt, erhält man schliesslich

$$\boxed{\Delta f = \frac{\partial^2 f}{\partial r^2} + \frac{1}{r}\frac{\partial f}{\partial r} + \frac{1}{r^2}\frac{\partial^2 f}{\partial \varphi^2}\,.}$$

Ein wichtiger Spezialfall ist, dass $f = f(r)$. Dann hat man

$$\Delta f = \frac{1}{r} \left(r \cdot f' \right)',$$

wie man leicht nachrechnet. Die letzten zwei Formeln werden in Kapitel 7 Anwendung finden.

5.4.3 Gradient und Niveaulinien

Mit der Kettenregel können wir auch beweisen, dass der Gradient immer senkrecht zur Niveaulinie oder Niveaufläche steht.

Zuerst betrachten wir eine Funktion $f(x, y)$ und eine beliebige Niveaulinie $f(x, y) = \text{const.}$ Wir nehmen an, dass $x = x(t)$, $y = y(t)$ eine Parameterdarstellung der selben Niveaulinie sei. Dann muss für alle t in einem gewissen Intervall gelten:

$$f(x(t), y(t)) = \text{const.}$$

Wenn wie auf beiden Seiten nach t ableiten, folgt daraus

$$f_x(x(t), y(t)) \cdot \dot{x}(t) + f_y(x(t), y(t)) \cdot \dot{y}(t) = 0\,,$$

das bedeutet aber in Kurzschreibweise, dass

$$\nabla f \perp (\dot{x}, \dot{y})\ .$$

Hier ist $(\dot{x}, \dot{y})$ ein Tangentialvektor der Niveaulinie.

Dieselbe Überlegung können wir für eine Niveaufläche durchführen: Es gelte $f(x, y, z) = \text{const.}$ Jetzt nehmen wir an, dass für eine Raumkurve $(x(t), y(t), z(t))$ auch gelte:

$$f(x(t), y(t), z(t)) = \text{const.}$$

für alle t in einem gewissen Intervall. Das bedeutet aber, dass diese Raumkurve auf der Niveaufläche von f liegt. Ableiten nach t ergibt wie vorher:

$$f_x \cdot \dot{x} + f_y \cdot \dot{y} + f_z \cdot \dot{z} = 0.$$

Also gilt wieder:

$$\nabla f \perp (\dot{x}, \dot{y}, \dot{z})\,.$$

Aber jetzt gilt das für jede Kurve in der Niveaufläche. Der letzten Gleichung können wir zwei wichtige Informationen entnehmen:

(a) Der Gradient steht senkrecht zur Niveaufläche, denn er ist ja senkrecht zu allen Kurven durch denselben Flächenpunkt.

(b) Die Tatsache, dass die Tangenten aller Flächenkurven durch einen festen Punkt der Fläche in einer Ebene liegen, können wir jetzt auf eine weitere Art einsehen. Es sei $(x(t), y(t))$ eine beliebige Kurve mit $(x(0), y(0)) = (x_0, y_0)$. Dann beschreibt der Vektor $\vec{r}(t) = (x(t),\, y(t),\, f(x(t),\, y(t)))$ eine Flächenkurve. Nach der Kettenregel ist:

$$\begin{aligned}\dot{\vec{r}}(t) &= (\dot{x}(t), \dot{y}(t), f_x(x(t), y(t)) \cdot \dot{x}(t) + f_y(x(t), y(t)) \cdot \dot{y}(t)) \\ &= \dot{x}(t) \cdot (1, 0, f_x(x(t), y(t))) + \dot{y}(t) \cdot (0, 1, f_y(x(t), y(t)).\end{aligned}$$

Für $t = 0$ gilt also:

$$\dot{\vec{r}}(0) = \dot{x}(0) \cdot (1, 0, f_x(x_0, y_0)) + \dot{y}(0) \cdot (0, 1, f_y(x_0, y_0)),$$

was aber bedeutet, dass man immer eine Linearkombination der beiden gleichen Vektoren $(1, 0, f_x(x_0, y_0))$ und $(0, 1, f_y(x_0, y_0))$ hat. Dies haben wir bei der Berechnung der Tangentialebene in 5.2 verwendet. Wir können nun auch ein früheres Ergebnis auf neue Art herleiten: nämlich die Normale $\vec{n}$ zu einer Fläche, die in der Form $z = f(x, y)$ gegeben ist. Wir fassen sie jetzt auf als Niveaufläche der Funktion $w(x, y, z) = z - f(x, y)$. Dann folgt sofort:

$$\vec{n} = \nabla w = (-f_x, -f_y, 1)\,.$$

5.5 Taylorentwicklung

Für eine Funktion einer Variablen wurde die Taylorreihe an der Stelle $x = 0$ in Analysis 1 gefunden:

$$f(x) = \sum_{k=0}^{\infty} \frac{f^{(k)}(0)}{k!}\, x^k.$$

Man nennt diese Reihe auch die Taylorentwicklung der Funktion $f(x)$ um den Nullpunkt. Für Funktionen mit einer Variablen spielt diese Entwicklung auch für numerische Rechnungen eine wichtige Rolle. Bei zwei und mehr Variablen wird die Anwendung hier in eine andere Richtung sein. Wir werden die Taylorentwicklung für zwei oder mehr Variablen mit Hilfe der

Kettenregel auf eine Variable zurückführen. Zu diesem Zweck betrachten wir die Hilfsfunktion

$$g(t) = f(x + t\Delta x, y + t\Delta y),$$

wobei hier nur t als Variable betrachtet wird. Unser Ziel ist, $g(1)$ aus der Taylorreihe für $g(t)$ zu bekommen, was uns dann die Taylorentwicklung für $f(x + \Delta x, y + \Delta y)$ liefern wird. Dazu schreiben wir die ersten Terme hin:

$$g(t) = g(0) + g'(0) \cdot t + g''(0) \cdot \frac{t^2}{2} + \ldots .$$

Nun ist nach der Kettenregel für zwei Variablen:

$$g'(0) = f_x(x, y) \cdot \Delta x + f_y(x, y) \cdot \Delta y.$$

Wir interpretieren diese Formel in Operator-Form: Es gilt:

$$\left.\frac{dg}{dt}\right|_{t=0} = \left[\Delta x \cdot \frac{\partial}{\partial x} + \Delta y \cdot \frac{\partial}{\partial y}\right] (f(x, y)) .$$

Diese Gleichung ist folgendermassen zu lesen: der Operation "leite g nach t ab an der Stelle $t = 0$" entspricht die Operation "leite f partiell nach x ab, multipliziere mit Δx, plus, leite f partiell nach y ab, multipliziere mit Δy an der Stelle (x, y)". In noch kompakterer Form geschrieben, heisst es:

$$\frac{d}{dt} = \Delta x \cdot \frac{\partial}{\partial x} + \Delta y \cdot \frac{\partial}{\partial y} .$$

Daraus können wir ableiten, was die zweimalige Ausführung der Operationen bedeutet. Man muss dabei beachten, das dies heisst: auf das Ergebnis der einmaligen Anwendung des Operators wird der Operator nochmals ausgeführt. In unserem Falle ergibt sich also:

$$\frac{d^2}{dt^2} = (\Delta x)^2 \cdot \frac{\partial^2}{\partial x^2} + 2 \cdot \Delta x \cdot \Delta y \cdot \frac{\partial^2}{\partial x \partial y} + (\Delta y)^2 \cdot \frac{\partial^2}{\partial y^2} .$$

Man beachte die formale Übereinstimmung mit der binomischen Formel

$$(a + b)^2 = a^2 + 2ab + b^2.$$

Wenn wir unsere Erkenntnisse jetzt auf die Taylorentwicklung anwenden, ergeben sich die ersten Terme ausgeschrieben folgendermassen:

$$\begin{aligned} f(x+\Delta x, y+\Delta y) = {} & f(x,y) + f_x(x,y)\cdot\Delta x + f_y(x,y)\cdot\Delta y + \\ & \frac{1}{2}\left(f_{xx}(x,y)\cdot(\Delta x)^2 + 2f_{xy}(x,y)\cdot\Delta x\cdot\Delta y + \right. \\ & \left. f_{yy}(x,y)\cdot(\Delta y)^2\right) + \ldots\,. \end{aligned}$$

Man sieht auch, dass der erste Korrekturterm zu $f(x,y)$ gerade das totale Differential ist. Die allgemeine Formel ist nun nicht mehr schwierig abzuleiten:

$$\boxed{f(x+\Delta x, y+\Delta y) = \textstyle\sum_{k=0}^{\infty}\frac{1}{k!}\left[\Delta x\cdot\frac{\partial}{\partial x} + \Delta y\frac{\partial}{\partial y}\right]^k \left(f(x,y)\right),}$$

wobei, wie üblich, unter der nullten Potenz eines Operators die Identität zu verstehen ist.

Für drei Variablen erhält man mit derselben Methode die entsprechende Formel:

$$f(x+\Delta x, y+\Delta y, z+\Delta z) = \sum_{k=0}^{\infty}\frac{1}{k!}\left[\Delta x\frac{\partial}{\partial x} + \Delta y\frac{\partial}{\partial y} + \Delta z\frac{\partial}{\partial z}\right]^k \left(f(x,y,z)\right).$$

BEISPIEL:

Als kleine Illustration betrachten wir Näherungen für

$$\sqrt{2.9^2 + 4.2^2};$$

wir nehmen also

$$f(x,y) = \sqrt{x^2+y^2}, x = 3, y = 4, \Delta x = -0.1, \Delta y = 0.2\,.$$

Wir benötigen dann:

$$\begin{aligned} f_x(x,y) &= \frac{x}{\sqrt{x^2+y^2}}\,, \\ f_y(x,y) &= \frac{y}{\sqrt{x^2+y^2}}\,, \\ f_{xy}(x,y) &= -\frac{xy}{(x^2+y^2)^{3/2}}\,, \\ f_{xx}(x,y) &= -\frac{x^2}{(x^2+y^2)^{3/2}} + \frac{1}{\sqrt{x^2+y^2}}\,, \\ f_{yy}(x,y) &= -\frac{y^2}{(x^2+y^2)^{3/2}} + \frac{1}{\sqrt{x^2+y^2}}\,. \end{aligned}$$

Als Näherung erster Ordnung haben wir dann

$$\sqrt{2.9^2+4.2^2} \approx 5 - 0.1\cdot\frac{3}{5} + 0.2\cdot\frac{4}{5} = 5.1.$$

In zweiter Ordnung bekommt man

$$5.1 + \frac{1}{2}\left(\frac{1}{5}-\frac{9}{125}\right)\cdot 0.1^2 + 2\cdot 0.1\cdot 0.2\cdot\frac{12}{125} + \left(\frac{1}{5}-\frac{16}{125}\right)\cdot 0.2^2 = 5.104\,.$$

Diese beiden Werte sind zu vergleichen mit dem genaueren Wert 5.10392. Die Abweichung vom genauen Wert ist für die erste Näherung $\sim 0.2^2$, für die zweite $\sim 0.2^3$. ○

Man kann zeigen, analog zur Situation bei einer Variablen, dass beim Abbrechen der Taylorentwicklung bei den Termen n-ter Ordnung der Restterm die Grössenordnung

$$\left(\sqrt{\Delta x^2+\Delta y^2}\right)^{n+1}$$

hat. Die Hauptanwendung der Taylorentwicklung wird hier aber die Analyse der Extrema einer Funktion sein.

5.6 Extrema

5.6.1 Anwendung der Taylorentwicklung

Für Funktionen einer Variablen sind die Bedingungen für Extrema bekannt:

Falls $f(x)$ bei $x = x_0$ erfüllt $f'(x_0) = 0$, dann ist bei x_0 ein Extremum, und es ist ein Maximum, falls $f''(x_0) < 0$; ein Minimum, falls $f''(x_0) > 0$.

Falls $f''(x_0) = 0$, kann auch ein Sattelpunkt vorliegen. Dann müssen noch die dritte oder höhere Ableitungen zur genaueren Bestimmung berechnet werden. Unser Ziel ist jetzt die Ausdehnung auf zwei Variablen, und es erweist sich als etwas komplizierter, die Situationen zu analysieren. Wir stellen uns zuerst die typische Situation für ein Maximum einer Funktion $f(x, y)$ vor:

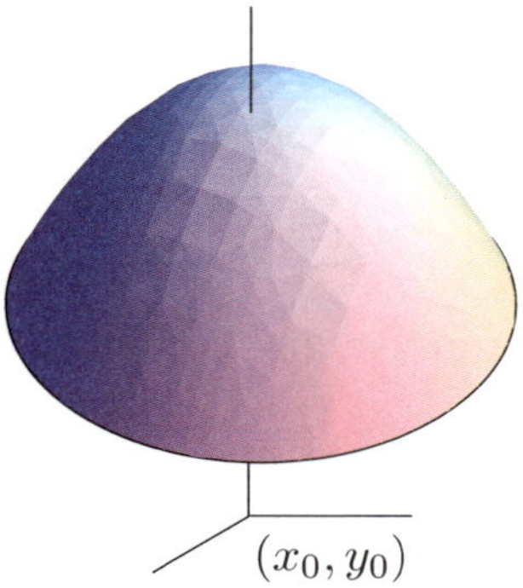

Abb. 5.27. Ein lokales Maximum der Funktion $f(x, y)$ an der Stelle (x_0, y_0)

Ein lokales Maximum ist definiert als ein Punkt $M = (x_0, y_0)$, sodass für eine ganze Umgebung U von M im Definitionsbereich D_f von $f(x, y)$ gilt:

$$f(x, y) \leq f(x_0, y_0),$$

und für mindestens ein (x, y) in U gilt $f(x, y) < f(x_0, y_0)$. Falls $U = D_f$, heisst es ein globales Maximum. Wir zeigen, dass in einem Maximum gelten muss: $\nabla f(x_0, y_0) = 0$. Allgemein nennt man einen Punkt (x_c, y_c), wo $\nabla f(x_c, y_c) = 0$, einen *kritischen Punkt*. Die folgende Betrachtung gilt für zwei oder mehrere Variablen. Wir schreiben es für zwei Variablen:

Es sei $(x(t), y(t))$ eine beliebige Kurve mit $(x(t_0), y(t_0)) = (x_0, y_0)$. Dann muss $g(t) = f(x(t), y(t))$ bei t_0 ein Maximum haben, d.h.:

$$\frac{dg}{dt}(t_0) = f_x(x_0, y_0) \cdot \dot{x}(t_0) + f_y(x_0, y_0) \cdot \dot{y}(t_0) = 0 .$$

Wie früher, folgt daraus $\nabla f(x_0, y_0) = 0$, wegen der Beliebigkeit der Kurve, und das Argument lässt sich selbstverständlich für mehr als zwei Variablen wiederholen.

Die Frage ist jetzt natürlich, welche Bedingungen müssen für die zweiten Ableitungen gelten? Um dies zu beantworten, ziehen wir die Taylorentwicklung der Funktion $f(x, y)$ im Punkt (x_0, y_0) zu Rate. Wir entwickeln nun die Funktion $f(x, y)$ in der Nähe von (x_0, y_0) in eine Taylorreihe, bis zu den Termen 2. Ordnung:

$$\begin{aligned} f(x_0 + \Delta x, y_0 + \Delta y) = {} & f(x_0, y_0) + f_x(x_0, y_0)\Delta x + f_y(x_0, y_0)\Delta y \\ & + \frac{1}{2}\left(f_{xx}(x_0, y_0)\Delta x^2 + 2f_{xy}(x_0, y_0)\Delta x \Delta y\right. \\ & \left. + f_{yy}(x_0, y_0)\Delta y^2\right) . \end{aligned}$$

Da ja bei (x_0, y_0) nach Voraussetzung ein lokales Maximum ist, gilt:

$$f_x(x_0, y_0) = 0 \quad \text{und} \quad f_y(x_0, y_0) = 0 .$$

Für genügend kleine Δx, Δy entscheiden demnach die Terme 2. Ordnung das Vorzeichen des Restterms. Dieses muss aber negativ sein, da $f(x, y)$ in einer kleinen Umgebung des Maximums kleiner als $f(x_0, y_0)$ sein muss. Damit haben wir die Bedingung, dass

$$f_{xx}(x_0, y_0)\Delta x^2 + 2f_{xy}(x_0, y_0)\Delta x \Delta y + f_{yy}(x_0, y_0)\Delta y^2 \leq 0 .$$

Wir setzen $\frac{\Delta y}{\Delta x} = m$. Dann ist die Bedingung für ein Maximum gleichbedeutend zu

$$f_{xx}(x_0, y_0) + 2f_{xy}(x_0, y_0)m + f_{yy}(x_0, y_0)m^2 \leq 0$$

für beliebige m. Nun müssen wir in Erinnerung rufen, dass für eine Funktion 2. Ordnung (Parabel!)

$$g(m) = a + bm + cm^2 \leq 0$$

gilt, falls $a \leq 0$, und die Diskriminante $b^2 - 4ac \leq 0$ (d.h. keine reellen Nullstellen). Dies entspricht der unten gezeichneten Situation:

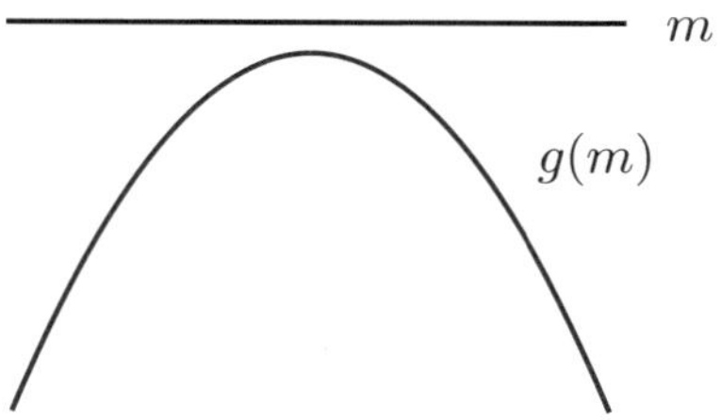

Abb. 5.28. Graph einer Parabel ohne Schnittpunkte mit der x-Achse

Das sind aber in unserem Falle die Bedingungen

$$f_{xx}(x_0, y_0) \leq 0 \quad \text{und} \quad f_{xy}(x_0, y_0)^2 - f_{xx}(x_0, y_0) \cdot f_{yy}(x_0, y_0) \leq 0.$$

Falls in beiden Ungleichungen das Gleichheitszeichen steht, müssen Terme höherer Ordnung analysiert werden, was aber den Rahmen hier sprengen würde. Für ein Minimum muss das erste Ungleichheitszeichen oben gedreht werden. Wir zeigen noch eine zweite Möglichkeit, wie man die Extremalbedingungen elegant bekommen kann.

5.6.2 Zurückführung auf eine Variable

Die folgende Idee ist ähnlich der Herleitung der Taylorformel. Es sei wieder ein Extremum der Funktion $f(x, y)$ im Punkte (x_0, y_0) zu untersuchen. Dazu betrachten wir jetzt eine beliebige Kurve $(x(t), y(t))$ durch den Punkt (x_0, y_0), wobei wir annehmen können, dass $(x(0), y(0)) = (x_0, y_0)$. Wir setzen $g(t) = f(x(t), y(t))$. Nach Voraussetzung hat $g(t)$ bei $t = 0$ ein Extremum. Also muss $\dot{g}(0) = 0$ gelten. Aber nach der Kettenregel ist:

$$\dot{g}(t) = f_x(x_0, y_0) \cdot \dot{x}(0) + f_y(x_0, y_0) \cdot \dot{y}(0).$$

Da $(x(t), y(t))$ eine beliebige Kurve ist, kann $\dot{g}(0) = 0$ nur gelten, falls

$$f_x(x_0, y_0) = 0 \quad \text{und} \quad f_y(x_0, y_0) = 0.$$

Man wähle z.B. $(\dot{x}(0), \dot{y}(0)) = (1, 0)$.

Falls ein Maximum vorliegt, muss $\ddot{g}(0) \leq 0$ gelten. Aber:

$$\begin{aligned}\ddot{g}(t) &= f_x \cdot \ddot{x} + f_y \cdot \ddot{y} + f_{xx} \cdot \dot{x}^2 + 2 \cdot f_{xy} \cdot \dot{x} \cdot \dot{y} + f_{yy} \cdot \dot{y}^2 \\ &= f_{xx} \cdot \dot{x}^2 + 2 f_{xy} \cdot \dot{x}\dot{y} + f_{yy} \cdot \dot{y}^2.\end{aligned}$$

Wir können insbesondere eine Gerade $g(t) = (t, mt)$ als Kurve wählen. Dann ergibt $\ddot{g}(0) \leqslant 0$ wieder dieselbe Ungleichung wie oben:

$$f_{xx}(x_0, y_0) + 2 f_{xy}(x_0, y_0) m + f_{yy}(x_0, y_0) m^2 \leq 0.$$

Die hinreichenden Bedingungen für ein Maximum oder Minimum sind im folgenden Schema zusammengefasst:

	$\nabla f = 0$	
f_{xx}	$f_{xy}^2 - f_{xx} \cdot f_{yy}$	
> 0	< 0	Minimum
< 0	> 0	Maximum

Falls die obigen Bedingungen nicht erfüllt sind, kann es sich immer noch um ein Maximum oder Minimum handeln, oder aber um einen Sattelpunkt. Im Folgenden sind ein paar Beispiele angegeben, in denen das obige Schema nicht ausreicht. Es ist aber anzufügen, dass in vielen praktischen Fällen aus geometrischen oder physikalischen Gründen oft klar ist, um welchen Typus von Extremum es sich handeln muss. Deshalb verzichten wir hier auf eine ausführliche Diskussion.

BEISPIELE

1. Betrachte die Funktion $f(x, y) = 1 - x^2y^2$. Diese Funktion hat offensichtlich das Maximum 1 für $x = 0, y = 0$.

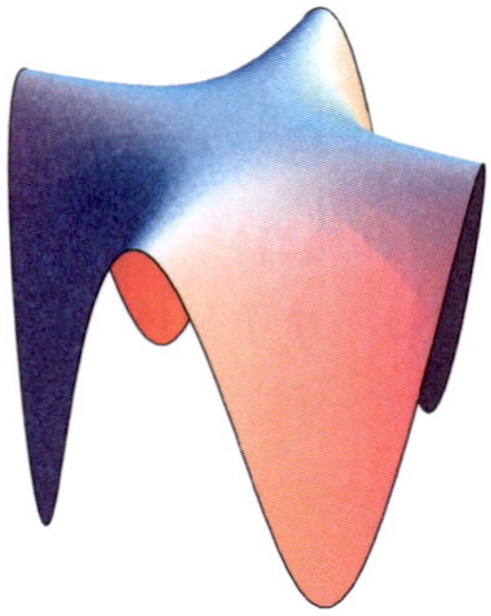

Abb. 5.29. Degeneriertes Maximum

Hier sind die ersten und zweiten Ableitungen 0 im Maximum.

2. Betrachte nun die Funktion $f(x, y) = xy$:

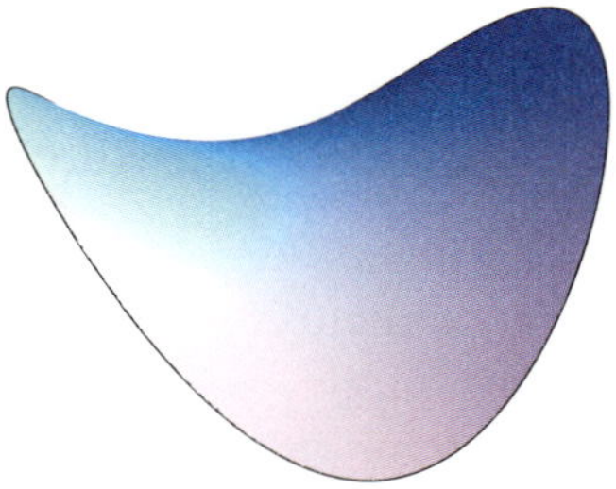

Abb. 5.30. Sattelfläche oder auch "Pommes Chips"

Der Nullpunkt ist ein Sattelpunkt.

3. Als Letztes betrachten wir die Funktion $f(x, y) = 1 - |x + y| \cdot |x - y|$.

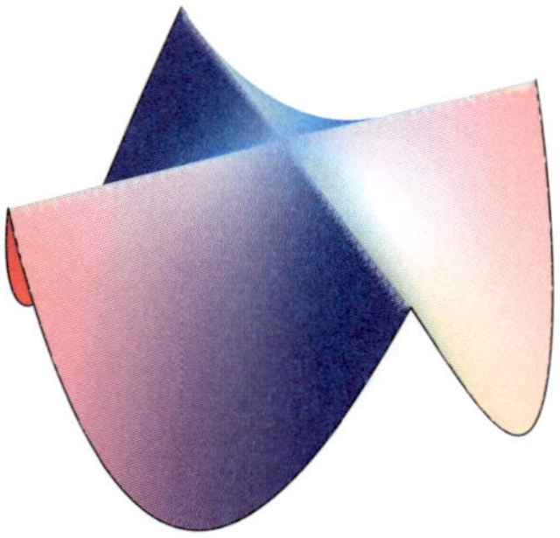

Abb. 5.31. Ein weiteres degeneriertes Maximum

Im Maximum (die ganzen Geraden $x = \pm y$) sind die Ableitungen nicht definiert. ○

Für eine Funktion mit drei Variablen können wir wie vorher eine beliebige Kurve $(x(t), y(t), z(t))$ durch das Extremum wählen. Dann muss $g(t) = f(x(t), y(t), z(t))$ ebenso erfüllen:

$$\frac{df}{dt} = f_x \cdot \dot{x} + f_y \cdot \dot{y} + f_z \cdot \dot{z} = 0,$$

und wie vorher zieht das nach sich: $\nabla f = 0$. Um zu bestimmen, ob ein Extremum ein Maximum, Minimum oder Sattelpunkt ist, braucht man hier die lineare Algebra – siehe den Anhang am Ende vom Kapitel.

5.7 Extrema mit Nebenbedingungen

In Anwendungen ist es häufig so, dass man ein Extremum einer Funktion sucht, wobei aber eine oder mehrere Nebenbedingungen zu erfüllen sind. Die Problemstellung lautet dann:

Gesucht ist ein Extremum von $f(x, y)$ unter der Nebenbedingnung $g(x, y) = \text{const.}$

Auf einer Landkarte können wir uns vorstellen, auf dem Weg, gegeben durch die Kurve $g(x, y) = \text{const.}$, z.B. den höchsten Punkt zu suchen. Wenn die Höhenlinien der Funktion $f(x, y)$ eingezeichnet sind, könnte das Bild wie folgt aussehen:

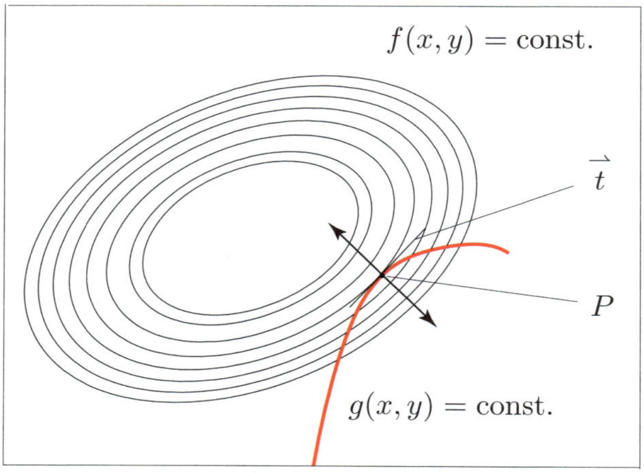

Abb. 5.32. Veranschaulichung der Methode von Lagrange

Auf dem höchsten Punkt P des roten Weges berühren sich die Höhenlinie von f und der Weg und müssen deswegen dieselbe Tangente t haben, oder äquivalent: $\nabla f = \pm\lambda\nabla g$. Wir zeigen im Folgenden noch analytisch diesen Tatverhalt. In der Umgebung des Extremums sei die Kurve $g(x, y) = \text{const.}$ o.B.d.A. in der Form $y = y(x)$ darstellbar. Dann können wir die Extremalaufgabe zurückführen auf das Problem $h(x) = f(x, y(x)) \longrightarrow$ extremal, d.h.:

$$h'(x) = f_x(x, y(x)) + f_y(x, y(x)) \cdot y'(x) = 0\,.$$

Aber, wie wir früher gefunden haben, gilt:

$$y' = -\frac{g_x}{g_y},$$

und somit:

$$\frac{g_x}{g_y} = \frac{f_x}{f_y},$$

was wiederum $\nabla f = \lambda \nabla g$ bedeutet. Man kann also das Problem $f \longrightarrow$ extremal unter der Nebenbedingung $g = \text{const.}$ so lösen: Man bildet die neue Funktion:

$$F(x,y) = f(x,y) + \lambda g(x,y).$$

Dann hat man aus den drei Gleichungen

$$\boxed{\nabla F = 0 = \nabla f + \lambda \nabla g \quad \text{und} \quad g(x,y) = \text{const.}}$$

die Unbekannten x, y und λ zu bestimmen. Der Faktor λ heisst nach dem Erfinder dieser Methode Lagrange-Multiplikator und die neue Funktion $F(x,y)$ nennt man die Lagrange'sche Prinzipalfunktion. Sie ist nur eine Hilfsfunktion und hat keine geometrische Bedeutung.

Die Überlegungen können analog auf Funktionen mit drei Variablen übertragen werden: Gesucht sei ein Extremum von $f(x,y,z)$ unter der Nebenbedingung $g(x,y,z) = \text{const.}$ Wir denken uns die Fläche $g(x,y,z) = \text{const.}$ dargestellt als $z = z(x,y)$, d.h. also: $g(x,y,z(x,y)) = \text{const.}$, für alle x, y in einer Umgebung des Extremums. Also gilt:

$$\partial_x g(x,y,z(x,y)) = g_x(x,y,z(x,y)) + g_z(x,y,z(x,y)) \cdot z_x(x,y) = 0,$$
$$\partial_y g(x,y,z(x,y)) = g_y(x,y,z(x,y)) + g_z(x,y,z(x,y)) \cdot z_y(x,y) = 0,$$

woraus sich ergibt:

$$z_x(x,y) = -\frac{g_x(x,y,z(x,y))}{g_z(x,y,z(x,y))},$$

$$z_y(x,y) = -\frac{g_y(x,y,z(x,y))}{g_z(x,y,z(x,y))}.$$

Weiter muss für $f(x,y,z(x,y))$ ebenso gelten:

$$\partial_x f(x,y,z(x,y)) = f_x(x,y,z(x,y) + f_z(x,y,z(x,y) \cdot z_x(x,y) = 0$$
$$\partial_y f(x,y,z(x,y)) = f_y(x,y,z(x,y) + f_z(x,y,z(x,y) \cdot z_y(x,y) = 0.$$

Wenn wir die vorher abgeleiteten Beziehungen für z_x, z_y benutzen, finden wir

$$\frac{g_x(x,y,z(x,y))}{g_z(x,y,z(x,y))} = \frac{f_x(x,y,z(x,y))}{f_z(x,y,z(x,y))},$$

$$\frac{g_y(x,y,z(x,y))}{g_z(x,y,z(x,y))} = \frac{f_y(x,y,z(x,y))}{f_z(x,y,z(x,y))},$$

und durch Division folgt auch

$$\frac{g_y(x,y,z(x,y))}{g_x(x,y,z(x,y))} = \frac{f_y(x,y,z(x,y))}{f_x(x,y,z(x,y))}.$$

Also gilt auch hier

$$\nabla f = \lambda \nabla g$$

im Extremum, d.h. die Lagrange-Methode funktioniert bei drei Variablen genau gleich. Falls man drei Variablen hat, kann man noch eine zweite Nebenbedingung haben. Die analytische Überlegung kann nun so geführt werden:

Man hat jetzt eine Funktion $f(x,y,z) + \lambda \cdot g(x,y,z)$, von der man das Extremum unter der Nebenbedingung $h(x,y,z) = \text{const.}$ sucht. Damit kann man alle Schritte wiederholen, die zur Lagrange-Methode mit einer Nebenbedingung geführt hatten.

Dann besagt die Lagrange-Methode, dass man aus den 5 Gleichungen

$$\begin{aligned}\nabla(f + \lambda g + \mu h) &= 0 \quad \text{und}\\ g(x,y,z) &= \text{const.} \quad \text{und}\\ h(x,y,z) &= \text{const.}\end{aligned}$$

die Unbekannten x, y, z, λ, μ bestimmen muss.

Geometrisch kann man zwei Nebenbedingungen so interpretieren: Gesucht ist das Extremum der Funktion $f(x,y,z)$, wobei (x,y,z) auf der Schnittkurve der beiden Flächen $g(x,y,z) = \text{const.}$ und $h(x,y,z) = \text{const.}$ liegt – siehe Abbildung 5.33. Im Extremum von f auf der Schnittkurve s ist die Richtungsableitung $D_u f = 0$, wobei u ein Tangentialvektor ist zu s. Der Gradient von f liegt damit in der Normalebene N zu s. Wir wissen aber schon, dass die Gradienten von g und h beiden in N liegen. Die drei Gradienten sind also linear unabhängig, d.h.

$$\nabla f = \lambda \nabla g + \mu \nabla h\,.$$

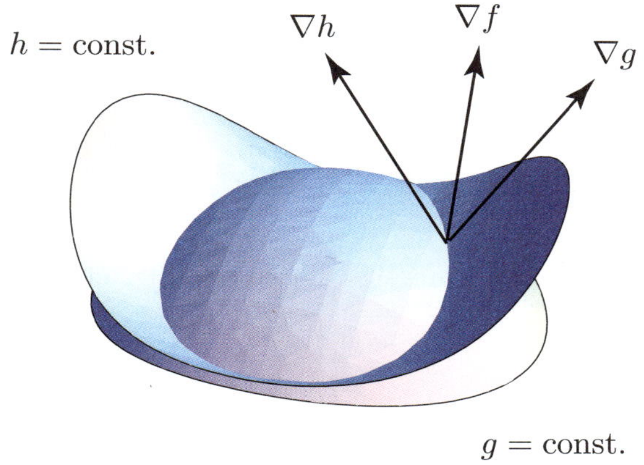

Abb. 5.33. Optimierungsproblem mit zwei Nebenbedingungen

Die Bedingung $\nabla f + \lambda \cdot \nabla g + \mu \cdot \nabla h = 0$ besagt also, dass im Extremum die drei Gradienten in einer Ebene, und zwar in der Normalebene zur Schnittkurve der Flächen $g = \text{const.}$ und $h = \text{const.}$, liegen müssen.

Beispiele:

1. Welche Form muss ein gerader Kreiszylinder haben, damit das Volumen bei gegebener Oberfläche maximal ist? Mit Radius r und Höhe h gilt:

$$V = \pi r^2 h,\ O = 2\pi(r^2 + rh).$$

Damit wählen wir

$$F(r, h) = r^2 h - \lambda(r^2 + rh),$$

womit die Extremumsbedingung

$$F_r = 0 = 2rh - \lambda(2r + h),$$
$$F_h = 0 = r^2 - \lambda r$$

lautet. Aus der zweiten Gleichung folgt $r = 0$ oder $\lambda = r$. Nur das Letztere macht Sinn und wenn man dies in der ersten Gleichung benutzt, erhält man sofort

$$\boxed{h = 2r}\,,$$

d.h. also, der Querschnitt muss quadratisch sein.

2. Gegeben ist ein beliebiger Punkt $P = (x_0, y_0, z_0)$ im positiven Oktant. Gesucht ist die Ebene E durch P, sodass das endliche Volumen, begrenzt durch E und die Koordinatenebenen, minimal wird.

   Lösung: Es ist zweckmässig, die Ebene in Achsenabschnittsform zu schreiben:
   $$E : \frac{x}{p} + \frac{y}{q} + \frac{z}{r} = 1\,.$$
   Das gesuchte Volumen ist dann $V = \frac{1}{6}pqr$ und die Nebenbedingung verlangt
   $$\frac{x_0}{p} + \frac{y_0}{q} + \frac{z_0}{r} = 1\,.$$
   Also ist unsere Funktion
   $$F(p, q, r, \lambda) = pqr + \lambda\left(\frac{x_0}{p} + \frac{y_0}{q} + \frac{z_0}{r}\right).$$
   Man beachte, dass der Faktor $\frac{1}{6}$ weggelassen werden kann:
   $$\partial_p F(p, q, r, \lambda) = 0 \Rightarrow qr = \lambda \cdot \frac{x_0}{p^2}\,.$$
   Aus der letzten Gleichung findet man durch zyklische Vertauschung die entsprechenden Gleichungen
   $$rp = \lambda \cdot \frac{y_0}{q^2} \quad \text{und} \quad pq = \lambda \cdot \frac{z_0}{r^2}\,.$$
   Jetzt kann man aus den drei Gleichungen p, q und r berechnen und man erhält z.B. zuerst durch schrittweise Elimination der Variablen r und q:
   $$p = \frac{x_0^{3/4}\lambda^{1/4}}{{y_0}^{1/4} z_0^{1/4}},$$

und dann wieder durch zyklische Vertauschung:

$$q = \frac{y_0^{3/4}\lambda^{1/4}}{z_0^{1/4}x_0^{1/4}},$$

$$r = \frac{z_0^{3/4}\lambda^{1/4}}{x_0{}^{1/4}y_0^{1/4}}.$$

Dies kann man dann in der Nebenbedingung einsetzen und erhält damit $\lambda = 81x_0y_0z_0$, sodass sich schlussendlich

$$p = 3x_0, q = 3y_0, r = 3z_0, V_{\min} = 4.5x_0y_0z_0$$

ergibt. Der Punkt P liegt im optimalen Fall also im Schwerpunkt des Dreiecks $(p,0,0),(0,q,0),(0,0,r)$, wie man sofort nachprüft.

3. Quadratische Formen: Ein Ausdruck der Form

$$Q(x,y) = ax^2 + 2bxy + cy^2$$

nennt man auch "quadratische Form". Sie heisst "positiv definit", falls für beliebige Werte von x, y gilt: $Q(x,y) \geq 0$, wobei das Gleichheitszeichen nur für $x = 0, y = 0$ gilt. Solche quadratische Formen spielen in unzähligen Zusammenhängen eine wichtige Rolle. In physikalischen Problemen hat $Q(x,y)$ oft die Rolle einer kinetischen oder potenziellen Energie. Im letzten Abschnitt haben wir gesehen, dass eine quadratische Form positiv definit ist, falls $a > 0$ und $b^2 - ac < 0$. Eine oft vorkommende Frage ist nun: Was sind die extremalen Werte eines Quotienten von der Form

$$R(x,y) = \frac{Q_1(x,y)}{Q_2(x,y)}\,?$$

wobei Q_1, Q_2 positiv definite quadratische Formen sind. Hier gibt es keine Nebenbedingung, aber es erweist sich oft als günstig, eine solche einzuführen aufgrund folgender Überlegung: Wenn man im Zähler und Nenner von $R(x,y)$ eine "Streckung" durchführt, d.h. die Variablen x, y durch tx, ty ersetzt, ändert $R(x,y)$ seinen Wert nicht. Für die optimale Wahl von x, y, kann man aber durch Wahl von t immer annehmen, dass dann z.B. $Q_2(tx,ty) = 1$. Das heisst aber, dass das

Problem $R(x, y)$ extremal zu machen, äquivalent ist zum Problem $Q_1(x, y) \rightarrow$, extremal unter der Nebenbedingung $Q_2(x, y) = 1$. Damit ist klar, dass wir

$$F(x, y) = Q_1(x, y) - \lambda Q_2(x, y)$$

wählen können. Die Extremalbedingungen lauten also:

$$\nabla Q_1(x, y) = \lambda \nabla Q_2(x, y).$$

Falls wir für $Q_1(x, y), Q_2(x, y)$ dieselben Bezeichnungen wählen wie für $Q(x, y)$ mit entsprechenden Indices 1,2, erhalten wir das folgende Gleichungssystem:

$$\begin{aligned} a_1 x + b_1 y &= \lambda \left(a_2 x + b_2 y \right) \\ b_1 x + c_1 y &= \lambda \left(b_2 x + c_2 y \right). \end{aligned}$$

Dieses Gleichungssystem kann man mittels der symmetrischen Matrizen

$$M_1 = \begin{pmatrix} a_1 & b_1 \\ b_1 & c_1 \end{pmatrix}, \quad M_2 = \begin{pmatrix} a_2 & b_2 \\ b_2 & c_2 \end{pmatrix}$$

und dem Vektor $\vec{v} = (x, y)$ noch kompakter schreiben, in der Form:

$$M_1 \cdot \vec{v} = \lambda M_2 \cdot \vec{v}.$$

Dieses Problem heisst in der linearen Algebra auch: die "Eigenwerte von M_1 bezüglich M_2" bestimmen. Wir zeigen nun noch:

Die extremalen Werte von $R(x, y)$ sind gerade diese Eigenwerte.

Um dies einzusehen, muss man

$$\nabla \left(\frac{Q_1(x, y)}{Q_2(x, y)} \right) = \frac{\nabla Q_1 \cdot Q_2 - Q_1 \cdot \nabla Q_2}{{Q_2}^2} = 0,$$

berechnen, d.h.:

$$\nabla Q_1 = \frac{Q_1}{Q_2} \cdot \nabla Q_2.$$

Wenn man jetzt mit der Extremalbedingung von oben vergleicht, sieht man, dass $\lambda = \frac{Q_1}{Q_2}$ ist. Die Bestimmung der Eigenwerte ergibt sich wiederum aus der Gleichung

$$\det(M_1 - \lambda M_2) = 0,$$

wie Sie aus der Linearen Algebra wissen. Dies ist eine quadratische Gleichung für die Eigenwerte. ○

5.7.1 Übungsaufgaben zu Kapitel 5.7

1. Das folgende Bild zeigt einige Niveaulinien der Funktion

$$f(x, y) = 3x - x^3 - 2y^2 + y^4.$$

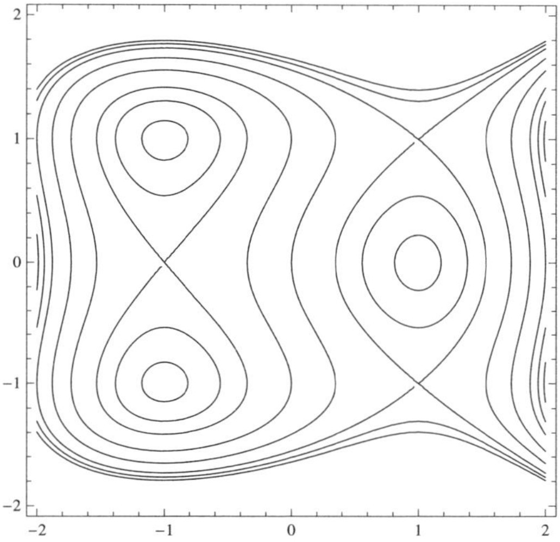

Abb. 5.34. Niveaulinien einer Funktion $f(x, y)$

(a) Lokalisieren Sie anhand des Bildes stationäre Punkte (ohne Rechnung). Entscheiden Sie jeweils, ob es sich um einen Sattelpunkt bzw. um ein Minimum/Maximum handelt. Begründen Sie Ihre Antwort!

(b) Untersuchen Sie sämtliche kritischen Punkte rechnerisch. Entscheiden Sie jeweils anhand der zweiten Ableitungen von f, ob es sich um ein Minimum, ein Maximum oder einen Sattelpunkt handelt.

(c) Untersuchen Sie die Funktion

$$g(x, y) = e^{4y - x^2 - y^2}$$

auf Minima, Maxima und Sattelpunkte.

2. Bestimmen Sie mit Hilfe der Lagrange-Multiplikatoren das achsenparallele Rechteck grösster Fläche, das sich der Ellipse

$$\frac{x^2}{a^2} + \frac{y^2}{b^2} = 1$$

einschreiben lässt. Berechnen Sie seine Fläche und vergleichen Sie mit der der Ellipse.

3. Ein kreisrunder Swimmingpool (Mittelpunkt des Kreises im Ursprung eines x-y-Koordinatensystems, Radius 4 m) besitzt die Wassertiefe

$$t(x, y) = 2 - \frac{x^2}{50} - \frac{3\,y^2}{100} + \frac{x}{25}.$$

An welchen Stellen ist er am tiefsten/seichtesten? Wie gross ist die Wassertiefe dort?

4. Aus einem rechteckigen Stück Karton soll eine oben offene Schachtel hergestellt werden. Welche Form soll sie haben, damit das Volumen maximal wird bei gegebener Kartonfläche? Wie gross ist dann der Abfall?

5. Gegeben ist die Ebene

$$E : \frac{x}{p} + \frac{y}{q} + \frac{z}{r} = 1, p, q, r > 0\,.$$

Gesucht ist das maximale (endliche) Volumen, das ein Quader im positiven Oktanten haben kann, mit einer Ecke in E und drei Seiten auf den Koordinatenebenen.

6. Gegeben das Ellipsoid:

$$\frac{x^2}{a^2} + \frac{y^2}{b^2} + \frac{z^2}{c^2} = 1.$$

Es wird mit einer Ebene z = const. geschnitten. Die entstehende Schnittfläche wird mit einem Punkt auf der Ellipsoidoberfläche als Spitze zu einem Kegel ergänzt. Welches maximale Volumen kann dieser haben?

7. **Challenge-Problem:** Ein Kasten mit Länge $a = 2$ und Breite $b = 1$ soll um die Ecke E geschoben werden. Wie breit muss der Gang sein, damit dies geht?

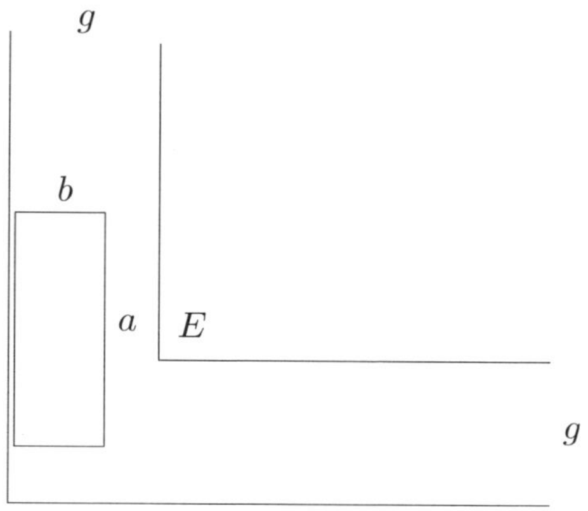

Abb. 5.35. Wie schiebt man den Kasten um die Ecke?

5.8 Ausflug in die lineare Algebra

Wie vorher erwähnt, kann man mit Hilfe der linearen Algebra die Art eines kritischen Punktes bestimmen (auch wenn die Funktion mehr als zwei Variablen hat). Hier werden wir kurz das Vorgehen beschreiben. Wir brauchen zuerst ein paar Fakten aus der linearen Algebra:

- Als Diagonalmatrix bezeichnet man eine quadratische $n \times n$ Matrix, bei der alle Elemente ausserhalb der Hauptdiagonale Null sind. Man schreibt häufig
$$D = \text{diag}(d_1, d_2, \ldots, d_n),$$
wobei $d_1, \ldots d_n$ die Elemente auf der Diagonale sind.

- Eine quadratische Matrix A ist diagonalisierbar, wenn es eine Diagonalmatrix D_A gibt, zu der sie ähnlich ist, das heisst, es existiert eine invertierbare Matrix S, so dass gilt: $D_A = S^{-1}AS$, bzw. $SD_A = AS$. Die Diagonaleinträge von D_A sind die Eigenwerte von A.

- Jede reelle symmetrische Matrix A ist diagonalisierbar und in diesem Fall gilt
$$D_A = S^{-1}AS = S^T AS.$$

Im Folgenden betrachten wir eine Funktion von drei Variablen. Analoges gilt aber für Funktionen von vier, fünf oder n Variablen.

Gegeben sei eine Funktion $f : G \to \mathbb{R}$, wobei $G \subset \mathbb{R}^3$, deren zweite partielle Ableitungen existieren und stetig sind. Sei (x_0, y_0, z_0) ein kritischer Punkt der Funktion f. Man kann das Taylorpolynom 2. Ordnung an dieser Stelle schreiben als

$$T_2(\Delta x, \Delta y, \Delta z) =$$
$$f + \tfrac{1}{2}(\Delta x\, \Delta y\, \Delta z) \begin{pmatrix} \frac{\partial^2 f}{\partial x^2} & \frac{\partial^2 f}{\partial x \partial y} & \frac{\partial^2 f}{\partial x \partial z} \\ \frac{\partial^2 f}{\partial x \partial y} & \frac{\partial^2 f}{\partial y^2} & \frac{\partial^2 f}{\partial y \partial z} \\ \frac{\partial^2 f}{\partial x \partial z} & \frac{\partial^2 f}{\partial y \partial z} & \frac{\partial^2 f}{\partial z^2} \end{pmatrix} \begin{pmatrix} \Delta x \\ \Delta y \\ \Delta z \end{pmatrix}, \tag{5.1}$$

wobei f und ihre zweite Ableitungen auszuwerten sind an der Stelle (x_0, y_0, z_0). Diese 3×3 Matrix, bestehend aus den zweiten partiellen Ableitungen von f, nennt man die Hesse-Matrix der Funktion f und bezeichnet sie als H_f oder $\left(\frac{\partial^2 f}{\partial x_i \partial x_j}\right)$. Man beachte, dass die Hesse-Matrix eine reelle, symmetrische Matrix ist (nach dem Satz von Clairaut-Schwarz). Aus den Fakten der linearen Algebra entnehmen wir, dass es eine invertierbare 3×3 Matrix S gibt (mit $S^{-1} = S^T$), so dass

$$S^T H_f S = D_{H_f} \iff H_f = S D_{H_f} S^T$$

und somit wird die Gleichung (5.1)

$$T_2(\Delta x, \Delta y, \Delta z) = f + \frac{1}{2}(\Delta x\, \Delta y\, \Delta z)\, S \begin{pmatrix} \lambda_1 & 0 & 0 \\ 0 & \lambda_2 & 0 \\ 0 & 0 & \lambda_3 \end{pmatrix} S^T \begin{pmatrix} \Delta x \\ \Delta y \\ \Delta z \end{pmatrix},$$

oder auch

$$T_2(\Delta x, \Delta y, \Delta z) = f + \frac{1}{2}(\Delta x\, \Delta y\, \Delta z)\, S \begin{pmatrix} \lambda_1 & 0 & 0 \\ 0 & \lambda_2 & 0 \\ 0 & 0 & \lambda_3 \end{pmatrix} ((\Delta x\, \Delta y\, \Delta z),\, S)^T$$

und wenn wir den neuen Vektor $(\Delta\tilde{x}\, \Delta\tilde{y}\, \Delta\tilde{z}) = (\Delta x\, \Delta y\, \Delta z) \cdot S$ definieren, so lautet Gleichung (5.1)

$$T_2(\Delta x, \Delta y, \Delta z) = f + \frac{1}{2}\left(\lambda_1(\Delta\tilde{x})^2 + \lambda_2(\Delta\tilde{y})^2 + \lambda_3(\Delta\tilde{z})^2\right).$$

Falls nun $\lambda_1, \lambda_2, \lambda_3 > 0$, so nennt man die Matrix H_f positiv definit und der kritische Punkt ist ein Minimum. Falls aber $\lambda_1, \lambda_2, \lambda_3 < 0$, so nennt man die Matrix H_f negativ definit und der kritische Punkt ist ein Maximum. Gibt es sowohl negative als auch positive Eigenwerte, so nennt man die Matrix indefinit und der kritische Punkt ist ein Sattelpunkt. Es reicht also, die Eigenwerte der Matrix H_f zu bestimmen, um die Art des kritischen Punktes herauszufinden. Diese Methode lässt sich direkt auf n Variablen verallgemeinern.

Jacobi-Test

Der Jacobi-Test gibt eine Methode um zu kontrollieren, ob alle Eigenwerte einer Matrix positiv oder alle negativ sind. Für eine $n \times n$ Matrix A mit Elementen a_{ik} definiert man die Hauptuntermatrix A_m als die Matrix mit den Elementen

$$a_{ik}, \ i, k = 1 \dots m$$

und entsprechend die Hauptunterdeterminanten $D_m = \mathrm{Det(A_m)}$. Es gilt nun:

- Alle Eigenwerte von A sind positiv (> 0), falls alle $D_m > 0$, für $m = 1 \dots n$
- Alle Eigenwerte sind negativ, falls $D_1 < 0$, $D_2 > 0$, $D_3 < 0, \dots$ alternierend.

ANWENDUNG:

Für eine Funktion $f(x, y, z)$ von drei Variablen ergeben sich damit folgende Bedingungen für ein Minimum an einer Stelle (x_0, y_0, z_0), (wo $\nabla f = 0$):

1. $f_{xx} > 0$.
2. $f_{xx} \cdot f_{yy} - f_{xy}^2 > 0$.
3. $f_{xx} \cdot f_{yy} \cdot f_{zz} + 2f_{xy} \cdot f_{yz} \cdot f_{xz} - f_{yz}^2 \cdot f_{xx} - f_{xz}^2 \cdot f_{yy} - f_{xy}^2 \cdot f_{zz} > 0$.

Alle Ableitungen werden ausgewertet an der Stelle (x_0, y_o, z_0).

BEISPIELE:

(1) Sei $f(x, y, z) = 2x^2 + 5xy + \frac{17y^2}{2} + 2xz - 6yz + 5z^2$. Der kritische Punkt ist hier $(0, 0, 0)$ und man erhält $D_1 = 4$, $D_2 = 43$ und $D_3 = 98$. Also hat man bei $(0, 0, 0)$ ein Minimum. Die Eigenwerte der Hesse'schen Matrix sind dort $(21.147, 9.358, 0.495)$.

(2) Die leicht abgewandelte Funktion $f(x, y, z) = 2x^2 + 5xy + \frac{17y^2}{2} + 2xz - 8yz + 5z^2$ hat auch den kritischen Punkt $(0, 0, 0)$, aber jetzt gilt $D_1 = 4$, $D_2 = 43$, und $D_2 = -54$. Die Hesse'sche Matrix hat im Nullpunkt die Eigenwerte $(22.72, 8.51, -0.28)$. Der Eigenvektor $\overrightarrow{e}_3$ zum negativen Eigenwert ist $(-1.52, 0.90, 1)$. In dieser Richtung gilt $f(-1.52 \cdot t, 0.90 \cdot t, t) = -0.5742t^2$. Man kann die Situation folgendermassen veranschaulichen:

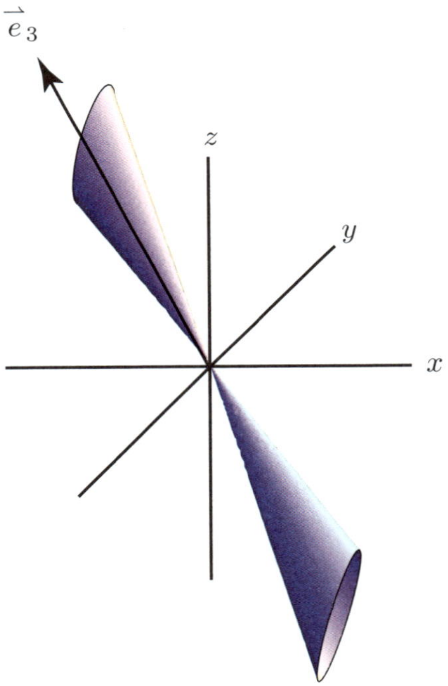

Abb. 5.36. Veranschaulichung zu Beispiel (2)

Im Innern des Doppelkegels mit Achse in Richtung von $\overrightarrow{e}_3$ ist $f(x, y, z)$ negativ, im Äussen positiv. ○

6 Integralrechnung

In der Integralrechnung in mehr als einer Dimension kommt neu als wesentliches Problem die Geometrie des Integrationsgebietes dazu. Dies erfordert neue Methoden, vor allem eine angepasste Transformation der Variablen. Als neue Möglichkeit kommen nun auch Integrale über Kurven und Flächen dazu. Solche Integrale treten in verschiedensten Anwendungen auf, z.B. als Arbeit längs eines Weges, oder als Fluss durch eine Kurve oder Fläche. Dies werden wesentliche Themen des 6. Kapitels sein.

6.1 Ebene Gebiete

Der Ausgangspunkt für die Integralrechnung in Analysis 1 war das klassische Problem der Berechnung der Fläche unter einer Kurve. Das entsprechende Problem eine Dimension höher, ist jetzt die Berechnung des Volumens unter einer Fläche. In verschiedenen speziellen Situationen konnten wir schon in Analysis 1 Volumenberechnungen durchführen, z.B. Volumina von Rotationskörpern. Es werden natürlich noch viele andere Fragestellungen auftreten, die auf mehrfache Integrale führen, wobei es nicht immer um Volumina geht. Bei der Definition eines einfachen Integrals im Riemann'schen Sinne betrachteten wir die Aufteilung eines Intervalls in n Teilintervalle (siehe Analysis 1, Kap. 3.1).

Jetzt ist die Sache insofern komplizierter, als wir jetzt von einem beliebigen Gebiet G der Ebene ausgehen. Dort sei eine stetige Funktion $f(x, y)$ definiert, und wir nehmen sie der Einfachheit halber als positiv an. Das Gebiet G können wir in n Teilgebiete G_k mit Fläche ΔA_k aufteilen und in jedem G_k einen Stichpunkt (x_k, y_k) nehmen; siehe Abbildung 6.1.

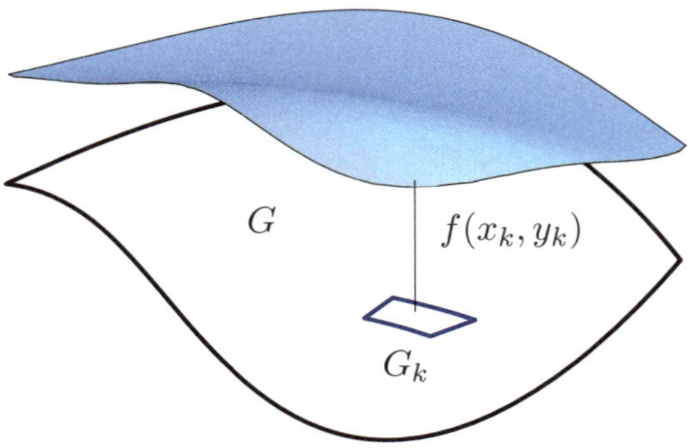

Abb. 6.1. Volumen zwischen einer Fläche und einem ebenen Gebiet

Das Volumen unter der Fläche kann offenbar approximiert werden durch

$$\sum_{k=1}^{n} f(x_k, y_k) \cdot \Delta A_k.$$

Falls man die Einteilung immer feiner macht, d.h. alle $\Delta A_k \to 0$, schreibt man den Grenzfall als $\int_G f dA$ oder auch etwas expliziter als $\int_G f(x,y)dxdy$, und bezeichnet es als Gebietsintegral oder Integral über G. Nun haben wir aber noch nicht überlegt, wie wir es berechnen können. Dies hängt wesentlich vom Rand von G ab (math. Abkürzung: ∂G).

Im einfachsten Fall ist G ein Rechteck, also $G = [a,b] \times [c,d] \subset \mathbb{R}^2$ und f eine positive Funktion $f : G \to \mathbb{R}$. Wir wählen $\Delta x = \frac{b-a}{m}$ und $\Delta y = \frac{d-c}{n}$ für $n, m \in \mathbb{N}$ und unterteilen G in $m \cdot n$ kleine Rechtecke:

$$G_{ij} = [a + (i-1)\Delta x, a + i\Delta x] \times [c + (j-1)\Delta y, c + j\Delta y]$$

für $1 \leq i \leq m$ und $1 \leq j \leq n$, und wählen einen Stichpunkt $(x_{ij}, y_{ij}) \in G_{ij}$. Man kann nun das Volumen unter dem Graphen von f über das Rechteck G approximieren durch folgende doppelte Summe:

$$V \approx \sum_{i=1}^{m} \sum_{j=1}^{n} f(x_{ij}, y_{ij}) \Delta x \Delta y.$$

Der Grenzwert für $i, j \to \infty$ sollte für *schöne* Funktionen dem Volumen unter dem Graphen entsprechen. Wie berechnet man nun diesen Grenzwert? Betrachten wir zuerst die Unterteilung des Intervalls $[a,b]$, wobei

$x_0 = a, x_1 = a + \Delta x, x_2 = a + 2\Delta x, \ldots, x_m = b$, so kann man das Volumen auch auffassen als eine Summe von Schichten der Breite Δx und mit Querschnitt $A(x_i) = \int_c^d f(x_i, y)\, dy$ und somit wird die Doppelsumme zu

$$V \approx \sum_{i=1}^{m} A(x_i)\Delta x = \sum_{i=1}^{m} \left(\int_c^d f(x_i, y)\, dy \right) \Delta x.$$

Aus dem Hauptsatz der Differential- und Integralrechnung folgt, dass diese Summe für $m \to \infty$ zu folgendem Integral konvergiert:

$$V = \lim_{m \to \infty} \sum_{i=1}^{m} \left(\int_c^d f(x_i, y)\, dy \right) \Delta x = \int_a^b \left(\int_c^d f(x, y)\, dy \right) dx.$$

Natürlich hätten wir auch mit der Unterteilung des Intervalls $[c, d]$ anfangen können und wären dann zum folgenden Resultat gekommen:

$$V = \int_c^d \left(\int_a^b f(x, y)\, dx \right) dy.$$

Die Rechnung ist aber eine andere, und dieses Resultat ist bekannt als folgender Satz:

Satz von Fubini. *Sei f eine positive stetige Funktion auf dem Rechteck $G = [a, b] \times [c, d]$, so gilt für das Volumen:*

$$V = \int_G f\, dA = \int_a^b \int_c^d f(x, y)\, dy dx = \int_c^d \int_a^b f(x, y)\, dx dy.$$

In der Regel werden die Klammern beim Doppelintegral weggelassen und man integriert von innen nach aussen. Je nach dem kann es viel einfacher sein, zuerst in die eine Richtung und dann in die andere Richtung zu integrieren. Wir zeigen an einem Beispiel, dass die Integrationsreihenfolge keine Rolle spielt.

BEISPIEL:

Es sei das folgende Integral zu berechnen:

$$\int_0^1 \left(\int_1^2 \frac{1}{x^2 + y}\, dy \right) dx.$$

(a) Wir integrieren von innen nach aussen:

$$\int_1^2 \frac{1}{x^2 + y} dy = \ln(x^2 + y)\Big|_1^2 = \ln(2 + x^2) - \ln(1 + x^2).$$

Jetzt berechnen wir allgemein:

$$\int \ln(a+x^2)\,dx = \int 1\cdot\ln(a+x^2)\,dx = x\cdot\ln(a+x^2) - \int \frac{2x^2}{a+x^2}\,dx.$$

Algebraisch umformen ergibt:

$$\frac{2x^2}{a+x^2} = \frac{2\left(x^2+a\right)-2a}{a+x^2} = 2 - \frac{2a}{a+x^2};$$

damit hat man noch ein Standardintegral:

$$\int \frac{1}{a+x^2}\,dx = \sqrt{a}\cdot\arctan\left(\frac{x}{\sqrt{a}}\right).$$

Jetzt muss man noch für a die Werte 2 und 1 einsetzen und die Integrationsgrenzen berücksichtigen. Das führt schliesslich zum Ergebnis:

$$\int_0^1 \left(\int_1^2 \frac{1}{x^2+y}\,dy\right)dx = 2\sqrt{2}\arctan\left(\frac{1}{\sqrt{2}}\right) + \ln\left(\frac{3}{2}\right) - \frac{\pi}{2}.$$

(b) Wir integrieren nun von aussen nach innen:

$$\int_1^2 \left(\int_0^1 \frac{1}{x^2+y}\,dx\right)dy.$$

Wir können direkt das Integral von oben nehmen:

$$\int_0^1 \frac{1}{x^2+y}\,dx = \sqrt{y}\arctan\left(\frac{x}{\sqrt{y}}\right)\Big|_0^1 = \frac{1}{\sqrt{y}}\arctan\left(\frac{1}{\sqrt{y}}\right).$$

Wir nehmen die neue Variable $z=\sqrt{y}$, d.h. $dz = \frac{1}{2\sqrt{y}}\,dy$. Damit hat man nun:

$$\begin{aligned}\int_1^2 \frac{1}{\sqrt{y}}\arctan\left(\frac{1}{\sqrt{y}}\right)dy &= 2\int_1^{\sqrt{2}} 1\cdot\arctan\left(\frac{1}{z}\right)dz \\ &= 2z\cdot\arctan\left(\frac{1}{z}\right)\Big|_1^{\sqrt{2}} + 2\int_1^{\sqrt{2}} \frac{z}{1+z^2}\,dz,\end{aligned}$$

aber:

$$\int_1^{\sqrt{2}} \frac{z}{1+z^2}\,dz = \frac{1}{2}\ln(1+z^2)\Big|_1^{\sqrt{2}} = \ln\left(\frac{3}{2}\right),$$

und wir gelangen wieder zum Schlussergebnis von Version (a). ○

Folgendes Beispiel zeigt, dass es zwar nicht darauf ankommt, in welcher Reihenfolge man integriert, aber dass manchmal die Wahl der Reihenfolge die Aufgabe komplizierter oder einfacher machen kann.

BEISPIEL:
Es sei die Funktion $f(x, y) = y\sin(xy)$ über das Gebiet $G = [1, 2] \times [0, \pi]$ zu integrieren. Falls man zuerst über y integriert, hat man

$$\begin{aligned} \int_0^{\pi} y\sin(xy)\,dy &= \tfrac{-y}{x}\cos(xy)\Big|_{y=0}^{y=\pi} + \int_0^{\pi} \frac{1}{x}\cos(xy)\,dy \\ &= \tfrac{-\pi}{x}\cos(\pi x) + \tfrac{1}{x^2}\sin(\pi x). \end{aligned}$$

Die zweite Integration ist damit

$$\int_1^2 \left(\frac{-\pi}{x}\cos(\pi x) + \frac{1}{x^2}\sin(\pi x)\right) dx.$$

Hier muss man merken, dass die Stammfunktion $\frac{-\sin(\pi x)}{x}$ ist, was man unter Umständen nicht so schnell findet. Wenn man aber zuerst über x integriert, hat man

$$y\int_1^2 \sin(xy)\,dx = -\cos(xy)\Big|_1^2 = \cos(y) - \cos(2y),$$

und die zweite Integration ist simpel:

$$\int_0^{\pi} (\cos(y) - \cos(2y))\,dy = 0.$$

○

Hier ist ein recht häufig auftretender Fall, wo der Satz von Fubini evident ist. Es gilt:

$$\int_a^b \int_c^d f(x)g(y)\,dydx = \int_a^b f(x)\,dx \cdot \int_c^d g(y)\,dy,$$

denn bei der Integration nach y ist $f(x)$ als Konstante zu behandeln.

Ein zweiter, oft vorkommender Fall ist der folgende: das Gebiet G wird begrenzt von zwei Kurven $y_1(x)$ und $y_2(x)$. Wir gehen vor wie in Analysis 1 und unterteilen das Volumen unter der Fläche in Schichten der Dicke Δx – siehe Abbildung 6.2:

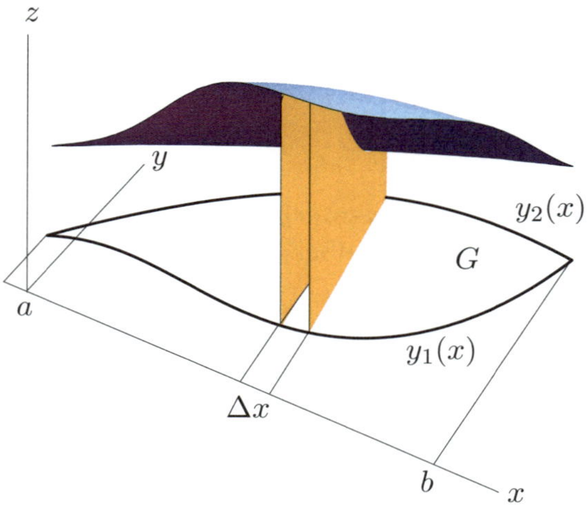

Abb. 6.2. Gebiet begrenzt von zwei Kurven

Das Volumen einer solchen Schicht kann man dann approximieren durch

$$\Delta V(x) = \left(\int_{y_1(x)}^{y_2(x)} f(x, y) dy \right) \cdot \Delta x.$$

Beachte, dass dies nun eine Funktion ist, die nur noch von x abhängt. Somit können wir das Gesamtvolumen approximieren durch die Riemann Summe:

$$\sum_{i=1}^{m} \left(\int_{y_1(x)}^{y_2(x)} f(x_i, y) dy \right) \cdot \Delta x,$$

wobei wir das x-Intervall in m gleich langen Teilintervallen der Länge Δx unterteilt haben und x_i ein Stichpunkt ist im i.ten Teilintervall.

Wenn wir nun Δx gegen 0 streben lassen und somit $m \to \infty$, erhalten wir das doppelte Integral:

$$V = \int_a^b \left(\int_{y_1(x)}^{y_2(x)} f(x, y)\, dy \right) dx,$$

und somit haben wir gezeigt, dass

$$V = \int_a^b \left(\int_{y_1(x)}^{y_2(x)} f(x, y) dy \right) dx = \int_G f\, dA.$$

Das Gebietsintegral über G ist also ein zweifaches Integral , genauer nennt man das auch ein iteriertes Integral, da zwei Integrale ineinander verschachtelt sind.

ANWENDUNGSBEISPIEL: Trägheitsmoment

Es sei G das Gebiet begrenzt durch die Parabeln $y_1(x) = -x(1-x)$ und $y_2(x) = x(1-x)$ für $0 \leq x \leq 1$. Das polare Trägheitsmoment ist definiert (siehe Analysis 1) als

$$I_0 = \int_G (x^2 + y^2)\, dA.$$

Nach unserer obigen Betrachtung haben wir zu berechnen:

$$\int_0^1 \int_{y_1(x)}^{y_2(x)} (x^2 + y^2) dy\, dx = \int_0^1 \left(\left[x^2 \cdot y + \frac{y^3}{3} \right]_{-x(1-x)}^{x(1-x)} \right) dx$$

$$= \int_0^1 \frac{8x^3}{3} - 4x^4 + 2x^5 - \frac{2x^6}{3} dx.$$

Man erhält schliesslich

$$I_0 = \frac{11}{105}.$$

○

6.1.1 Polarkoordinaten

In Anwendungen tritt sehr oft der Fall auf, dass G ein Kreis, ein Kreissektor oder Kreisringsektor ist. In dieser Situation liegt es auf der Hand, dass man das Flächenelement durch Polarkoordinaten ausdrückt. Wir betrachten dazu die Abbildung 6.3:

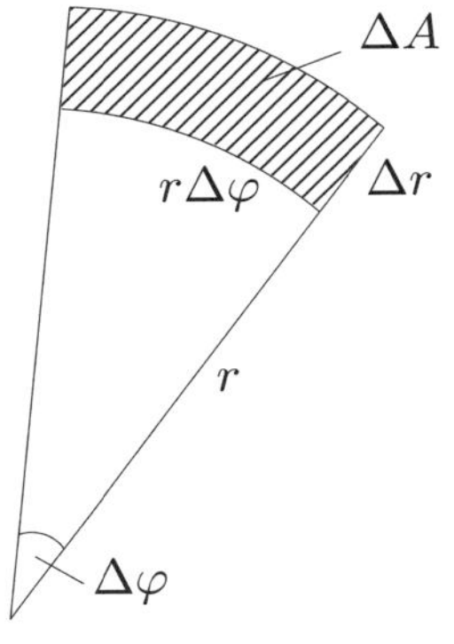

Abb. 6.3. Das Flächenelement ΔA in Polarkoordinaten

Das Flächenelement ΔA wird approximiert durch ein Rechteck mit den Seiten $r\Delta\varphi$ und Δr, woraus sich $\Delta A \approx r\Delta r\Delta\varphi$ ergibt.

Wenn wir jetzt direkt zu den Differentialen übergehen, erhalten wir die wichtige Beziehung:

$$\int_G f(x,y)dxdy = \int_{\widetilde{G}} \widetilde{f}(r,\varphi)r\,drd\varphi,$$

wobei G das Gebiet in der xy-Ebene ist, $\widetilde{G}$ das Gebiet in der (r,ϕ)-Ebene und $\widetilde{f}$ die Funktion in Polarkoordinaten.

Dieses Ergebnis werden wir im nächsten Abschnitt als Spezialfall einer allgemeinen Formel auch wieder bekommen.

Beispiel:
Wir berechnen die Masse eines Kreisringes mit Radien R_1 und R_2 und der Dichte

$$\rho(x,y) = 1 + \frac{|x|}{L} + \frac{|y|}{L}.$$

Wegen der Symmetrie der Dichte können wir uns für die Integration auf einen Viertelskreis beschränken. In Polarkoordinaten haben wir dann

$$\begin{aligned} M &= 4\int_{R_1}^{R_2}\int_0^{\frac{\pi}{2}} \left(1 + \frac{r}{L}(\cos\,\varphi + \sin\,\varphi)\right) r\,d\varphi\,dr \\ &= 4\int_{R_1}^{R_2} \left(\frac{\pi}{2} + 2\frac{r}{L}\right) r\,dr, \end{aligned}$$

und somit

$$M = \pi(R_2^2 - R_1^2) + \frac{8}{3}\,\frac{R_2^3 - R_1^3}{L}.$$

○

6.2 Koordinatentransformationen

Wir haben im letzten Abschnitt gesehen, dass es vorteilhaft sein kann, neue Koordinaten einzuführen, um ein Gebietsintegral zu berechnen. Diese Methode soll nun allgemein beschrieben werden. Wir betrachten eine Abbildung von einer Parameterebene (u,v) auf die (x,y)-Ebene, die gegeben sei durch eine Abbildungsvorschrift:

$$(u,v) \mapsto (x,y) = (x(u,v), y(u,v)).$$

Dadurch wird jedem Punkt der (u, v)-Ebene ein Punkt der (x, y)-Ebene zugeordnet, und das Bild eines Gebietes $\widetilde{G}$ in der (u, v)-Ebene entspricht einem Gebiet G in der (x, y)-Ebene:

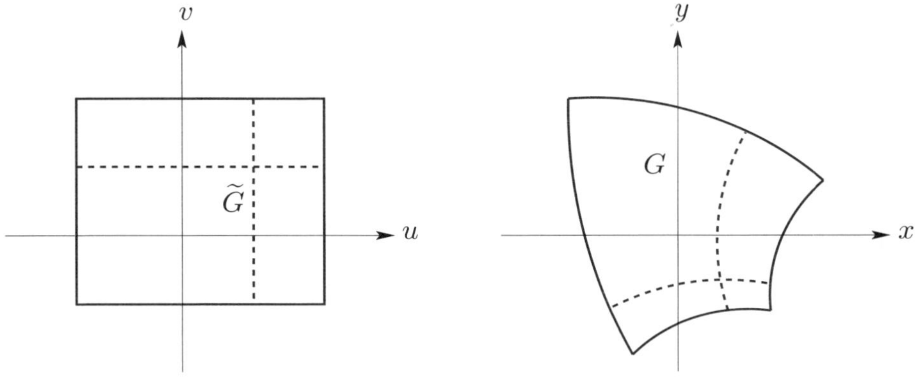

Abb. 6.4. Transformation eines Gebietes

Einer Linie $u = \text{const.} = u_0$ wird dann eine Kurve

$$x = x(u_0, v), y = y(u_0, v)$$

zugeordnet, wobei v dann der Kurvenparameter ist. Analog erhält man die Kurve:

$$x = x(u, v_0), y = y(u, v_0).$$

Günstig für die Integration ist natürlich, wenn der Rand des Integrationsgebietes G aus solchen Kurven gebildet wird.

BEISPIEL:

Betrachte die Abbildung, gegeben durch $x(u, v) = \cosh(u) \cdot \cos(v)$ und $y(u, v) = \sinh(u) \cdot \sin(v)$. In Abb. 6.5 sehen Sie dann die Abbildung des Quadrates $\widetilde{G} = [0.5, 1] \times [0.5, 1]$ der (u, v)-Ebene.

Die Geraden $u = \text{const.}$ werden dann zu Ellipsensegmenten und die Geraden $v = \text{const.}$ zu Hyperbelsegmenten (Überlegen Sie selbst wieso).

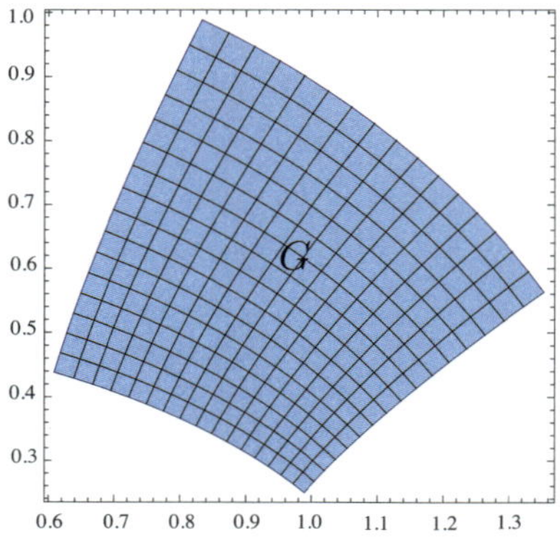

Abb. 6.5. Das Bild eines Quadrates in der xy-Ebene

Wir betrachten nun die allgemeine Situation und setzen:

$$\vec{r}(u,v) = (x(u,v), y(u,v)).$$

Das Flächenelement ΔA wird dann approximiert durch ein Paralellogramm aus zwei Tangentenvektoren $\vec{r}_u \cdot \Delta u$ und $\vec{r}_v \cdot \Delta v$:

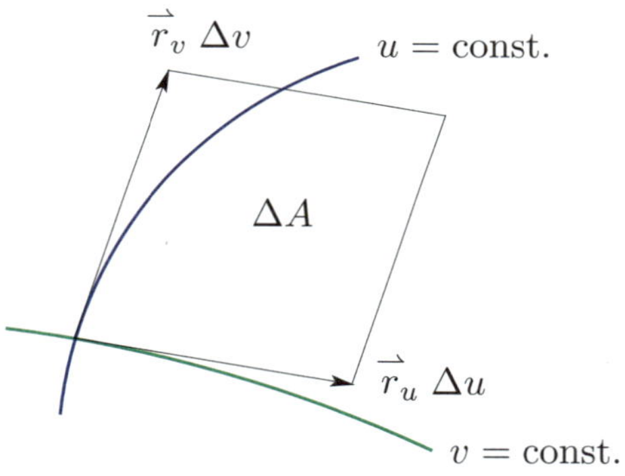

Abb. 6.6. Das Flächenelement ΔA ist ein Paralellogramm

Die Fläche dieses Paralellogramms ist dann nach einer bekannten Formel der Vektorrechnung:

$$\Delta A = |\vec{r}_u \Delta u \times \vec{r}_v \Delta v| = \det \begin{pmatrix} x_u & y_u \\ x_v & y_v \end{pmatrix} \cdot \Delta u \Delta v = (x_u y_v - y_u x_v) \Delta u \Delta v.$$

Die Matrix wird Funktionalmatrix oder Jacobi-Matrix (Engl.: "Jacobian") genannt. Eine geläufige Schreibweise für die Funktionaldeterminante ist auch:

$$\left|\frac{\partial(x,y)}{\partial(u,v)}\right|.$$

Eine geometrische Interpretation der Funktionaldeterminante ist als Verzerrungsfaktor der Fächenelemente bei der Transformationsabbildung.

Wir können nun die Transformationsformel angeben: Es sei $f(x,y)$ der Integrand in kartesischen Koordinaten, $\widetilde{f}(u,v) = f(x(u,v),\ y(u,v))$ der transformierte Integrand. Dann gilt:

$$\int_G f(x,y)dxdy = \int_G \widetilde{f}(u,v)\left|\frac{\partial(x,y)}{\partial(u,v)}\right| dudv.$$

Beispiele:

1. Wir betrachten zuerst nochmals Polarkoordinaten, wo ja gilt:

$$x = r\cdot\cos\varphi \quad \text{und} \quad y = r\cdot\sin\varphi.$$

Dann zeigt eine einfache Rechnung, dass $\left|\frac{\partial(x,y)}{\partial(r,\varphi)}\right| = r$, womit wir das früher gefundene Ergebnis $\Delta A = r\Delta r\Delta\varphi$ bestätigen.

2. Im obigen Beispiel mit der gewählten Transformation $x = \cosh(u)\cdot\cos(v)$ und $y = \sinh(u)\cdot\sin(v)$ bekommt man

$$\left|\frac{\partial(x,y)}{\partial(u,v)}\right| = \frac{1}{2}\left(\cosh(2u) - \cos(2v)\right).$$

Damit können wir z.B. die Fläche A des in Abb. 6.5 gezeichneten Gebietes bequem berechnen als:

$$\begin{aligned} A &= \int_G 1\, dA \\ &= \int_{1/2}^{1}\int_{1/2}^{1} \frac{1}{2}\left(\cosh(2u) - \cos(2v)\right) du\, dv \\ &= \frac{1}{8}\left(\sinh(2) - \sinh(1) + \sin(1) - \sin(2)\right) \approx 0.298. \end{aligned}$$

○

Bemerkung:

Es ist zu beachten, dass man den Flächeninhalt berechnen kann, indem man die konstante Funktion $f(x, y) = 1$ über die Fläche integriert. Streng genommen berechnet man das Volumen eines quaderförmigen Körpers der Höhe 1, dies ist aber nichts anderes als Grundfläche ($= A$) $\times$ Höhe ($= 1$), und somit sind Volumen und Flächeninhalt numerisch das Gleiche.

Beispiel (fortges.):

Um z.B. die Schwerpunktskoordinaten des Gebietes G zu berechnen, brauchen wir noch:

$$M_x = \int_G x\,dA \quad \text{und} \quad M_y = \int_G y\,dA.$$

Es ist dann nach der obigen Transformationsformel:

$$M_x = \int_{1/2}^{1} \int_{1/2}^{1} \cosh(u)\cos(v) \cdot \frac{1}{2}\left(\cosh(2u) - \cos(2v)\right)\,du\,dv,$$

$$M_y = \int_{1/2}^{1} \int_{1/2}^{1} \sinh(u)\sin(v) \cdot \frac{1}{2}\left(\cosh(2u) - \cos(2v)\right)\,du\,dv.$$

Die Integrale können z.B. durch partielle Integration berechnet werden und man erhält:

$$\begin{aligned} M_x = \frac{1}{12} \Bigg[&- \left(\sin\left(\frac{3}{2}\right) - \sin(3)\right)\left(\sinh\left(\frac{1}{2}\right) - \sinh(1)\right) \\ &+ \left(\sin\left(\frac{1}{2}\right) - \sin(1)\right)\left(\sinh\left(\frac{3}{2}\right) - \sinh(3)\right)\Bigg], \end{aligned}$$

$$\begin{aligned} M_y = \frac{1}{12} \Bigg[&\left(\cos\left(\frac{3}{2}\right) - \cos(3)\right)\left(\cosh\left[\frac{1}{2}\right] - \cosh(1)\right) \\ &- \left(\cos\left(\frac{1}{2}\right) - \cos(1)\right)\left(\cosh\left(\frac{3}{2}\right) - \cosh(3)\right)\Bigg], \end{aligned}$$

und schliesslich $x_S = \frac{M_x}{A} \approx 0.955$ und $y_S = \frac{M_y}{A} \approx 0.604$.

○

6.2.1 Ellipsenkoordinaten

Analog zu den Polarkoordinaten definiert man Ellipsenkoordinaten durch $x = au\cos(v)$ und $y = bu\sin(v)$. Die Linien $u =$ const. sind dann ähnliche Ellipsen, und $v =$ const. Geraden durch das Zentrum. Für die Funktionaldeterminante erhält man

$$\left|\frac{\partial(x,y)}{\partial(u,v)}\right| = abu.$$

Wichtig ist es, sich zu merken, dass der Winkel v nicht wie beim Kreis gemessen wird:

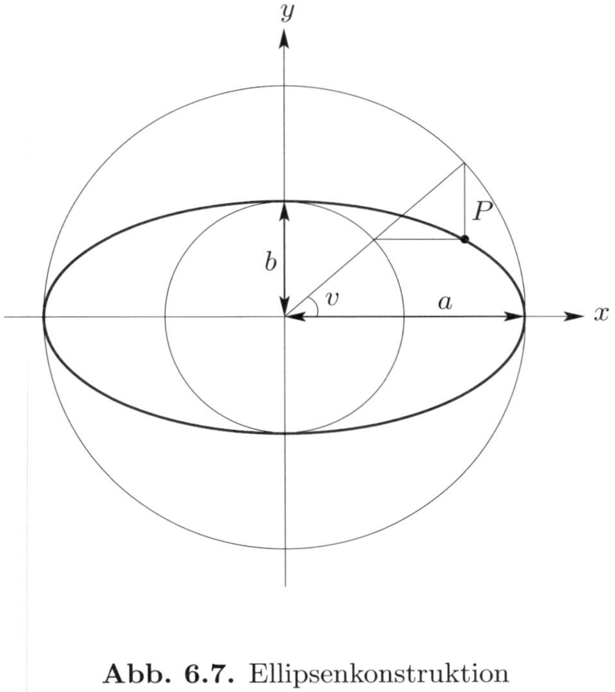

Abb. 6.7. Ellipsenkonstruktion

In der obigen Abbildung ist eine bekannte Ellipsenkonstruktion skizziert, aus der man die Bedeutung des Winkels v ablesen kann: zu einem Ellipsenpunkt P gehört der angegebene Winkel v, der Parameter u variiert zwischen 0 (Zentrum) und 1 (Rand). Als Anwendung lösen wir folgendes Problem:

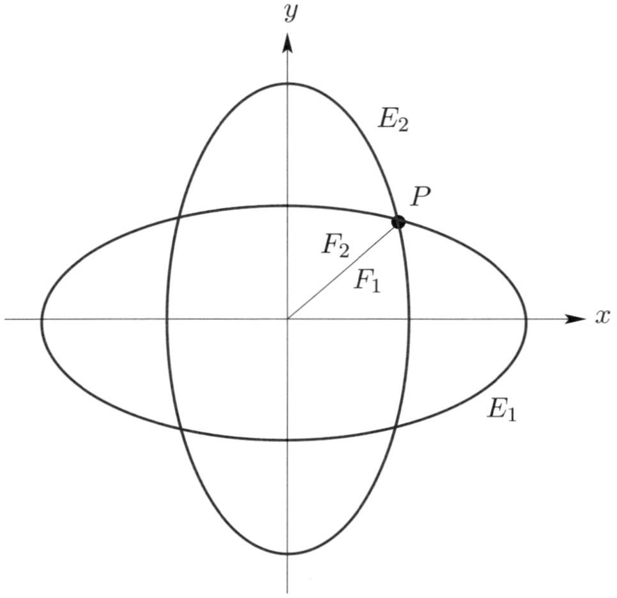

Abb. 6.8. Gemeinsame Fläche von zwei Ellipsen

BEISPIEL:

Eine Ellipse mit Halbachsen a und b wird um 90 Grad gedreht. Wie gross ist die gemeinsame Fläche? Wir haben also:

$$E_1 : x = a\cos v,\ y = b\sin v$$
$$E_2 : x = b\cos v,\ y = a\sin v.$$

Die gemeinsame Fläche ist $4(F_1+F_2)$ (siehe Abbildung 6.8), und wir müssen den Punkt P bestimmen. In P muss gelten: $a\cos v_1 = b\cos v_2$ und $b\sin v_1 = a\sin v_2$, woraus sich durch Division ergibt:

$$\frac{b}{a}\tan v_1 = \frac{a}{b}\tan v_2,$$

d.h. $v_1 = \arctan\frac{a}{b}$, und $v_2 = \arctan\frac{b}{a}$. Damit brauchen wir noch

$$F_1 = ab\int_0^1\int_0^{v_2} u\,du\,dv \quad \text{und} \quad F_2 = ab\int_0^1\int_{v_1}^{\pi/2} u\,du\,dv.$$

Die gemeinsame Fläche ist also:

$$4ab \cdot \frac{1}{2}\left(v_2 - v_1 + \frac{\pi}{2}\right) = 2ab\left(\arctan\frac{b}{a} - \arctan\frac{a}{b} + \frac{\pi}{2}\right).$$

Kontrolle: Für $a = b = R$ sind beide Ellipsen (= Kreise) identisch; wir erhalten $R^2\pi$ und das ist genau die Kreisfläche.

○

6.2.2 Übungsaufgaben zu Kapitel 6.2

1. Berechnen Sie den Wert folgender Integrale:

   (a) $\displaystyle\int_0^3 f(x,y)\,dx$ und $\displaystyle\int_0^4 f(x,y)\,dy$, wobei $f(x,y) = \dfrac{y}{x+2}$.

   (b) $\displaystyle\int_1^4 \int_1^2 \left(\frac{x}{y} + \frac{y}{x}\right) dy\,dx.$

   (c) $\displaystyle\iint\limits_R x \sin(x+y)\,dA, \qquad R = \left[0, \frac{\pi}{6}\right] \times \left[0, \frac{\pi}{3}\right].$

   (d) $\displaystyle\iint\limits_R xye^{x^2y}\,dA, \qquad R = [0,1] \times [0,2].$

2. Eine elektrische Ladung ist gemäss Ladungsdichte $\sigma(x,y)$ über ein Gebiet G verteilt. (Die Einheit von σ ist Coulomb pro Quadratmeter: $\frac{C}{m^2}$). Berechnen Sie jeweils die Gesamtladung des Gebiets G:

   (a) Gebiet G: Rechteck $1 \le x \le 3$, $0 \le y \le 2$;
   Ladungsdichte $\sigma(x,y) = 2xy + y^2$.

   (b) Gebiet G: Scheibe $x^2 + y^2 \le 4$;
   Ladungsdichte $\sigma(x,y) = x + y + x^2 + y^2$.

3. Bestimmen Sie jeweils die Masse und den Schwerpunkt der Platte D mit Dichtefunktion $\rho(x,y)$.

(a) D ist das Dreieck mit den Ecken $(0, 0)$, $(2, 1)$, $(0, 3)$;
$\rho(x, y) = x + y$.

(b) D ist derjenige Teil der Scheibe $x^2 + y^2 \leq 1$, welcher im ersten Quadranten liegt.

Die Dichte ρ eines jeden Punktes ist proportional zu seinem Abstand von der x-Achse.

4. Berechnen Sie das polare Flächenträgheitsmoment der homogenen Fläche H bezüglich des Koordinatenursprungs der folgenden Abbildung:

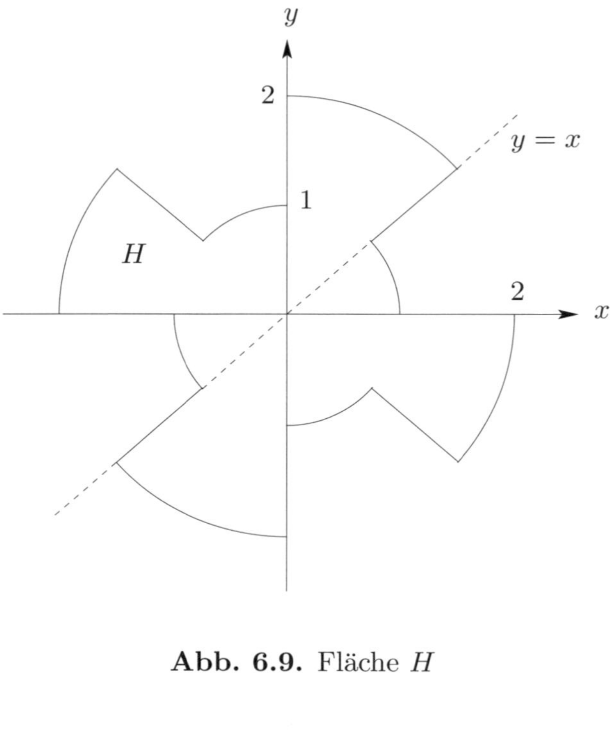

Abb. 6.9. Fläche H

5. Berechnen Sie das Volumen unterhalb des Paraboloids $z = 4 - x^2 - y^2$ und oberhalb der Ellipse $\frac{x^2}{4} + y^2 = 1$.

6.3 Koordinatentransformationen im Raum

Bevor wir Koordinaten transformieren, betrachten wir einen Fall, wo man mit den kartesischen Koordinaten gut rechnen kann. Um sich eine konkrete Situation vorzustellen, nehmen wir an, dass eine Volumendichte $\rho(x, y, z)$ gegeben ist und ein räumliches Gebiet G, von dem wir die Gesamtmasse M berechnen wollen. Das Gebiet G sei von zwei Funktionsgraphen unten und oben begrenzt:

$$z = U(x, y) \quad \text{und} \quad z = O(x, y)$$

und G^* sei die Projektion von G auf die (x, y)-Ebene:

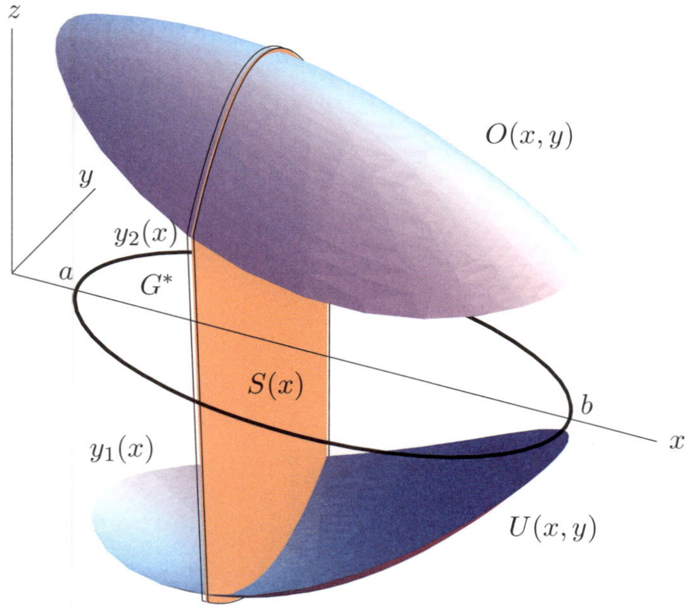

Abb. 6.10. Ein räumliches Gebiet, begrenzt von zwei Flächen

Wir nehmen zuerst eine Schicht $S(x)$ der Dicke Δx, deren Masse wir bekommen als

$$\Delta M(x) = \Delta x \int_{y_1(x)}^{y_2(x)} \left(\int_{U(x,y)}^{O(x,y)} \rho(x, y, z)\, dz \right) dy,$$

wobei $y_1(x)$ und $y_2(x)$, die Begrenzungskurven von G^* seien. Dann müssen wir noch diese Massen aufintegrieren, um M zu erhalten:

$$M = \int_a^b \left(\int_{y_1(x)}^{y_2(x)} \left(\int_{U(x,y)}^{O(x,y)} \rho(x,y,z) dz \right) dy \right) dx.$$

Abgekürzt schreibt man nur noch $M = \int_G \rho \, dV$ oder etwas ausführlicher:

$$M = \int_G \rho(x,y,z) \, dxdydz.$$

Die eigentliche Rechnung führt also auf ein dreifaches Integral . In vielen Anwendungen ist es wieder vorteilhaft, nicht kartesische Koordinaten zu verwenden. Wir beginnen mit dem für viele Anwendungen wichtigen Fall der Kugelkoordinaten:

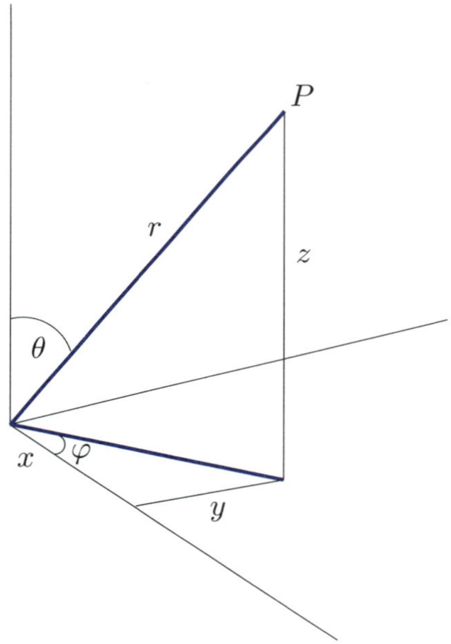

Abb. 6.11. Kugelkoordinaten

Einem Punkt P des Raumes mit kartesischen Koordinaten (x, y, z) werden Kugelkoordinaten (r, θ, φ) zugeordnet gemäss der obigen Zeichnung, d.h.:

$$x = r \sin\theta \cos\varphi$$

$$y = r \sin\theta \sin\varphi$$

$$z = r \cos\theta,$$

wobei $r \in [0, \infty), \theta \in [0, \pi]$ und $\varphi \in (-\pi, \pi]$. Wenn man sich jetzt kleine Änderungen der drei neuen Variablen anschaut, kann man das Volumenelement unschwer herleiten:

Wir approximieren das Volumenelement ΔV durch einen Quader – siehe Abb. 6.12 – mit Seitenlängen

$$a = \rho\Delta\varphi, b = r\Delta\theta \quad \text{und} \quad \Delta r.$$

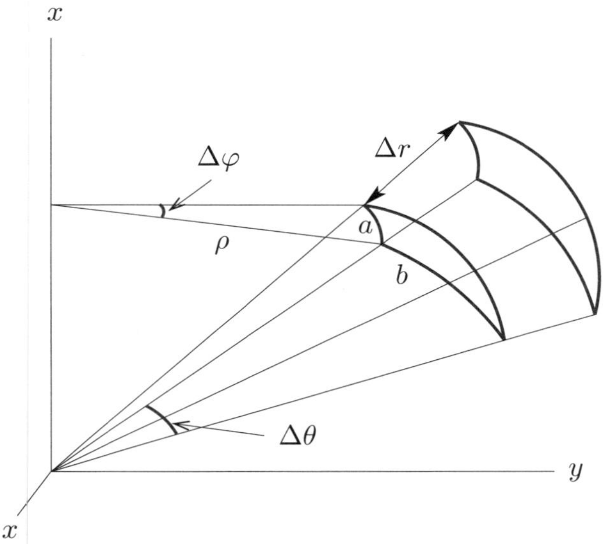

$$\rho = r \sin\theta,\ a = r \sin\theta\ \Delta\varphi,\ b = r\Delta\theta$$

Abb. 6.12. Volumenelement in Kugelkoordinaten

Nun muss man nur noch beachten, dass $\rho = r \sin\theta$, um

$$\Delta V = r^2 \sin\theta \Delta r \Delta\theta \Delta\varphi$$

zu finden. Wir werden dieses Resultat (für die entsprechenden Differentiale geschrieben) aus der allgemeinen Transformationsformel wieder erhalten. Analog zum ebenen Fall nehmen wir nun an, dass wir eine eindeutige Zuordung von den neuen (u, v, w)-Koordinaten zu den alten kartesischen Koordinaten haben:

$$x = x(u, v, w),\ y = y(u, v, w) \text{ und } z = z(u, v, w).$$

Dabei entspricht wie im zweidimensionalen Fall einem Gebiet G im (x, y, z)-Raum ein Gebiet $\widetilde{G}$ im (u, v, w)-Raum. Wenn man zwei der Parameter (u, v, w) festhält, bekommt man eine Raumkurve, also z.B.:

$$\vec{r} = \vec{r}(u, v_0, w_0) = (x(u, v_0, w_0), y(u, v_0, w_0), z(u, v_0, w_0)).$$

Jetzt nehmen wir durch einen beliebigen Punkt P des Raumes drei solche Kurven und kurze Stücke von Tangentenvektoren:

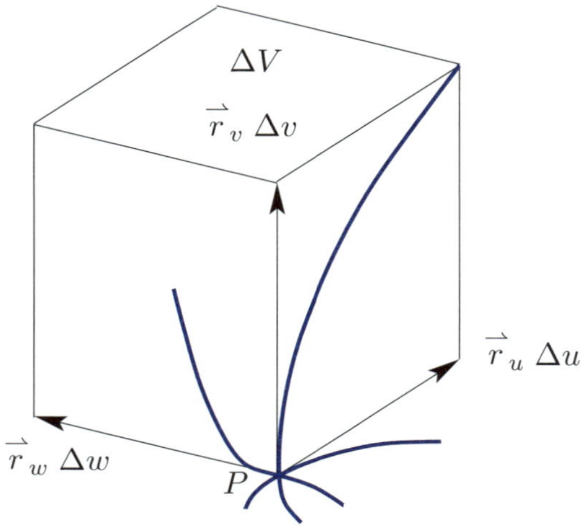

Abb. 6.13. Approximation eines allgemeinen Volumenelementes

Als Volumenelement ΔV nehmen wir das Paralellepiped, gebildet aus drei Tangentenvektoren. Nach einer weiteren bekannten Formel der Vektorrechnung gilt nun (Spatprodukt):

$$\Delta V = [\vec{r}_u, \vec{r}_v, \vec{r}_w] \, \Delta u \Delta v \Delta w.$$

Ausgeschrieben heisst das, wenn wir nun Differentiale schreiben, dass

$$dV = \det \begin{pmatrix} x_u & x_v & x_w \\ y_u & y_v & y_w \\ z_u & z_v & z_w \end{pmatrix} du \, dv \, dw = \left| \frac{\partial(x, y, w)}{\partial(u, v, w)} \right| du \, dv \, dw,$$

also, wie schon im zweidimensionalen Fall, ist es wieder die Funktionaldeterminante, die den Volumenverzerrungsfaktor angibt. Damit haben wir die völlig analoge Transformationsformel für Integrale über ein Gebiet G des Raumes:

$$\int_G f(x,y,z)\,dx\,dy\,dz = \int_{\widetilde{G}} \widetilde{f}(u,v,w) \left| \frac{\partial(x,y,z)}{\partial(u,v,w)} \right| du\,dv\,dw.$$

Hier ist entsprechend dem zweidimensionalen Fall:

$$\widetilde{f}(u,v,w) = f(x(u,v,w), y(u,v,w), z(u,v,w)).$$

Im Falle der Kugelkoordinaten findet man natürlich:

$$\left| \frac{\partial(x,y,w)}{\partial(r,\theta,\phi)} \right| = r^2 \sin\theta.$$

Beispiel (Kreisel):

Ein Kreisel von der Form eines Kugelsektors rotiert um die z-Achse. Wie gross ist das zugehörige Trägheitsmoment I_z?

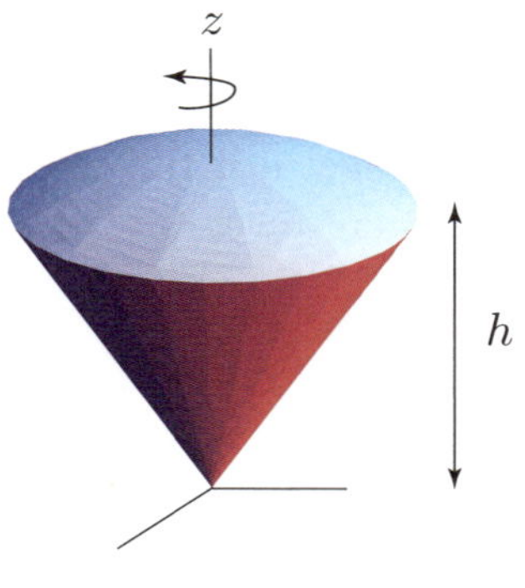

Abb. 6.14. Rotierender Kreisel

Der Öffnungswinkel sei α und der entsprechende Kugelradius R. Dann ist

$$\begin{aligned} I_z &= \int_0^R \int_0^\alpha \int_0^{2\pi} (x^2+y^2) r^2 \sin\theta \, dr d\theta d\varphi \\ &= \int_0^R \int_0^\alpha \int_0^{2\pi} r^4 \sin^3\theta \, dr d\theta d\varphi \\ &= \frac{2\pi}{5} R^5 \int_0^\alpha \sin^3\theta \, d\theta. \end{aligned}$$

Der Term $\sin^3\theta$ kann in der Form $(1-\cos^2\theta)\sin\theta$ geschrieben werden, sodass die neue Variable $t=\cos\theta$ das letzte Integral einfach berechnen lässt. Man erhält das Schlussresultat

$$I_z = \frac{2\pi}{5}R^5\left(\frac{2}{3}+\frac{\cos^3\alpha}{3}-\cos\alpha\right). \qquad \bigcirc$$

Analog zu den Ellipsenkoordinaten kann man Ellipsoid-Koordinaten definieren:

$$\begin{aligned} x &= au\sin v\cos w \\ y &= bu\sin v\sin w \\ z &= cu\cos v\,. \end{aligned}$$

Es gilt:

$$\left(\frac{x}{a}\right)^2+\left(\frac{y}{b}\right)^2+\left(\frac{z}{c}\right)^2=u^2.$$

Das Innere des Ellipsoids entspricht dann den Parameterwerten $0\le u<1$, $0\le v\le\pi$, $0\le w\le 2\pi$. Die Flächen $u=$ const. sind ähnliche Ellipsoide. Die Flächen $v=$ const. sind Kegel mit Spitze im Nullpunkt, die Flächen $w=$ const. sind Teile von Ebenen durch die z-Achse:

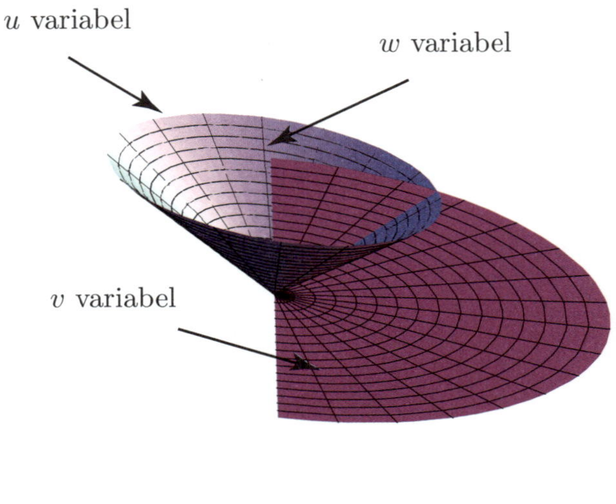

Abb. 6.15. Geometrische Bedeutung der Ellipsoid-Koordinaten

Die Ausrechnung der Funktionaldeterminante oder Jacobi-Determinante ergibt dann:

$$\left|\frac{\partial(x,y,w)}{\partial(u,v,w)}\right| = abc \cdot u^2 \sin v.$$

Eine naheliegende Anwendung ist das Volumen eines Ellipsoids, welches wir bekommen mit

$$V = abc \int_0^1 \int_0^\pi \int_0^{2\pi} u^2 \sin v \, dudvdw = \frac{4\pi}{3} abc\,.$$

6.3.1 Übungsaufgaben zu Kapitel 6.3

1. Bestimmen Sie in der Formel

$$\int_B f(x,y,z)\, d\mu(x,y,z) = \int_{\dots}^{\dots} \Big(\int_{\dots}^{\dots} \Big(\int_{\dots}^{\dots} f(x,y,z)\, dz \Big)\, dy \Big)\, dx,$$

die durch ... angedeuteten Integrationsgrenzen für die folgenden Gebiete B:

   (a) Der durch die Flächen $x^2 + y^2 = R^2$, $z = 0$, $z = H$ begrenzte Zylinder;

   (b) Der durch die Flächen $x^2+y^2 = R^2$, $x+y+z = 0$, $x+y+z = 1$ begrenzte, schief abgeschnittene Zylinder;

   (c) Der durch die Flächen $x = 2z$, $x^2 + y^2 = (1-z)^2$ begrenzte, schief abgeschnittene Kreiskegel.

2. (a) Berechnen Sie durch Dreifachintegration das Volumen des Körpers, der von den Paraboloiden $z = x^2 + y^2$ und $z = x^2 + 2y^2$ sowie den Ebenen $y = x$, $y = 2x$ und $x = 1$ begrenzt wird.

   Eine inhomogene Kugel mit Radius R und Dichte $\rho(r) = 1+\left(\frac{r}{R}\right)^2$ rotiert um eine Achse durch den Mittelpunkt.

   (b) Berechnen Sie das Trägheitsmoment und schreiben Sie das Ergebnis in der Form: $I =$ Zahl $\times M \times R^2$ (wobei M die Masse ist).

(c) Vergleichen Sie das Ergebnis mit dem Trägheitsmoment $\frac{2}{5}MR^2$, welches man für eine homogene Kugel erhält. Warum ist das Ergebnis aus Teil (b) grösser?

3. (a) Wir betrachten den Swimmingpool mit Wassertiefe

$$T(x,y) = 2 - \frac{x^2}{50} - \frac{3\,y^2}{100} + \frac{x}{25}, \qquad x^2 + y^2 \leq 16.$$

Seine minimale/maximale Tiefe am Rand war 1.48 bzw. 1.84. Mit einem Pool-Umfang von 8π gilt für die Fläche F der Seitenwand also:

$$F \in [1.48 \cdot 8\pi, 1.84 \cdot 8\pi].$$

Berechnen Sie den exakten Wert von F!

(b) Auf dem Rand der Ellipse:

$$\left(\frac{x}{10}\right)^2 + \left(\frac{y}{6}\right)^2 = 1$$

steht ein Zaun der Höhe $H(x,y) = 3 + 0.01(x^2 - y^2)$. Seine Aussenseite soll gestrichen werden. Stellen Sie ein Integral zur Berechnung der zu streichenden Fläche auf. (*Freiwillig:* Lösen Sie das Integral z.B. mit Mathematica.)

4. Eine Kugel mit Radius $R = 50$ cm hat die radialsymmetrische Dichte

$$\rho(r) = \alpha + (1-\alpha)\frac{r}{R}.$$

Bei welchem Wert von α sinkt die Kugel 90 cm tief in Wasser ein?

Tipp: Archimedisches Prinzip: Auftrieb = Gewicht der verdrängten Flüssigkeit.

5. Auf welcher Höhe über der $x - y$ Ebene liegt der Schwerpunkt des Ellipsoidoktanten $\frac{x^2}{a^2} + \frac{y^2}{b^2} + \frac{z^2}{c^2} \leq 1 x \geq 0,\ y \geq 0,\ z \geq 0$, wenn die Dichte mit z linear abnimmt vom Wert 1 im Zentrum zum Wert $1/2$ bei $z = c$?

6. Zeigen Sie, dass im Kreisel-Beispiel – siehe Abbildung 6.14 – gilt:

$$I_z = \frac{1}{5} M \cdot (2R^2 - Rh - h^2),$$

wobei gilt M = Masse des Kreisels.

6.4 Kurvenintegrale in der Ebene

Es sei C eine Kurve in der (x, y)-Ebene mit der Parameterdarstellung:

$$r: \; x = x(t), y = y(t), \; t_1 \leq t \leq t_2.$$

In vielen Anwendungen treten Integrale auf, die man Kurven- oder Linienintegrale nennt und auf folgende Art schreibt:

$$\int_C f ds.$$

Damit ist Folgendes gemeint: Es ist eine Funktion $f(x, y)$ gegeben, eine Kurve $C : \vec{r}(t) = (x(t), y(t))$ mit Linienelement ds und man will das Integral

$$\int_{t_1}^{t_2} f(x(t), y(t)) \sqrt{\dot{x}^2(t) + \dot{y}^2(t)} dt$$

bestimmen. Man kann dieses Integral geometrisch interpretieren:

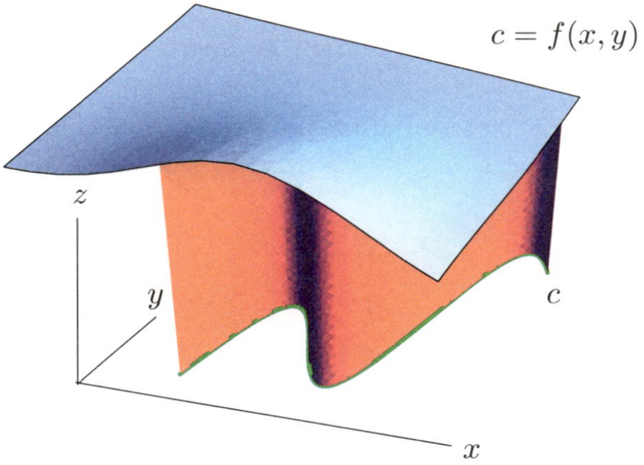

Abb. 6.16. Geometrische Interpretation des Linienintegrals

Das Kurvenintegral $\int_C f ds$ gibt die Fläche eines *Bandes* das oberhalb der Kurve C und unterhalb der Fläche $z = f(x, y)$ liegt – siehe Abb. 6.16. In dieser Interpretation spielt das Kurvenintegral aber fast nie eine Rolle. Viel wichtiger sind Kurvenintegrale, auf die man aus physikalischen Überlegungen kommt. Ein erster wichtiger Fall ist die Arbeit:

6.4.1 Arbeit

Ein Massenpunkt werde in einem Kraftfeld längs einer Kurve C vom Punkt P in den Punkt Q verschoben – siehe Abb. 6.17. Ein Kraftfeld besteht aus Vektoren $\vec{F}(x, y) = (F_1(x, y), F_2(x, y))$, die in einem Bereich der (x, y)-Ebene gegeben sind. Welche Arbeit wird dabei geleistet?

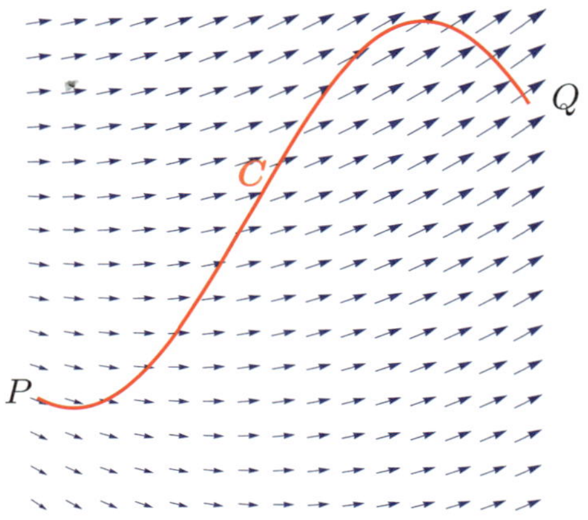

Abb. 6.17. Arbeit in einem Kraftfeld

Wir betrachten eine "Nahaufnahme" auf einem Kurvenstück der Länge Δs:

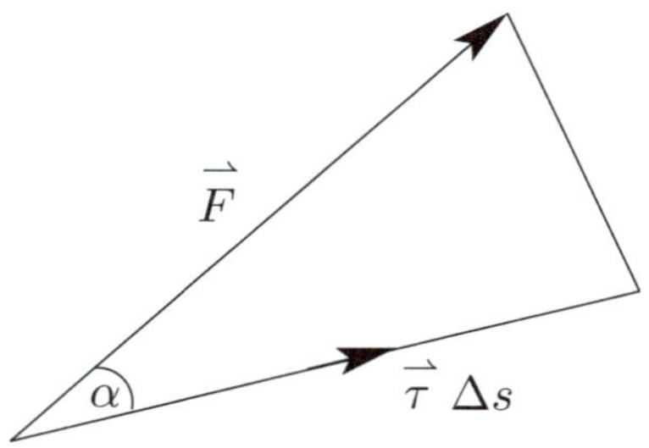

Abb. 6.18. Nahaufnahme

Die Arbeit ΔW, die auf einem kurzen Kurvenstück der Länge Δs geleistet wird, auf dem man die Kraft als konstant betrachtet, wird berechnet nach dem Prinzip "Arbeit = Weg × Kraft". Wir brauchen dazu aber die Komponente der Kraft in Richtung des Weges, d.h.:

$$\Delta W = |\vec{F}| \cos\alpha \cdot \Delta s,$$

wobei $\alpha = \angle(\vec{F}, \vec{\tau})$. Hier ist

$$\vec{\tau} = \frac{(\dot{x}(t), \dot{y}(t))}{\sqrt{\dot{x}^2(t) + \dot{y}^2(t)}}$$

ein Einheitsvektor in Richtung der Kurventangente und $(x(t), y(t))$ eine Parametrisierung der Kurve C.

Dies lässt sich aber leicht umschreiben als

$$\Delta W = \vec{F} \cdot \vec{\tau}\, \Delta s,$$

wo wir die Beziehung zwischen dem Skalarprodukt und dem Kosinus des Winkels verwendet haben.

Falls man zu Differentialen übergeht, bekommt man daraus als Ausdruck für die Arbeit W bei Verschiebung von P nach Q längs der Kurve C das Kurvenintegral

$$W = \int_C \vec{F} \cdot \vec{\tau}\, ds.$$

Ausgeschrieben heisst das:

$$W = \int_{t_1}^{t_2} (F_1(x(t), y(t)) \cdot \dot{x}(t) + F_2(x(t), y(t)) \cdot \dot{y}(t)\ )dt.$$

Der Wurzelausdruck $\sqrt{\dot{x}^2(t) + \dot{y}^2(t)}$ hebt sich dabei weg, da er sowohl in der Normierung von $\vec{\tau}$ als auch im Differential ds vorkommt.

BEISPIEL:

Gegeben sei das Kraftfeld $\vec{F} = (x + y, 2y - x^2)$, C sei die Parabel $y = x^2$, $P = (0,0)$ und $Q = (1,1)$. Bestimme die Arbeit, die das Kraftfeld leistet, indem es ein Objekt von P nach Q entlang der Parabel bringt. Wir können direkt als Parameter $t = x$ wählen, so dass $r(t) = (x(t), y(t)) = (t, t^2)$

und $\overrightarrow{F}(r(t)) = (t + t^2, 2t^2 - t^2)$ neu werden zu $r(x) = (x, x^2)$ und $\overrightarrow{F}(x) = (x - x^2, x^2)$ und bekommen durch Einsetzen:

$$W = \int_0^1 ((x + x^2) \cdot 1 + (2x^2 - x^2) \cdot 2x)\, dx = \frac{1}{2} + \frac{1}{3} + \frac{1}{2} = \frac{4}{3}.$$

○

Wir betrachten nun einen äusserst wichtigen Fall: Arbeit in einem Potenzialfeld.

Man nimmt hier an, dass es eine Funktion $U(x, y)$ gibt, das Potenzial, so dass gilt: $F_1(x, y) = \partial_x U(x, y)$ und $F_2(x, y) = \partial_y U(x, y)$ oder kurz: $\overrightarrow{F} = \nabla U$. Wenn man jetzt die Arbeit W für die Verschiebung im Potenzialfeld berechnet, d.h.:

$$W = \int_{t_1}^{t_2} (F_1(x(t), y(t)) \cdot \dot{x}(t) + F_2(x(t), y(t)) \cdot \dot{y}(t)\,)dt,$$

so hat man:

$$W = \int_{t_1}^{t_2} (\partial_x U(x(t), y(t)) \cdot \dot{x}(t) + \partial_y U(x(t), y(t)) \cdot \dot{y}(t))dt.$$

Aber nach der Kettenregel ist

$$\partial_x U(x(t), y(t)) \cdot \dot{x}(t) + \partial_y U(x(t), y(t)) \cdot \dot{y}(t) = \frac{d}{dt} U(x(t), y(t)),$$

und damit $W = U(x(t_2), y(t_2)) - U(x(t_1), y(t_1)) =$ Potenzialdifferenz in den Endpunkten von C. Dieses Resultat ist auch bekannt als der Hauptsatz für Linienintegrale und wird meistens in folgender Form geschrieben:

$$\int_C \nabla U \cdot \vec{ds} = U(r(t_2)) - U(r(t_1)).$$

Wir haben also das wichtige Ergebnis:

In einem Potenzialfeld hängt die Arbeit nur von den Endpunkten ab.

Insbesondere ergibt sich: Die Arbeit längs einem geschlossenen Weg in einem Potenzialfeld ist Null. Man nennt ein Kraftfeld mit einem Potenzial deshalb auch “konservativ”, da die Arbeit (= Energie) längs einem geschlossenen Weg erhalten bleibt. Wie kann man nun erkennen, ob ein gegebenes Kraftfeld ein Potenzial hat? Folgende Beziehung soll erfüllt sein:

$$\partial_x U = F_1, \partial_y U = F_2.$$

Nach dem Satz von Clairaut-Schwarz sind die gemischten 2. Ableitungen von $U(x, y)$ einander gleich. Also muss gelten:

$$\boxed{\partial_y F_1 = \partial_x F_2.}$$

Diese Bedingung ist aber nur notwendig, da wir ja davon ausgegangen sind, dass ein Potenzial existiert. Wir zeigen nun, dass diese Bedingung für genügend reguläre Kräfte auch hinreichend ist. Es gilt nämlich:

> Falls $\vec{F}(x, y)$, $\partial_x \vec{F}(x, y)$ und $\partial_y \vec{F}(x, y)$ in einem Bereich G stetig sind, und $\partial_y F_1 = \partial_x F_2$, so hat $\vec{F}(x, y)$ dort auch ein Potenzial, d.h. $\vec{F} = \nabla U$.

Beweis. Wir betrachten einen speziellen Weg in G von einem festen Punkt (x_0, y_0) zu einem variablen Punkt (x, y):

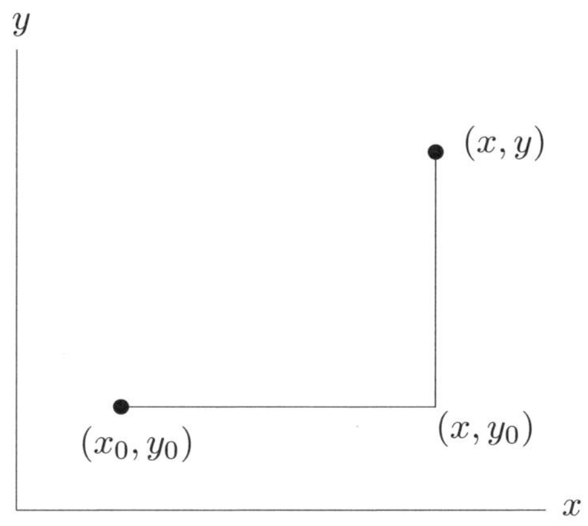

Abb. 6.19. Ein spezieller Weg im Kraftfeld

Wir definieren nun das Potenzial $U(x,y)$ durch

$$U(x,y) = \int_{x_0}^{x} F_1(\xi, y_0)\, d\xi + \int_{y_0}^{y} F_2(x,\eta)\, d\eta.$$

Dann bilden wir

$$\partial_x U(x,y) = F_1(x,y_0) + \int_{y_0}^{y} \partial_x F_2(x,\eta)\, d\eta.$$

Hier haben wir verwendet, dass man Integration nach der Variablen η und Differentiation nach x vertauschen darf, wenn der Integrand stetig ist. Nach Voraussetzung erfüllt das Kraftfeld:

$$\partial_x F_2(x,\eta) = \partial_\eta F_1(x,\eta).$$

Weiter ist:

$$\int_{y_0}^{y} \partial_\eta F_1(x,\eta)\, d\eta = F_1(x,y) - F_1(x,y_0).$$

Eingesetzt folgt also, wie verlangt:

$$\partial_x U(x,y) = F_1(x,y).$$

Für die Ableitung $\partial_y U(x,y)$ müssen wir nur noch beachten, dass y nur in der oberen Grenze des zweiten Integrals vorkommt, und damit folgt sofort

$$\partial_y U(x,y) = F_2(x,y),$$

womit das Potenzial unseres Kraftfeldes also gefunden ist. □

Beispiel: Praktische Berechnung von $U(x,y)$.

Es sei:

$$\vec{F}(x,y) = \left(\frac{2x}{1+x^2+y^2} + 2xy - 3x^2, \frac{2y}{1+x^2+y^2} + x^2 + 4y \right).$$

Man überzeugt sich leicht davon, dass $\partial_y F_1 = \partial_x F_2$ erfüllt ist. Als Erstes integrieren wir die erste Komponente von $\vec{F}(x,y)$ bezüglich x, um

$$U(x,y) = \ln(1+x^2+y^2) + x^2 y - x^3 + a(y)$$

zu bekommen. Hier ist wichtig, dass die Integrationskonstante eine beliebige Funktion von y sein darf. Die Integration der zweiten Komponente bezüglich y liefert analog:

$$U(x,y) = \ln(1 + x^2 + y^2) + x^2y + 2y^2 + b(x).$$

Die beiden Integrationen liefern das selbe Resultat, falls man wählt:

$$a(y) = 2y^2, b(x) = -x^3,$$

und das Potenzial ist demnach

$$U(x,y) = \ln(1 + x^2 + y^2) + x^2y + 2y^2 - x^3.$$

○

Die Stetigkeitsvoraussetzung für das Kraftfeld ist wesentlich, wie das folgende Beispiel zeigt. Man wählt

$$\vec{F}(x,y) = \left(\frac{-y}{x^2 + y^2}, \frac{x}{x^2 + y^2} \right).$$

Dann kann man verifizieren, dass die Ableitungsbedingungen erfüllt sind. Aber $\vec{F}(x,y)$ hat eine Singularität im Ursprung, denn dort ist $\vec{F}(x,y)$ nicht definiert. Jetzt berechnet man die Arbeit längs eines Kreises um den Nullpunkt, d.h. $C : r(t) = (r\cos t, r\sin t)$, $0 \leq t \leq 2\pi$. Dann gilt:

$$W = \int_0^{2\pi} \frac{r\sin t}{r^2} r\sin t + \frac{r\cos t}{r^2} r\cos t\, dt = 2\pi \neq 0\,!$$

Die Arbeit längs eines geschlossenen Weges ist in diesem Falle also nicht Null.

BEMERKUNG:

Der entscheidende Punkt ist offenbar, ob der Weg eine Singularität (d.h. einen Punkt, wo das Kraftfeld nicht definiert ist) des Kraftfeldes umrundet. Falls dies zutrifft, ist die Wegunabhängigkeit der Arbeit nicht mehr gesichert.

6.4.2 Fluss durch eine Kurve

Dieser zweite wichtige Typus von Kurvenintegral spielt vor allem im Zusammenhang mit partiellen Differentialgleichungen (siehe Kap. 7) eine Rolle. Hier ist $\vec{v}(x, y)$ der Geschwindigkeitsvektor einer Strömung und von Interesse ist dann die Menge (Wasser, Luft, Partikel, etc.), die pro Zeiteinheit durch ein Kurvenstück C in der Ebene strömt. Dazu betrachten wir direkt wieder eine Nahaufnahme auf einem kurzen Kurvenstück der Länge Δs:

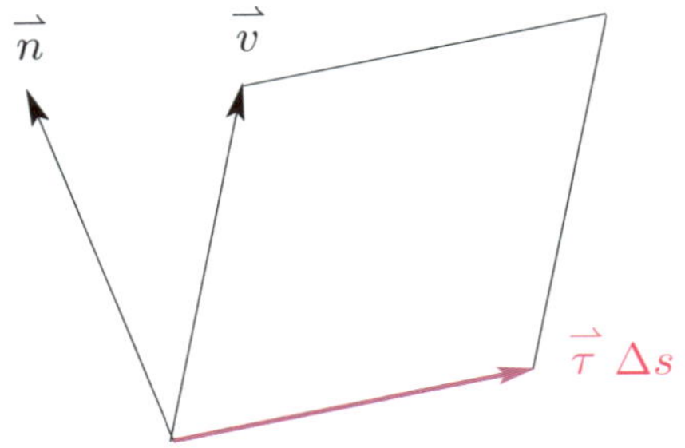

Abb. 6.20. Nahaufnahme eines Flusses durch eine Kurve

Die Durchflussmenge $\Delta\Phi$ (= Menge pro Zeiteinheit) entspricht der Fläche des Parallelogramms, gebildet aus dem Tangentenvektor der Länge Δs und dem Strömungsvektor $\vec{v}$. Das kann man sich z.B. so überlegen: Wenn man alle Partikel, die von dem Tangentenstück starten, eine Zeiteinheit lang verfolgt, so füllen deren Bahnen gerade das Paralellogramm aus.

Der Normalenvektor zur Kurve ist $\vec{n}$, wobei $|\vec{n}| = 1$. Die Höhe des Parallelogramms ist $\vec{v} \cdot \vec{n}$ (überlegen Sie selbst weshalb) und deshalb gilt:

$$\Delta\Phi = \vec{v} \cdot \vec{n}\, \Delta s.$$

Der gesamte Fluss durch eine Kurve C ist demnach

$$\Phi = \int_C \vec{v} \cdot \vec{n}\, ds.$$

Da $\vec{n} = \frac{(\dot{y}, -\dot{x})}{\sqrt{\dot{x}^2+\dot{y}^2}}$, folgt endlich:

$$\Phi = \int_{t_1}^{t_2} v_1(x(t), y(t)) \cdot \dot{y}(t) - v_2(x(t), y(t)) \cdot \dot{x}(t)\, dt.$$

wobei $\overrightarrow{v}(x,y) = (v_1(x,y), v_2(x,y))$ und $(x(t), y(t))$ eine Parametrisierung der Kurve C ist.

Bemerkung:

Die Wahl der positiven Normalenrichtung ist willkürlich und meistens durch Konventionen bestimmt.

Beispiel:

Betrachte das Vektorfeld $\overrightarrow{v}(x,y) = (x + 2 - \frac{y^2}{2}, 1 - 2y - \frac{x^2}{2})$ und die Kurve C = Viertelsellipse: $r(t) = (a\cos t, \sin t), 0 \leq t \leq \frac{\pi}{2}$.

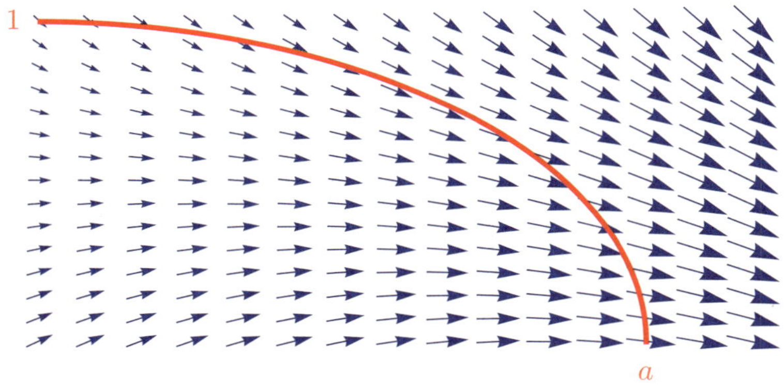

Abb. 6.21. Strömung durch eine Viertelellipse

Für welchen Wert von a ist die Durchflussmenge maximal?

Nach der Formel für den Fluss haben wir zu berechnen:

$$\begin{aligned}\Phi &= \int_0^{\frac{\pi}{2}} \left(a\cos t + 2 - \frac{\sin^2 t}{2}\right)\cos t + \left(1 - 2\sin t - \frac{(a\cos t)^2}{2}\right) a\sin t\, dt \\ &= \int_0^{\frac{\pi}{2}} \left(a\cos t + 2 - \frac{\sin^2 t}{2}\right)\cos t + \left(1 - 2\sin t - \frac{(a\cos t)^2}{2}\right) a\sin t\, dt \\ &= \frac{5}{3} + a - \frac{a^3}{6} - \frac{a\pi}{4},\end{aligned}$$

wie man nach einigen Routineintegrationen erkennt. Der optimale Wert von a ist dann 0.655 und der zugehörige maximale Wert des Flusses $\Phi \approx 1.927$.

○

Man kann sich natürlich jetzt in Analogie zum Arbeitsintegral die Frage stellen: Wann ist der Fluss durch eine Kurve nur von den Endpunkten der Kurve anhängig? Dazu muss man nur das Geschwindigkeitsfeld $\vec{v}(x, y) = (v_1(x, y), v_2(x, y))$ mit dem Kraftfeld $\vec{F}(x, y) = (v_2(x, y), -v_1(x, y))$ identifizieren. Dann bekommt man die Antwort aus den Überlegungen für das Kraftfeld: Der Fluss durch eine Kurve hängt nur von den Endpunkten ab, falls gilt:

$$\partial_y v_2(x, y) = -\partial_x v_1(x, y).$$

Diese Beziehung schreibt man in der Form:

$$\partial_x v_1(x, y) + \partial_y v_2(x, y) = 0.$$

Man definiert nun:

> "Divergenz eines Vektorfeldes"
> $\operatorname{div}\vec{v} = \partial_x v_1(x, y) + \partial_y v_2(x, y).$

Die Divergenz eines Vektorfeldes wird später noch eine wichtige Rolle spielen. Man hat in dieser Formulierung den wichtigen Satz:

> Falls gilt: $\operatorname{div}\vec{v} = 0$ in einem Gebiet G, so ist der Fluss durch jede Kurve in G nur von den Endpunkten der Kurve abhängig.

Ein Bild eines Geschwindigkeitsfeldes mit $\operatorname{div}\vec{v} = 0 : \vec{v} = (2y, -x/2)$ sehen Sie in der folgenden Abbildung:

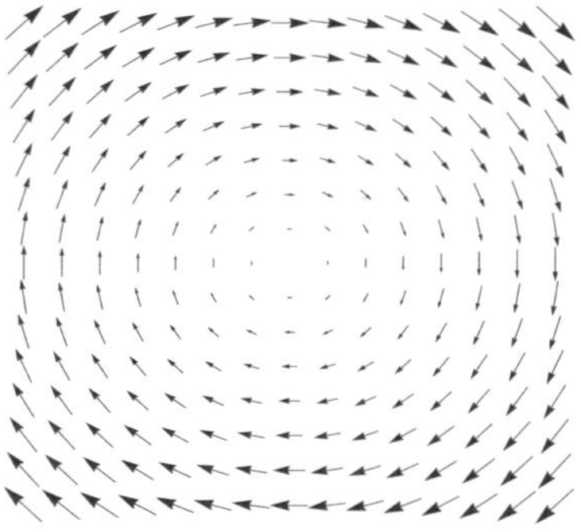

Abb. 6.22. Bild eines rotierendes Ströhmungsfeldes

Das obige Strömungsfeld beschreibt eine rotierende Strömung um den Nullpunkt. Man kann auch analog zum Kraftfeld ein "Strömungspotenzial" $\Phi(x, y)$ definieren. Dieses muss nun

$$\partial_x \Phi(x, y) = -v_2(x, y) \quad \text{und} \quad \partial_y \Phi(x, y) = v_1(x, y)$$

erfüllen. Im Beispiel der rotierenden Strömung ist $\Phi(x, y) = \frac{x^2}{4} + y^2$. In diesem Fall ist z.B. der Fluss durch eine beliebige Kurve durch die Punkte $(0, 0)$ und $(1, 1)$ also $\Phi(1, 1) - \Phi(0, 0) = 5/4$. Die Stromlinien sind die Kurven, deren Tangenten in jedem Punkt mit dem Strömungsvektor $\vec{v}$ übereinstimmen. Gleichzeitig erkennt man aus der Bedingung für das Strömungspotenzial Φ, dass der Gradient von Φ senkrecht zu $\vec{v}$ ist. Wir haben damit eine wichtige Erkenntnis gewonnen:

> Falls ein Strömungspotenzial Φ existiert, so sind die Niveaulinien von Φ Stromlinien.

Im obigen Beispiel der rotierenden Strömung sind die Stromlinien also ähnliche Ellipsen.

BEISPIEL:
Wie lange dauert die Reise eines Partikels auf einer Stromlinie einmal rund herum? Im allgemeinen Fall müssen wir das Linienintegral

$$T = \int_C \frac{ds}{\left|\vec{v}\right|}$$

berechnen (nach der Formel: Zeit = Weg durch Geschwindigkeit). In unserem Fall ist C die Ellipse $x(t) = \frac{2}{\sqrt{c}} \cdot \cos t$, $y(t) = \frac{1}{\sqrt{c}} \sin t$, wobei $0 \leq t \leq 2\pi$, $c =$ Wert von Φ. Die Strömungsgeschwindigkeit ist

$$\left|\vec{v}\right| = \sqrt{4y^2 + x^2} = \sqrt{\frac{1}{c} \cdot \left(4 \sin^2 t + \cos^2 t\right)}.$$

Das Linienelement ist aber auch:

$$ds = \sqrt{\dot{x}^2(t) + \dot{y}^2(t)} dt = \sqrt{\frac{1}{c} \cdot \left(4 \sin^2 t + \cos^2 t\right)} dt.$$

Daher ist die Umlaufzeit für jedes Partikel gleich, nämlich:

$$T = \int_0^{2\pi} 1 \, dt = 2\pi.$$

Das bedeutet, dass das Partikelsystem wie ein Festkörper rotiert. ○

6.4.3 Übungsaufgaben zu Kapitel 6.4

1. Berechnen Sie für das Vektorfeld
$$F : (x, y) \mapsto (y, -x)$$
die Arbeit entlang der folgenden Wege von $P = (2, 0)$ nach $Q = (-2, 0)$:
   (a) gerade Verbindung von P nach Q.
   (b) Halbkreisbogen um $(0, 0)$ von P nach Q, gegen den Uhrzeigersinn orientiert.

2. Gegeben ist das Vektorfeld
$$F : (x, y) \mapsto (1 + 2xy, 1 - 4x^2).$$
Auf welcher Kurve der durch $y = x^\alpha$ (mit $\alpha > 0$) gegebenen Schar wird die Arbeit, welche das Vektorfeld zwischen $P = (0, 0)$ und $Q = (1, 1)$ leistet, Null?

3. Sei C eine Kurve im $\mathbb{R}^3$, welche stückweise geradlinig von $(1, 0, 0)$ nach $(0, 1, 0)$, von $(0, 1, 0)$ nach $(0, 0, 1)$ und von $(0, 0, 1)$ zurück nach $(1, 0, 0)$ führt. Berechnen Sie das Integral $\int_C F \cdot dr$ für das Vektorfeld
$$F : (x, y, z) \mapsto (-x^3 - 2x + z, -y^3 - 2y + x, -z^3 - 2z + y).$$

4. Handelt es sich bei der Abbildung um ein konservatives Vektorfeld? Erklären Sie Ihre Antwort!

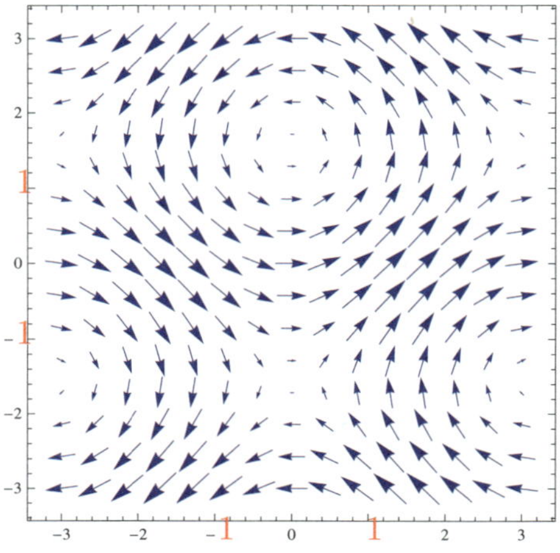

Abb. 6.23.

6.5 Arbeit längs Raumkurve

Es sei $\vec{F}$ ein räumliches Kraftfeld

$$\vec{F}(x, y, z) = (F_1(x, y, z), F_2(x, y, z), F_3(x, y, z))$$

gegeben, und ein Weg $C : x = x(t), y = y(t), z = z(t), t_1 \leq t \leq t_2$. Um die Arbeit bei Verschiebung längs C zu berechnen, brauchen wir wie vorher das Linienintegral

$$W = \int_C \vec{F} \cdot \vec{\tau}\, ds,$$

wobei jetzt:

$$\vec{\tau} = \frac{(\dot{x}(t), \dot{y}(t), \dot{z}(t))}{\sqrt{\dot{x}^2(t) + \dot{y}^2(t) + \dot{z}^2(t)}} \quad \text{und} \quad ds = \sqrt{\dot{x}^2(t) + \dot{y}^2(t) + \dot{z}^2(t)} dt.$$

Die Arbeit wird also durch

$$W = \int_{t_1}^{t_2} (F_1(x(t), y(t), z(t)) \cdot \dot{x}(t) + F_2(x(t), y(t), z(t)) \cdot \dot{y}(t) + \\ + F_3(x(t), y(t), z(t)) \cdot \dot{z}(t)))dt$$

berechnet. Es stellt sich dieselbe Frage wie im zweidimensionalen Fall: Wann ist W unabhängig vom Weg?

Nehmen wir an, es existiere ein Potenzial, d.h.: $\vec{F} = \nabla U$. Dann gilt also:

$$W = \int_{t_1}^{t_2} (\partial_x U(x(t), y(t), z(t)) \cdot \dot{x}(t) + \partial_y U(x(t), y(t), z(t)) \cdot \dot{y}(t) + \\ + \partial_z U(x(t), y(t), z(t)) \cdot \dot{z}(t))\, dt.$$

Aber genau so wie vorher ist nach der Kettenregel der Integrand $\frac{dU}{dt}$, d.h.: $W = U(x(t_2), y(t_2), z(t_2)) - U(x(t_1), y(t_1), z(t_1)) =$ Potenzialdifferenz in den Endpunkten. Nach Voraussetzung gilt:

$$\partial_x U = F_1, \quad \partial_y U = F_2, \quad \partial_z U = F_3.$$

Wenn wir die gemischten zweiten Ableitungen von U bilden, ergeben sich drei Beziehungen:

$$\partial_y K_3 = \partial_z K_2, \quad \partial_z K_1 = \partial_x K_3, \quad \partial_x K_2 = \partial_y K_1.$$

Das sind die notwendigen Beziehungen für die Existenz eines Potenzials im räumlichen Fall. Diese Beziehungen kann man noch umschreiben in vektorielle Form durch Einführung eines neuen, äusserst wichtigen Vektors:

$$\mathrm{rot}\vec{F} = \begin{pmatrix} \partial_y F_3 - \partial_z F_2 \\ \partial_z F_1 - \partial_x F_3 \\ \partial_x F_2 - \partial_y F_1 \end{pmatrix}$$ ist die Rotation des Vektorfeldes $F = (F_1, F_2, F_3)$.

Die Bezeichnung "Rotation" ist durch die folgende Betrachtung motiviert:

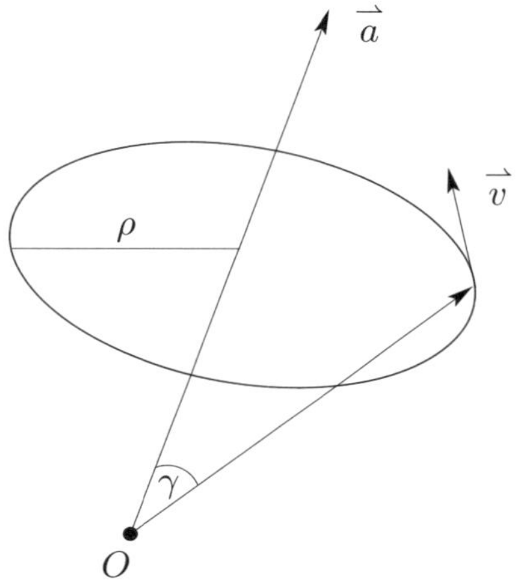

Abb. 6.24. Motivation der Bezeichnung "Rotation"

Es sei $\vec{a} = (a_1, a_2, a_3)$ die Rotationsachse mit $|\vec{a}| = \omega =$ Winkelgeschwindigkeit und $\vec{v}$ der Geschwindigkeitsvektor in einem Punkt mit zugehörigem Ortsvektor $\vec{r}$. Es gilt dann:

$$\rho = |\vec{r}| \cdot \sin\gamma, \ |\vec{v}| = \rho \cdot \omega,$$

und man verifiziert nun leicht, dass diese Beziehungen erfüllt werden durch die Vektorgleichung

$$\vec{v} = \vec{a} \times \vec{r} = (a_2 \cdot z - a_3 \cdot y, a_3 \cdot x - a_1 \cdot z, a_1 \cdot y - a_2 \cdot x).$$

Wenn man dann $\mathrm{rot}\,\vec{v}$ berechnet, erhält man gerade $2 \cdot \vec{a}$.

Eine häufig verwendete Schreibweise ist auch

$$\operatorname{rot}\vec{v} = \nabla \times \vec{v}.$$

Dies kann man wiederum in Determinantenform bringen: Es seien $\vec{i} = (1,0,0)$, $\vec{j} = (0,1,0)$ und $\vec{k} = (0,0,1)$ die Basisvektoren. Dann gilt:

$$\operatorname{rot}\vec{v} = \det \begin{pmatrix} \vec{i} & \vec{j} & \vec{k} \\ \partial_x & \partial_y & \partial_z \\ v_1 & v_2 & v_3 \end{pmatrix}.$$

Völlig analog zum zweidimensionalen Fall kann man zeigen:

> Falls gilt: $\operatorname{rot}\vec{F} = \vec{0}$ in einem Gebiet G des Raumes, wo $\vec{F}$ keine Singularität hat, so existiert ein Potenzial, d.h. $\vec{F} = \nabla U$.

BEISPIEL: Berechnung eines Potenzials

Es sei $\vec{F} = (2yz + y + 2x, 2xz + x + 4z + y, 2xy + 4y - 8z)$. Man verifiziert zuerst, dass $\operatorname{rot}\vec{F} = \vec{0}$. Also gibt es ein Potenzial U, d.h. $\vec{F} = (U_x, U_y, U_z)$. Als Erstes nehmen wir $\partial_x U = 2yz + y + 2x$. Durch Integration nach x erhält man

$$U(x, y, z) = 2xyz + xy + x^2 + a(y, z).$$

Ebenso $\partial_y U = 2xz + x + 4z + y$. Durch Integration nach y folgt dann

$$U(x, y, z) = 2xyz + xy + 4yz + \frac{y^2}{2} + b(x, z),$$

und schliesslich ergibt sich aus $\partial_z U = 2xy + 4y - 8z$:

$$U(x, y, z) = 2xyz + 4yz - 4z^2 + c(x, y).$$

Also ist

$$U(x, y, z) = 2xyz + xy + 4yz + x^2 + \frac{y^2}{2} - 4z^2,$$

d.h. man hat $a(y, z) = 4yz + \frac{y^2}{2} - 4z^2$, $b(x, z) = x^2 - 4z^2$ und $c(x, y) = xy + x^2 + \frac{y^2}{2}$. Man muss also die Vereinigung aller bei der Integration entstehenden Terme nehmen. ○

BEMERKUNG: Das Integral

$$Z = \int_C \vec{v} \cdot \vec{\tau}\, ds,$$

das der Arbeit entspricht, wird in der Strömungslehre "Zirkulation" genannt. Es spielt zum Beispiel eine wichtige Rolle bei der Berechnung des Auftriebes eines Flugzeugs.

6.6 Integrale über Oberflächen

6.6.1 Parameterdarstellung von Flächen

Die Parameterdarstellung von Kurven ist schon aus Analysis 1 bekannt: man kann eine Kurve als eine Abbildung von einem Intervall in die Ebene auffassen. Ebenso kann man auch eine Abbildung von einem Gebiet einer Parameterebene (u, v) in den Raum betrachten, in dem man jedem Punkt eines Gebietes $\widetilde{G}$ in der (u, v)-Ebene einen Punkt oder Ortsvektor $\vec{r}\,(u, v) \in \mathbb{R}^3$ zuordnet. Dadurch wird ein Gebiet G auf einer Fläche festgelegt:

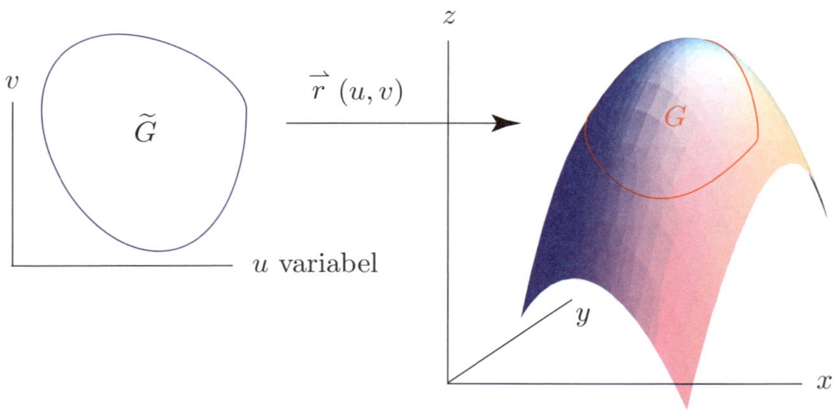

Abb. 6.25. Ein Gebiet G auf einer Fläche

In Koordinaten geschrieben, hat man also eine Zuordnung

$$\begin{aligned} x &= x(u, v) \\ y &= y(u, v) \\ z &= z(u, v)\,. \end{aligned}$$

Der Vorteil von Parameterdarstellungen von Flächen ist vor allem der, dass es für komplizierte Gebilde, die man explizit nicht beschreiben könnte (siehe Beispiele unten), oft relativ einfache Parameterdarstellungen gibt. Wie schon bei Kurven gilt auch bei Flächen: zu einer Fläche gibt es unendlich viele Parameterdarstellungen. Am besten schaut man sich alte, vertraute Beispiele und dann ein paar neue an.

BEISPIELE:

1. Die Ebene

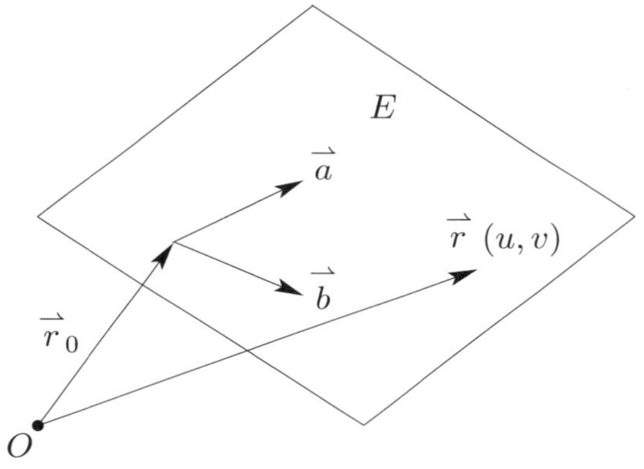

Abb. 6.26. Parametrisierung einer Ebene

Dieses Beispiel kennen Sie aus der Vektorgeometrie: die Punkte der Ebene E werden beschrieben durch

$$\vec{r}\,(u,v) = \vec{r}_0 + u\vec{a} + v\vec{b}\,,$$

wobei $\vec{r}_0$ ein Ortsvektor ist und $\vec{a}$ und $\vec{b}$ zwei Richtungsvektoren. Dies ist natürlich leicht in eine Parameterdarstellung zu übersetzen.

2. Das Ellipsoid

Wir müssen uns nur an Ellipsoidkoordinaten erinnern um zu finden, dass

$$\begin{aligned} x(u,v) &= a\sin(u)\cos(v) \\ y(u,v) &= b\sin(u)\sin(v) \\ z(u,v) &= c\cos(u)\,. \end{aligned}$$

die Parameterdarstellung eines Ellipsoids mit den Halbachsen a, b und c ist. Zur Kontrolle bilden wir:

$$\left(\frac{x}{a}\right)^2 + \left(\frac{y}{b}\right)^2 + \left(\frac{z}{c}\right)^2 = \sin^2 u \cdot (\cos^2 v + \sin^2 v) + \cos^2 u = 1.$$

3. Die Steinbach-Schraube

Es ist interessant zu sehen, dass eine leichte Abänderung der Kugeloberfläche ($a = b = c = R$ in Beispiel 2) eine schon ziemlich komplizierte Fläche ergibt, nämlich:

$$\begin{aligned} x(u, v) &= u \cos v \\ y(u, v) &= u \sin v \\ z(u, v) &= v \cos u\,. \end{aligned}$$

Abb. 6.27. Die Steinbach-Schraube

Der Parameter u variiert für das obige Bild zwischen 0 und 4 und v zwischen 0 und 4π.

4. Die "Muschel"

Als letztes Beispiel noch eine andere Abwandlung der Kugeloberfläche:

$$\begin{aligned} x(u,v) &= \cos u \cdot \sin(u+v) \\ y(u,v) &= \sin u \cdot \sin(u+v) \\ z(u,v) &= \cos v \cdot \sin(u+v)\,. \end{aligned}$$

Abb. 6.28. "Muschel"

Hier gilt $0 \leq u$ und $v \leq \pi$. ○

6.6.2 Integrale über eine Fläche

Gegeben sei jetzt ein Gebiet G auf einer Fläche im Raum und eine Funktion $f(x,y,z)$. Die Fläche sei gegeben durch eine Parameterdarstellung und $\widetilde{G}$ sei das entsprechende Gebiet in der Parameterebene. Es soll das Oberflächenintegral

$$\int_G f\, dS$$

definiert werden. Dazu brauchen wir das Oberflächenelement dS. Das bekommen wir aus zwei Tangentialvektoren mit Hilfe des Vektorproduktes

$$dS = |\vec{r}_u du \times \vec{r}_v dv| = |\vec{r}_u \times \vec{r}_v| du dv.$$

Aus der Vektorrechnung ist aber bekannt, dass

$$|\vec{r}_u \times \vec{r}_v| = |\vec{r}_u||\vec{r}_v| \sin\gamma,$$

wobei $\gamma =$ Zwischenwinkel der Vektoren. Wir quadrieren diese Beziehung und schreiben um wie folgt:

$$\big(|\vec{r}_u||\vec{r}_v|\sin\gamma)\big)^2 = |\vec{r}_u|^2|\vec{r}_v|^2(1-\cos^2\gamma) = |\vec{r}_u|^2|\vec{r}_v|^2 - |\vec{r}_u|^2|\vec{r}_v|^2\cos^2\gamma.$$

Da aber:

$$|\vec{r}_u||\vec{r}_v|\cos\gamma = \vec{r}_u \cdot \vec{r}_v,$$

hat man somit:

$$\boxed{dS = \sqrt{|\vec{r}_u|^2|\vec{r}_v|^2 - \left(\vec{r}_u \cdot \vec{r}_v\right)^2}\, du\, dv.}$$

Die folgenden Bezeichnungen (von Gauss eingeführt) sind üblich:

$$E = |\vec{r}_u|^2, G = |\vec{r}_v|^2, F = \vec{r}_u \cdot \vec{r}_v.$$

Sie heissen die "ersten Fundamentalgrössen" der Fläche und spielen in unzähligen Zusammenhängen eine wichtige Rolle. Mit diesen Bezeichnungen gilt also:

$$dS = \sqrt{EG - F^2}\, du\, dv.$$

Es gilt somit:

$$\boxed{\int_G f\, dS = \int_{\tilde{G}} f(x(u,v), y(u,v), z(u,v))\sqrt{EG - F^2}\, du\, dv.}$$

Beispiele zum Flächenelement:

1. Fläche in expliziter Form

Falls die Fläche gegeben ist in der Form $z = z(x,y)$ (Funktionsgraph), können wir schreiben:

$$\vec{r}(x,y) = (x, y, z(x,y)),$$

dann erhält man sofort

$$E = 1 + z_x^2, G = 1 + z_y^2, F = z_x \cdot z_y,$$

und damit

$$dS = \sqrt{1 + |\nabla z|^2}\, dx\, dy.$$

2. Kugeloberfläche (Radius *R*)

Hier hat man $\vec{r}(\theta,\varphi) = R(\sin\theta\cos\varphi, \sin\theta\sin\varphi, \cos\theta)$ und damit findet man nach ein paar Routineschritten:

$$\boxed{dS = R^2 \sin\theta\, d\theta\, d\varphi.}$$

ANWENDUNG: "Archimedischer Zylinder"

Wir betrachten ein "Viereck" auf der Kugeloberfläche, d.h. $\varphi_1 \leq \varphi \leq \varphi_2$, $\theta_1 \leq \theta \leq \theta_2$ – siehe Abb. 6.29. Die Fläche dieses Vierecks ist dann:

$$\begin{aligned}
\int_{\varphi_1}^{\varphi_2} \int_{\theta_1}^{\theta_2} R^2 \sin\theta \, d\theta \, d\varphi &= R^2(\cos\theta_1 - \cos\theta_2)(\varphi_2 - \varphi_1) \\
&= (z_1 - z_2)R(\varphi_2 - \varphi_1) \\
&= \Delta z \cdot \Delta s \\
&= \text{Fläche eines Vierecks auf einem Zylinder} \\
& \text{mit selbem Radius}
\end{aligned}$$

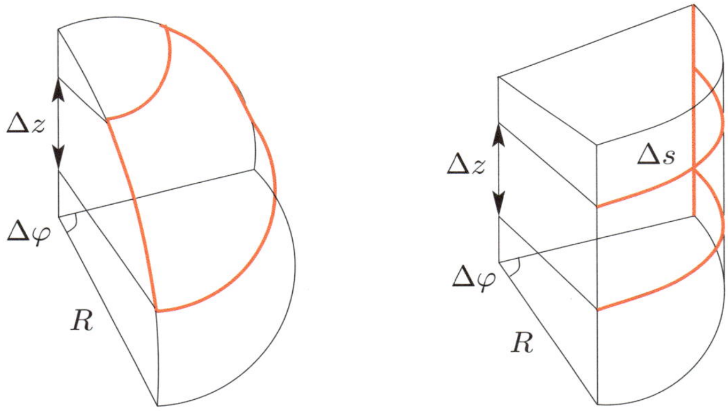

Abb. 6.29. Viereck auf einer Kugeloberfläche und auf einem Zylinder

Dieses Resultat, das Archimedes schon auf Grund rein geometrischer Überlegungen fand, ist von der Anschauung her doch ziemlich überraschend. Als Spezialfall für $\Delta z = 2R$, $\Delta\varphi = 2\pi$ findet man natürlich die Kugeloberfläche $O = 4\pi R^2$.

3. Rotationsfläche

Die Oberfläche eines Rotationskörpers wurde schon in Analysis 1, Kap. 3.3, berechnet. Wir betrachten hier die Sache nochmals, aus einem neuen Blickwinkel. Eine Fläche, die durch Rotation eines "Profils" um die z-Achse entsteht, kann beschrieben werden durch die Parameterdarstellung:

$$\begin{aligned}
x &= r\cos\varphi \\
y &= r\sin\varphi \\
z &= f(r).
\end{aligned}$$

Man bekommt sofort

$$E = 1 + f'(r)^2, G = r^2, F = 0,$$

und damit

$$dS = r\sqrt{1 + f'(r)^2}\, dr\, d\varphi.$$

Für ein Rotationsparaboloid, also z.B. $f(r) = ar^2$, erhält man damit

$$O = \int_0^{2\pi} \int_0^R r\sqrt{1 + 4ar^2}\, dr\, d\varphi = 2\pi \int_0^R r\sqrt{1 + 4ar^2}\, dr.$$

Für die Berechnung des Integrals kann man den Term unter der Wurzel als neue Variable nehmen und bekommt dann in wenigen Schritten:

$$O = \frac{\pi\left(\sqrt{1 + 4aR^2}\,(4aR^2 + 1) - 1\right)}{6a}.$$ ○

6.6.3 Fluss durch eine Fläche

Analog zum Fluss durch eine Kurve spielt der Fluss durch eine Fläche in vielen Anwendungen eine wichtige Rolle. Im Kapitel 7 wird dies vor allem im Zusammenhang mit partiellen Differentialgleichungen sein. Dort kann es beispielsweise den Wärmefluss durch den Rand eines Körpers beschreiben. Es sei ein räumliches Vektorfeld $\vec{v}(x, y, z)$ gegeben, das z.B. eine Strömung beschreibt. Dann ist oft von Interesse, welche Menge M durch ein Gebiet G auf einer Fläche pro Zeiteinheit strömt. Die Fläche sei durch eine Parameterdarstellung gegeben, die wir mit einem Vektor $\vec{r}(u, v)$ beschreiben können. Man betrachtet ein Oberflächenelement dS, auf dem man $\vec{v}$ als konstant annimmt, sowie die Einheitsnormale $\vec{n}$:

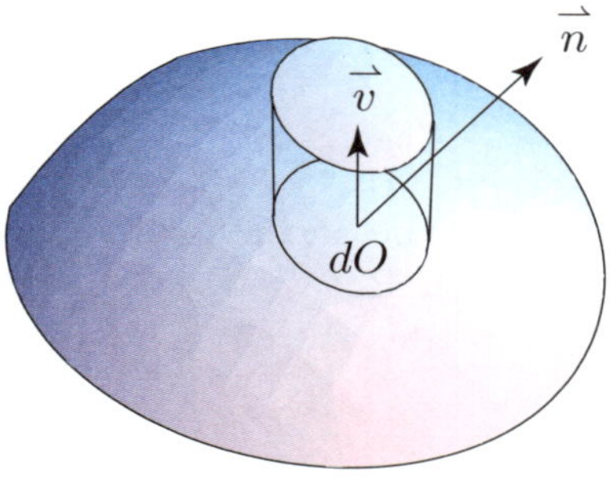

Abb. 6.30. Fluss durch eine Oberfläche

Die Menge dM, die pro Zeiteinheit durch dS strömt, entspricht dann einem Zylinder mit Grundfläche dS und Achse $\vec{v}$. Das ergibt sich, wenn man sich überlegt, wohin ein Partikel in einer Zeiteinheit gelangt, das auf der Fläche startet. Die Höhe dieses Zylinders ist $\vec{v} \cdot \vec{n}$ und deshalb gilt:

$$dM = \vec{v} \cdot \vec{n}\, dS,$$

und die Gesamtmenge, die durch ein Gebiet G pro Zeiteinheit strömt, ist dann

$$M = \int_G \vec{v} \cdot \vec{n}\, dS.$$

BEMERKUNG: Häufig kürzt man ab:

$$\vec{n}\, dS = d\vec{S}.$$

Jetzt bleibt noch die eigentliche Berechnung dieses Integrals. Die Einheitsnormale $\vec{n}$ bekommen wir aus zwei Tangentialvektoren zur Fläche

$$\vec{n} = \frac{\vec{r}_u \times \vec{r}_v}{\left|\vec{r}_u \times \vec{r}_v\right|},$$

und das Oberflächenelement ist schon bestimmt worden:

$$dS = |\vec{r}_u \times \vec{r}_v|\, du\, dv.$$

Der Integrand vereinfacht sich also zu

$$\vec{v} \cdot (\vec{r}_u \times \vec{r}_v) = [\vec{v}, \vec{r}_u, \vec{r}_v] = \det \begin{pmatrix} v_1 & v_2 & v_3 \\ x_u & y_u & z_u \\ x_v & y_v & z_v \end{pmatrix},$$

wobei $[a, b, c]$ das Spatprodukt von drei Vektoren ist. Hierbei ist zu beachten, dass ausgeschrieben gilt, z.B.:

$$v_1 = v_1(x(u, v), y(u, v), z(u, v)),$$

und entsprechend die anderen zwei Komponenten. Um M zu berechnen, braucht man also das Doppelintegral

$$\int_{\widetilde{G}} \det \begin{pmatrix} v_1 & v_2 & v_3 \\ x_u & y_u & z_u \\ x_v & y_v & z_v \end{pmatrix} du\, dv,$$

wobei, wie üblich, $\widetilde{G}$ das Urbild von G ist. ○

Beispiel: **Fischfang**

Wir machen folgende Annahmen: Das Netz sei ein Gebiet G auf der Rotationsparabel $z = z_0 - \frac{x^2+y^2}{L} = z_0 - \frac{r^2}{L}$, wobei G auf der Fläche in Polarkoordinaten definiert ist durch

$$\widetilde{G} = \left\{(r, \varphi) | R_1 \le r \le R_2, 0 \le \varphi \le \frac{\pi}{4}\right\}.$$

Der Heringschwarm schwimme mit der Geschwindigkeit $\vec{v} = v_0(1, 1, \frac{L}{L+r})$ und habe eine konstante Dichte ρ. Wir nehmen zusätzlich an, dass 50% der Fische im Netz gefangen bleiben, aber nach der Zeit T die Heringe nicht mehr ins Netz schwimmen, da sie gewarnt sind durch die gefangenen Fische.

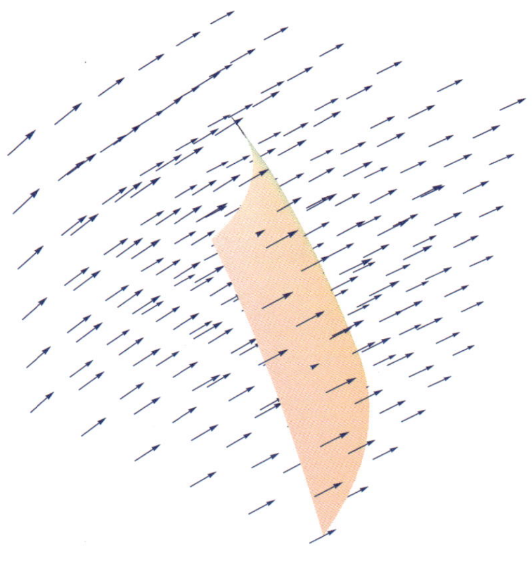

Abb. 6.31. Heringschwarm schwimmt ins Netz

Die für den Integranden benötigte Determinante ist in unserem Fall in Polarkoordinaten:

$$v_0 \det \begin{pmatrix} 1 & 1 & \dfrac{L}{L+r} \\ \cos\varphi & \sin\varphi & -\dfrac{2r}{L} \\ -r\sin\varphi & r\cos\varphi & 0 \end{pmatrix} = v_0 \frac{r\left(L^2 + 2r(L+r)(\cos\varphi + \sin\varphi)\right)}{L(L+r)},$$

wie man nach Vereinfachung findet. Für die gefangene Menge hat man dann noch zu berechnen:

$$\begin{aligned} M &= 0.5Tv_0 \int_{R_1}^{R_2} \int_0^{\pi/4} \frac{r(1+2r(1+r)(\cos\varphi+\sin\varphi))}{1+r}\, d\varphi\, dr \\ &= 0.5Tv_0 \frac{8R_2^3+8R_1^3+3L^2\pi(R_2-R_1)+3L^3\pi\ln\left(\frac{L+R_1}{L+R_2}\right)}{12L}, \end{aligned}$$

wie man nach wenigen Schritten erkennt. Zahlenwerte: Für $\rho = 1$ kg/m^3, $v_0 = 2$ m /sec, $T = 3$ sec, $R_1 = 100$ m, $R_2 = 105$ m, $L = 50$ m ergibt sich eine Menge von ungefähr 3350 kg. Die Netzfläche ist in diesem Beispiel:

$$F = \frac{\pi}{4} \int_{R_1}^{R_2} r\sqrt{1+4\left(\frac{r}{L}\right)^2}\, dr \approx 1699\,\mathrm{m}^2. \qquad \bigcirc$$

6.6.4 Übungsaufgaben zu Kapitel 6.6

1. Die Abbildung zeigt das Geschwindigkeitsfeld einer Strömung in einem 10 × 10 Meter grossen Ausschnitt eines Wasserbeckens.

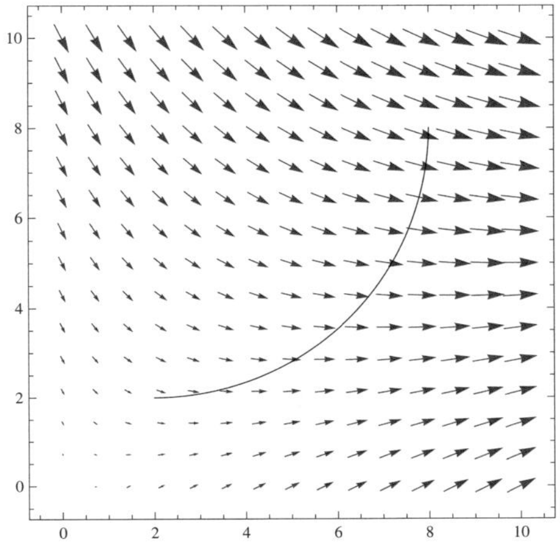

Abb. 6.32. Geschwindigkeitsfeld einer Strömung

Die Tiefe des Beckens beträgt 0.5 Meter. Wir nehmen an, dass die Strömungsgeschwindigkeit über die gesamte Tiefe konstant ist. Zu Messzwecken wurde ein Filter im Becken installiert. Er hat die Form eines Viertelkreises (Mittelpunkt $(2, 8)$, Radius 6 Meter) und erstreckt sich vom Boden des Beckens bis zur Wasseroberfläche. Das Ziel der Aufgabe besteht darin, den Wasserdurchfluss durch den Filter zu berechnen.

(a) Bestimmen Sie eine geeignete Parametrisierung der Filtergeometrie mittels:

$$r : [t_0, t_1] \to \mathbb{R}^2, \qquad r(t) = (x(t), y(t)).$$

(b) Bestimmen Sie den äusseren **Einheits**normalenvektor $n(t)$ im Punkt $r(t)$.

(c) Berechnen Sie diejenige Komponente der Geschwindigkeit im Punkt $r(t)$, welche senkrecht zur Filterfläche gerichtet ist. Die Strömungsgeschwindigkeit ist gegeben durch

$$v(x, y) = (2x + y, x - 2y).$$

(d) Benutzen Sie das Ergebnis aus Teil (c), um den gesamten Wasserdurchfluss durch den Filter zu ermitteln.

2. Welche Oberfläche besitzt der Teil des Paraboloids $z = 4 - (x^2 + y^2)$, welcher oberhalb der x-y-Ebene liegt ($z \geq 0$)?

3. Eine Strömung sei beschrieben durch das Vektorfeld

$$\vec{v} : \mathbb{R}^3 \to \mathbb{R}^3, \quad (x, y, z) \mapsto \left(x, \frac{y}{2}, 2z^2\right).$$

Welche Menge strömt pro Zeiteinheit durch denjenigen Teil des Ellipsoids

$$x^2 + \left(\frac{y}{2}\right)^2 + \left(\frac{z}{3}\right)^2 = 1,$$

der sich im positiven Oktanten befindet?

6.7 Integralsätze: Green, Gauss und Stokes

Die Sätze von Green, Gauss und Stokes geben eine Beziehung zwischen einem Integral über den Rand eines Gebietes ∂G und einem Integral über das Gebiet G. Sie sind ein unentbehrliches Hilfsmittel bei unzähligen Problemen, unter anderem bei partiellen Differentialgleichungen. Wir beginnen mit einem Vorbereitungssatz, zuerst für ein Gebiet G in der Ebene.

Satz. *(Partielle Integration in der Ebene) Die Funktion $g(x,y)$ habe in G eine stetige Ableitung $\partial_y g(x,y)$. Dann gilt:*

$$\int_G \partial_y g(x,y)\, dA = \int_{\partial G} g(x,y) \cdot n_2\, ds,$$

wobei $\vec{n} = (n_1, n_2)$ die Einheitsnormale nach aussen ist.

Beweis. Wir nehmen an, dass der Rand ∂G durch die Kurven $y = y_1(x)$ und $y = y_2(x)$ beschrieben wird – siehe Abb. 6.33. Man kann sich nachher klar machen, dass man kompliziertere Situationen wieder auf diesen Fall zurückführen kann.

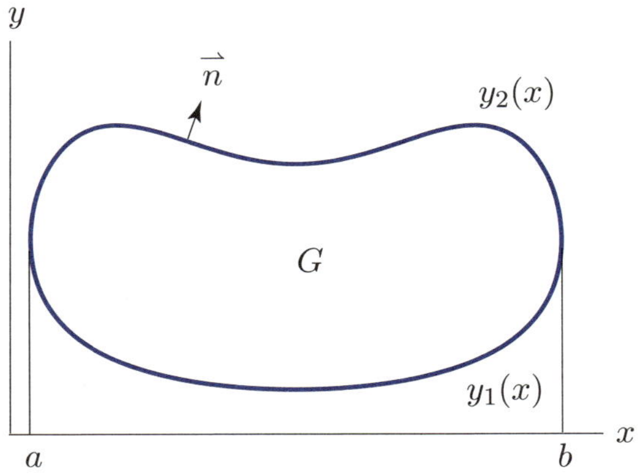

Abb. 6.33. Ein Gebiet G in der Ebene, dessen Rand ∂G durch zwei Funktionen beschrieben wird

Die Normale $\vec{n}$ kann auf dem unteren Teil des Randes von G geschrieben werden als

$$\vec{n} = \frac{(y_1'(x), -1)}{\sqrt{1 + y_1'(x)^2}},$$

und auf dem oberen Teil entsprechend:

$$\vec{n} = \frac{(-y_2'(x), 1)}{\sqrt{1 + y_2'(x)^2}}.$$

Wenn man sich erinnert, dass

$$ds = \sqrt{1 + y'(x)^2} dx,$$

ersieht man daraus, dass $n_2 \cdot ds$ sich vereinfacht zu $-dx$ unten und dx oben. Wir schreiben nun einfach das linke und rechte Integral des Satzes aus:

$$\int_G \partial_y g(x, y)\, dA = \int_a^b \int_{y_1(x)}^{y_2(x)} \partial_y g(x, y)\, dy dx =$$

$$\int_a^b (g(x, y_2(x)) - (g(x, y_1(x)))\, dx.$$

$$\int_{\partial G} g(x, y) n_2\, ds = \int_a^b g(x, y_1(x))(-dx) + \int_b^a g(x, y_2(x))(-dx).$$

Beim zweiten Integral ist zu beachten:

(a) Wir integrieren von rechts nach links,

(b) ds ist dann $-dx$, da x dort abnehmend ist.

Somit ergibt sich

$$\int_{\partial G} g(x, y) n_2\, ds = \int_a^b g(x, y_2(x)) - g(x, y_1(x)))dx,$$

und der Satz ist damit bewiesen. □

BEMERKUNGEN:

(a) Falls der Rand des Gebietes komplizierter ist, muss man ihn in mehrere Kurven oben und unten zerlegen. Die Rechnung ist aber genau gleich wie vorher.

(b) Wir können die Schritte des Beweises wiederholen mit vertauschten Variablen: statt $y(x)$ jetzt $x(y)$ und statt z.B.:

$$\vec{n} = \frac{(y_1'(x), -1)}{\sqrt{1 + y_1'(x)^2}},$$

jetzt:

$$\vec{n} = \frac{(-1, x_1'(y))}{\sqrt{1 + x_1'(y)^2}}.$$

Somit gilt auch

$$\int_G \partial_x f(x,y)\, dA = \int_{\partial G} f(x,y) n_1\, ds$$

für eine beliebige nach x differenzierbare Funktion $f(x,y)$.

(c) Die Bezeichnung "partielle Integration" ist berechtigt, wie der folgende Spezialfall zeigt:

Es sei G das Rechteck $(a,b) \times (c,d)$ in der Ebene:

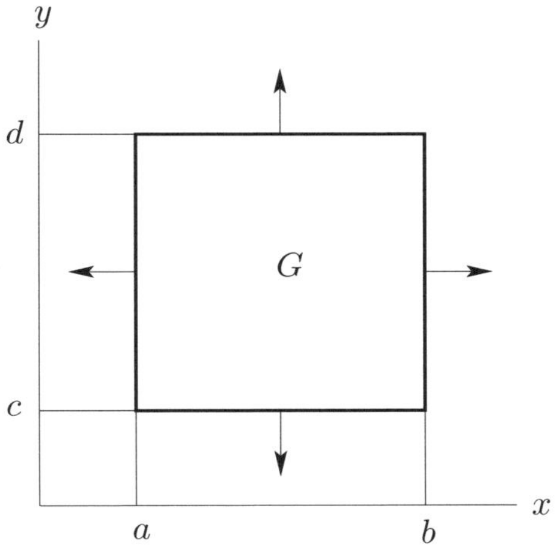

Abb. 6.34. Ein Rechteck mit seinen Normalen

Es sei $f = u(x) \cdot v(x)$. Jetzt schreiben wir die Beziehung

$$\int_G \partial_x f(x,y)\, dA = \int_{\partial G} f(x,y) n_1\, ds$$

für diesen Spezialfall aus, unter Beachtung der Normalen auf den vier Seiten – siehe Abb. 6.34. Dies ergibt

$$\int_c^d \int_a^b \partial_x (u(x) \cdot v(x))\, dx dy = (d-c) \cdot (u(b)v(b) - u(a)v(a))$$

vom Integral auf der linken Seite, und vom rechten Integral bleiben nur die Terme:

$$\int_c^d u(b)v(b)\, dy - \int_c^d u(a)v(a)\, dy = (d-c) \cdot (u(b)v(b) - u(a)v(a)) \,,$$

da n_1 auf zwei Seiten verschwindet. Wenn man also die oberste Formel ausschreibt, die Ableitung unter dem Integralzeichen ausführt und alles umschreibt, erhält man die aus Analysis 1 wohlbekannte Formel für die partielle Integration:

$$\int_a^b u'(x) \cdot v(x) dx = u(x) \cdot v(x) \Big|_a^b - \int_a^b u(x) \cdot v'(x) dx.$$

Eine unmittelbare Folge der partiellen Integrationsformel ist die wichtige Beziehung zwischen zwei Integralen, bekannt unter dem folgenden Namen:

Satz von Gauss *(zweidimensionale Version)*

Es sei das Vektorfeld $\vec{v}(x, y)$ *differenzierbar in* G. *Dann gilt:*

$$\int_G \operatorname{div} \vec{v} \, dA = \int_{\partial G} \vec{v} \cdot \vec{n} \, ds.$$

Beweis. Man wählt im Satz über die partielle Integration $f(x, y) = v_1(x, y)$ und $g(x, y) = v_2(x, y)$ und addiert die entsprechenden Integrale. □

Der Satz von Gauss gilt aber genau gleich im dreidimensionalen Fall. Es gilt zunächst:

Satz. *(Partielle Integration im Raum)*

Die Funktion $h(x, y, z)$ *habe in* G *eine stetige Ableitung* $\partial_z h(x, y, z)$. *Dann gilt*

$$\int_G \partial_z h(x, y, z) \, dV = \int_{\partial G} h(x, y, z) \cdot n_3 \, dS,$$

wobei (n_1, n_2, n_3) *die Einheitsnormale nach aussen ist.*

Für den Beweis betrachtet man entsprechend zuerst den einfachsten Fall, dass das Gebiet G begrenzt ist von den zwei Flächen $z = z_1(x, y)$ und $z = z_2(x, y)$:

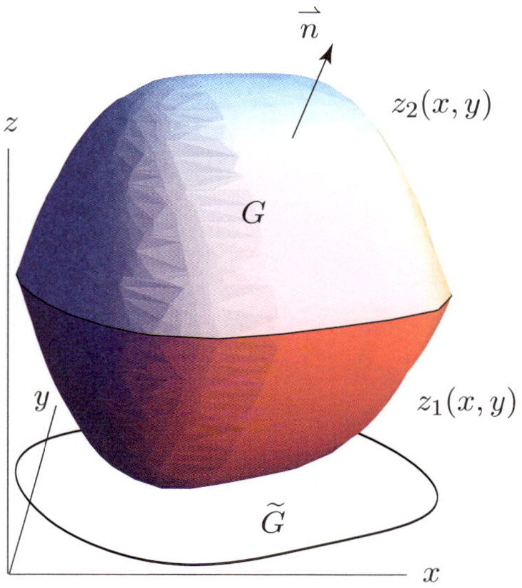

Abb. 6.35. Ein Gebiet im Raum begrenzt von zwei Flächen

Im Kapitel 5 wurde gezeigt, dass die Einheitsnormale zu einer Fläche $z = z(x, y)$ gegeben ist durch

$$\vec{n} = \pm \frac{(\partial_x z(x,y), \partial_y z(x,y), -1)}{\sqrt{1 + |\nabla z(x,y)|^2}},$$

wobei das Vorzeichen angibt, ob die Normale nach aussen oder nach innen zeigt. Andererseits haben wir gefunden, dass das Oberflächenlement im vorliegenden Fall gegeben ist durch

$$dS = \sqrt{1 + |\nabla z(x,y)|^2}\, dxdy.$$

Es gilt demnach $n_3 \cdot dS = dxdy$ auf $z = z_2(x, y)$ und $n_3 \cdot dS = -dxdy$ auf $z = z_1(x, y)$. Wir schreiben die Integrale wieder aus:

$$\int_G \partial_z h(x,y,z)\, dV = \int_{\widetilde{G}} \int_{z_1(x,y)}^{z_2(x,y)} \partial_z h(x,y,z)\, dzdxdy,$$

wobei $\widetilde{G}$ die Projektion von G (*Schatten*) auf die (x, y)-Ebene ist. Nach einem Integrationsschritt erhalten wir

$$\int_G \partial_z h(x,y,z)\, dV = \int_{\widetilde{G}} (h(x,y,z_2(x,y)) - h(x,y,z_1(x,y)))\, dxdy.$$

Nun schreiben wir das andere Integral aus und beachten das Vorzeichen der Normalen oben und unten. Das liefert aber direkt

$$\int_{\partial G} h(x,y,z)\cdot n_3\,dS = \int_{\widetilde{G}} (h(x,y,z_2(x,y)) - h(x,y,z_1(x,y)))\,dxdy,$$

also das gleiche Ergebnis. □

Bemerkungen:

(a) Für kompliziertere Gebiete muss man eine Zerlegung in einfache Gebiete vornehmen; für die einfachen Teilgebiete kann man den obigen Satz anwenden und durch Zusammensetzung bekommt man dann die allgemein gültige Version.

(b) Wie schon bei zwei Variablen kann man die Rollen der Variablen vertauschen und beschreibt dann die Oberfläche von G als $y = y(x,z)$ oder $x = x(y,z)$. Genau die gleichen Überlegungen wie oben geben dann die analogen Versionen:

$$\int_G \partial_x f(x,y,z)\,dV = \int_{\partial G} f(x,y,z)\cdot n_1\,dS,$$

$$\int_G \partial_y g(x,y,z)\,dV = \int_{\partial G} g(x,y,z)\cdot n_2\,dS.$$

Wählt man schliesslich $f(x,y,z) = v_1(x,y,z)$, $g(x,y,z) = v_2(x,y,z)$ und $h(x,y,z) = v_3(x,y,z)$ und addiert die Integrale, bekommt man die dreidimensionale Version des Satzes von Gauss.

Satz von Gauss. *Es sei das Vektorfeld $\vec{v}(x,y,z)$ differenzierbar in G. Dann gilt:*

$$\int_G \operatorname{div}\vec{v}\,dA = \int_{\partial G} \vec{v}\cdot\vec{n}\,dS$$

wobei $div\vec{v} = \frac{\partial v_1}{\partial x} + \frac{\partial v_2}{\partial y} + \frac{\partial v_3}{\partial z}$ die Divergenz eines räumlichen Vektorfeldes ist.

ANWENDUNGSBEISPIEL: Volumenberechnungsformel

Wir wählen das Vektorfeld $\vec{v}(x,y,z) = (x,y,z) = \vec{r}$. Dann ist $\operatorname{div}\vec{v}(x,y,z) = 3$ und der Satz von Gauss besagt dann:

$$V = \frac{1}{3}\int_{\partial G} \vec{r} \cdot \vec{n}\, dS.$$

Dieses Ergebnis kann man geometrisch interpretieren (überlegen Sie selbst): $\vec{r} \cdot \vec{n}$ = Abstand der Tangentialebene zum Nullpunkt, $\frac{1}{3}\vec{r} \cdot \vec{n}\, dS$ = Volumen eines Kegels mit Spitze im Nullpunkt.

BEISPIEL:

Die Temperatur in einer Kugel mit Leitfähigkeit k ist umgekehrt proportional zur Distanz zum Ursprung. Bestimme den Wärmefluss über eine Kugeloberfläche mit Radius R und Zentrum $(0,0,0)$.

Die Temperatur ist gegeben durch $u(x,y,z) = \frac{c}{\sqrt{x^2+y^2+z^2}}$ und nach dem Gesetz von Fourier ist der Wärmefluss $\vec{v}$ proportional zum Temperaturgradient, d.h.:

$$\vec{v}(x,y,z) = -k\nabla u(x,y,z),$$

wobei c und k Konstanten sind. Somit ist der totale Wärmefluss über die Kugeloberfläche gegeben durch

$$\Phi = \int_{\partial G} \vec{v} \cdot \vec{n} dS,$$

wobei G die Kugel ist und $\vec{n}$ die Einheitsnormale. Wenn man dies ausrechnet, erhält man:

$$\Phi = \frac{kc}{R^2}\int_{\partial G} dS = \frac{kc}{R^2} \cdot 4\pi R^2 = 4\pi kc.$$

Es ist zu beachten, dass Φ unabhängig ist vom Kugelradius.

Wir werden im Folgenden sehen: die oben gewählte Temperatur $u(x,y,z)$ entspricht der Situation, dass sich im Nullpunkt eine Wärmequelle in Form einer sogenannten Punktquelle befindet. Wir zeigen nämlich, dass der Temperaturfluss durch eine beliebige, einfache geschlossene Fläche, die den Nullpunkt umfasst, immer den gleichen Wert $4\pi kc$ hat. Das heisst aber nichts anderes, als dass nur im Nullpunkt Wärme produziert wird, da die Wärme im Innern nirgends verloren gehen kann. Dabei haben wir benützt, dass der Wärmefluss dem Temperaturfluss proportional ist. Es ist bequemer, die Temperatur zu schreiben als

$$u = \frac{c}{r}.$$

Jetzt benützen wir ein Resultat aus Kap. 5: Der Radialanteil des Laplace-operators Δu in Polarkoordinaten ist $u_{rr} + \frac{2}{r}u_r$. Für die Funktion $u = \frac{c}{r}$ ergibt sich aber sofort $\Delta u = 0$. Ausnahmepunkt ist aber $r = 0$, denn dort wird u singulär. Jetzt sei G ein beliebiges Gebiet, das den Nullpunkt enthält und K_R die Kugel mit Radius R mit Zentrum im Nullpunkt. Mit G_R bezeichnen wir jetzt das Gebiet G ohne die Kugel K_R. In K_R wenden wir jetzt den Satz von Gauss an unter Beachtung der Identität

$$\operatorname{div}(\nabla u) = \Delta u.$$

Das ergibt die Beziehung

$$0 = \int_{G_R} \Delta u dV = \int_{\partial G_R} \nabla u \cdot \vec{n} dS = \int_{\partial G} \nabla u \cdot \vec{n} dS + \int_{\partial K_R} \nabla u \cdot \vec{n} dS.$$

Hier ist nun zu beachten, dass $\vec{n}$ immer die aus dem Gebiet herauszeigende Normale ist. Dies bedeutet aber, dass das zweite Integral gerade den Wert $-4\pi kc$ hat, denn oben war die Normale entgegengesetzt. Damit haben wir aber erhalten:

$$\int_{\partial G} \nabla u \cdot \vec{n} dS = 4\pi kc.$$

Wir betrachten noch eine Version des Gauss'schen Integralsatzes in der Ebene, der uns einen weiteren Satz liefert. Dazu nehmen wir das ebene Vektorfeld

$$\vec{v}(x, y) = (Q(x, y), -P(x, y)).$$

Wir beachten weiter, dass für eine beliebige Kurve folgende Beziehung zwischen dem Normalvektor $\vec{n} = (n_1, n_2)$ und dem Tangentialvektor $\vec{\tau} = (\tau_1, \tau_2)$ gilt:

$$n_1 = \tau_2, n_2 = -\tau_1.$$

Bei dieser Vorzeichenwahl zeigt die Normale nach aussen, wenn man den Rand ∂G im Gegenuhrzeigersinn durchläuft. Wenn wir jetzt den Satz von Gauss hinschreiben, ergibt sich:

$$\int_G \left(\frac{\partial P}{\partial y} - \frac{\partial Q}{\partial x} \right) dxdy = \int_{\partial G} (P\tau_1 + Q\tau_2)\, ds.$$

Aber wenn die Randkurve in Parameterform $(x(t), y(t))$ gegeben ist, gilt:

$$\tau_1 \cdot ds = \frac{\dot{x}(t)}{\sqrt{\dot{x}(t)^2 + \dot{y}(t)^2}} \sqrt{\dot{x}(t)^2 + \dot{y}(t)^2} dt = dx,$$
$$\tau_2 \cdot ds = \frac{\dot{y}(t)}{\sqrt{\dot{x}(t)^2 + \dot{y}(t)^2}} \sqrt{\dot{x}(t)^2 + \dot{y}(t)^2} dt = dy.$$

Also nimmt der Satz von Gauss jetzt die Form an:

$$\int_G \left(\frac{\partial P}{\partial y} - \frac{\partial Q}{\partial x} \right) dxdy = \int_{\partial G} (Pdx + Qdy).$$

Dieses Resultat kennt man auch als den Satz von Green. Der Satz von Green betrifft ein Gebiet in der Ebene.

BEISPIEL:

Bestimme das Integral $I = \int_{\partial G} (x^4\, dx + xy\, dy)$, wobei G das Dreieck in der Ebene ist mit Ecken $(0, 0)$, $(0, 1)$ und $(1, 0)$. Setze $P(x, y) = x^4$ und $Q(x, y) = xy$; mit Hilfe des Satzes von Green bekommen wir dann

$$I = \iint\limits_G (y - 0)\, dA = \int_0^1 \int_0^{1-x} y\, dydx = \frac{1}{6}.$$

○

Der Satz von Green ist insbesondere sehr nützlich, um Flächen zu berechnen. Die Fläche eines ebenen Gebietes G ist gegeben durch $\int_G 1\, dA$. Nun können wir den Term 1 auffassen als $\frac{\partial P}{\partial y} - \frac{\partial Q}{\partial x}$. Die Funktionen P und Q sind damit nicht eindeutig bestimmt, aber für bestimmte P und Q vereinfacht sich die Rechnung deutlich.

Man kann z.B. $Q(x, y) = x$ und $P(x, y) = 0$ setzen, oder $Q(x, y) = 0$ und $P(x, y) = y$ oder $Q(x, y) = \frac{1}{2}x$ und $P(x, y) = \frac{1}{2}y$. Dies führt zu folgenden neuen Formeln für den Flächeninhalt:

$$\begin{aligned}\text{Fläche von } G = \int_G 1\,dA &= \int_{\partial G} (-y)\,dx \\ &= \int_{\partial G} x\,dy \\ &= \frac{1}{2}\int_{\partial G} (x\,dy - y\,dx).\end{aligned}$$

BEISPIEL:

Bestimme die Fläche der Ellipse $E : \frac{x^2}{a^2} + \frac{y^2}{b^2} = 1$. Den Rand der Ellipse kann man parametrisieren durch $r(t) = (a\cos t, b\sin t)$ mit $0 \le t \le 2\pi$, und so finden wir für die Fläche der Ellipse mit Hilfe des dritten Integrals von oben die bekannte Formel:

$$\int_E dA = \frac{1}{2}\int_0^{2\pi} (a\cos t \cdot b\cos t - b\sin t \cdot (-a\sin t))\,dt = \frac{1}{2}\int_0^{2\pi} ab\,dt = ab\pi.$$

○

Der Satz von Green kann weiter verallgemeinert werden auf eine Fläche im Raum. Diese Verallgemeinerung spielt insbesondere bei Strömungsproblemen eine wichtige Rolle.

Satz von Stokes. *Es sei S eine Fläche im Raum mit Randkurve Γ und $\vec{v}(x,y,z)$ ein differenzierbares Vektorfeld, das in einer Umgebung von S definiert ist. Dann gilt:*

$$\int_S rot\vec{v} \cdot \vec{n}\,dS = \int_\Gamma \vec{v} \cdot \vec{\tau}\,ds,$$

$\vec{\tau}$ = Einheitsvektor in Tangentenrichtung.

Beweis. Wir gehen ähnlich vor wie beim Beweis des Satzes über die partielle Integration. Die Fläche S sei in expliziter Darstellung $z = z(x,y)$ gegeben, und $\widetilde{S}$ und $\widetilde{\Gamma}$ seien die Projektionen von S und Γ auf die (x,y)-Ebene:

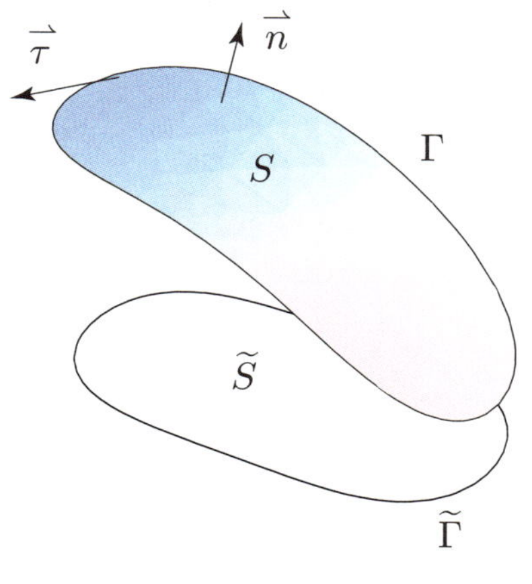

Abb. 6.36. Fläche im Raum und seine Projektion auf die (x, y)-Ebene

Dann betrachten wir eine Funktion $f(x, y, z)$ und das Integral

$$\int_\Gamma f(x, y, z)\, dx = \int_{\widetilde{\Gamma}} f(x, y, z(x, y))\, dx.$$

Das zweite Integral ist ein Integral in der Ebene, auf das wir den Green'schen Satz anwenden können: wir wählen dort $P = 0$ und $Q = f(x, y, z(x, y))$. Das liefert die Beziehung:

$$\begin{aligned}\int_{\widetilde{\Gamma}} f(x, y, z(x, y))\, dx &= -\int_{\widetilde{S}} \partial_y f(x, y, z)\, dxdy \\ &= -\int_{\widetilde{S}} \left(\frac{\partial f}{\partial y} + \frac{\partial f}{\partial z} \cdot \frac{\partial z}{\partial y}\right) dxdy,\end{aligned}$$

nach der Kettenregel. Wir brauchen weiter die Gleichungen:

$$\vec{n} = (n_1, n_2, n_3) \frac{(-z_x, -z_y, 1)}{\sqrt{1 + |\nabla z|^2}}, \quad dS = \sqrt{1 + |\nabla z|^2} dxdy.$$

Dies erlaubt uns, das letzte Integral umzuschreiben:

$$-\int_{\widetilde{S}} \left(\frac{\partial f}{\partial y} + \frac{\partial f}{\partial z} \cdot \frac{\partial z}{\partial y}\right) dxdy = \int_{\widetilde{S}} \left(-\frac{\partial f}{\partial y} n_3 + \frac{\partial f}{\partial z} n_2\right) dS.$$

Weiter ist ja auch:

$$\int_\Gamma f(x, y, z)\, dx = \int_\Gamma f(x, y, z) \tau_1\, ds,$$

denn für die Raumkurve Γ gilt in Parameterform:

$$\vec{\tau} = (\dot{x}(t), \dot{y}(t), \dot{z}(t)), ds = \sqrt{\dot{x}(t)^2 + \dot{y}(t)^2 + \dot{z}(t)^2}dt,$$

d.h. $\tau_1\, ds = dx$. Wir haben demnach gezeigt, dass gilt:

$$\int_{\widetilde{S}} \left(-\frac{\partial f}{\partial y} n_3 + \frac{\partial f}{\partial z} \cdot n_2 \right) dS = \int_{\Gamma} f(x, y, z)\tau_1\, ds.$$

Jetzt wiederholen wir alle Rechnungen für die Funktionen $g(x, y, z)$ und $h(x, y, z)$ und vertauschen dabei entsprechend die Variablen x, y und z zyklisch. Wenn wir dann die entstehenden Relationen addieren, ergibt sich gerade die Aussage des Satzes von Stokes für das Vektorfeld:

$$\vec{v}(x, y, z) = (f(x, y, z), g(x, y, z), h(x, y, z))\,. \qquad \square$$

Bemerkungen:

(a) Falls die Fläche komplizierter ist, kann man wieder durch Zerlegung zeigen, dass die Formel von Stokes immer noch gilt.

(b) Falls das Vektorfeld nicht differenzierbar ist, kann man Gegenbeispiele geben, die zeigen, dass dann die Formel nicht mehr zu gelten braucht.

(c) Es gilt, wie man sich durch Nachrechnen sofort überzeugt, $\text{rot}(\nabla U) = 0$, für $U(x, y, z)$. Aus dem Satz von Stokes folgt also auch wieder, dass

$$\int_{\Gamma} \nabla U \cdot \vec{\tau}\, ds = 0$$

für eine geschlossene Kurve Γ, was wir früher mit anderen Überlegungen gefunden haben.

Beispiele:

1. Zirkulation

Als Zirkulation Z einer Strömung mit Geschwindigkeitsvektor $\vec{v}$ längs einer Kurve Γ wird ja das Integral

$$\int_{\Gamma} \vec{v} \cdot \vec{\tau}\, ds$$

bezeichnet. Wir nehmen eine spezielle Strömung:

$$\vec{v} = (a_1 x + b_1 y + c_1 z, a_2 x + b_2 y + c_2 z, a_3 x + b_3 y + c_3 z),$$

und eine einfache geschlossene Kurve, die in der Ebene $Ax+By+Cz =$const. liege. Was ist dann die Zirkulation längs Γ? Wir benötigen

$$\operatorname{rot} \vec{v} = (b_3 - c_2, c_1 - a_3, a_2 - b_1)$$

und

$$\vec{n} = \frac{(A, B, C)}{\sqrt{A^2 + B^2 + C^2}}.$$

Nach dem Satz von Stokes ist in unserem Falle also

$$Z = \frac{(A(b_3 - c_2) + B(c_1 - a_3) + C(a_2 - b_1)) \cdot F}{\sqrt{A^2 + B^2 + C^2}},$$

dabei ist F der von Γ eingeschlossene Flächeninhalt. ○

2. Rechenbeispiele zum Satz von Stokes

Betrachte das Vektorfeld

$$\vec{v}(x, y, z) = (-x^3 - 2x + z, -y^3 - 2y + x, -z^3 - 2z + y)$$

und die Kurve Γ wie in Abb. 6.37. Man bestimme die Zirkulation $\int_\Gamma \vec{v} \cdot \vec{\tau} \, ds$.

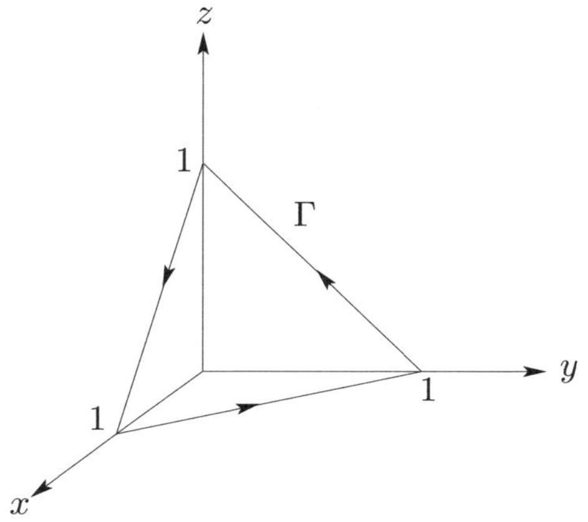

Abb. 6.37. Bestimme die Zirkulation entlang Γ

Statt das Integral direkt auszurechnen (Übung!), verwenden wir den Satz von Stokes. Wir berechnen zuerst die Rotation $\operatorname{rot}\vec{v} = (1,1,1)$. Sei G die Dreiecksfläche aufgespannt von Γ und parametrisiert durch: $\vec{r}(u,v) = (1-u-v, u, v)$ für $0 \leq u+v \leq 1$ mit der Normalen $\vec{n} = (1,1,1)$.

So erhalten wir:

$$\int_\Gamma \vec{v} \cdot \vec{\tau}\, ds = \int_G \operatorname{rot}\vec{v} \cdot \vec{n}\, dS = \int_0^1 \int_0^{1-y} 3\, dx dy = \frac{3}{2}.$$

○

3. Zwei Flächen mit dem gleichen Rand

Seien S_1 und S_2 zwei Flächen mit $\Gamma = \partial S_1 = \partial S_2$, so gilt:

$$\int_{S_1} \operatorname{rot}\vec{v} \cdot \vec{n}\, dS = \int_\Gamma \vec{v} \cdot \vec{\tau}\, ds = \int_{S_2} \operatorname{rot}\vec{v} \cdot \vec{n}\, dS.$$

Als Beispiel betrachten wir folgende Aufgabe: Man bestimme für das Vektorfeld

$$\vec{v} = (-y^3 \sin x,\ 3y^2 \cos x, x e^{\cos(y+z)})$$

den nach aussen gerichteten Fluss von rot $\vec{v} = (-e^{\cos(y+z)} x \sin(y+z),$ $-e^{\cos(y+z)}, 0)$ durch die Oberfläche P, wobei P ein Paraboloid ist, gegeben durch $z = 5 - x^2 - y^2$ und $z \geq 3$. Dieses Integral stellt sich aber als sehr kompliziert heraus. Mit dem Satz von Stokes könnten wir stattdessen die Zirkulation von $\vec{v}$ entlang des Randes berechnen, aber auch dieses Integral ist kompliziert.

Hier haben wir aber eine wichtige Alternative: wir berechnen das Integral über eine einfachere Fläche mit dem selben Rand, nämlich die Kreisscheibe $D : x^2 + y^2 = 2, z = 3$.

Es gilt also $\partial S = \partial$D, und damit

$$\int_P \operatorname{rot}\vec{v} \cdot \vec{n}_P\, dS = \int_D \operatorname{rot}\vec{v} \cdot \vec{n}_D\, dS.$$

Nun ist aber $\vec{n}_D = \pm(0,0,1)$, wobei das Vorzeichen von der Zirkulationsrichtung abhängt. Damit ist

$$\operatorname{rot}\vec{v} \cdot \vec{n}_D = 0$$

und deshalb auch das Integral. ○

6.7.1 Übungsaufgaben zu Kapitel 6.7

1. Ein Heissluftballon habe die Form einer Sphärenkappe mit Radius $R > 0$ und Öffnungsdurchmesser $0 < d < 2R$:

$$x^2 + y^2 + z^2 = R^2, \qquad z \geq -\sqrt{R^2 - \frac{d^2}{4}}.$$

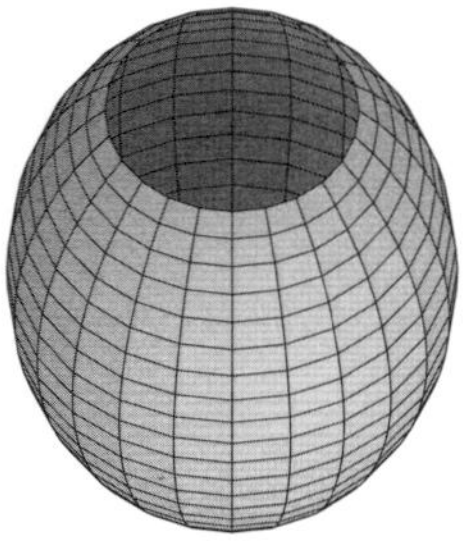

Abb. 6.38. Ein Heissluftballon

Die Abbildung zeigt den Heissluftballon von schräg unten. Luft dringt durch die poröse Oberfläche S mit der Geschwindigkeit $v = (0, 0, 1)$. Man berechne den Fluss $\iint_S \vec{v} \cdot d\vec{S}$ durch die Ballonoberfläche S!

Tip: $\vec{v}$ kann als Rotation eines Vektorfeldes $\vec{F}$ geschrieben werden:

$$\vec{v} = \mathrm{rot}\vec{F}, \quad \text{wobei } \vec{F}(x, y, z) = \left(-\frac{y}{2}, \frac{x}{2}, 0\right).$$

2. (a) Benutzen Sie den Satz von Stokes, um das Integral $\int_C \vec{F} \cdot d\vec{r}$ zu berechnen, wobei

$$\vec{F}(x, y, z) = \begin{pmatrix} x + y^2 \\ y + z^2 \\ z + x^2 \end{pmatrix}$$

ist und C den Rand des Dreiecks mit den Eckpunkten $(1, 0, 0)$, $(0, 1, 0)$ und $(0, 0, 1)$ bezeichnet.

(b) Berechnen Sie das Integral $\int_S \operatorname{rot}\vec{F} \cdot d\vec{S}$, wobei

$$\vec{F}(x,y,z) = \begin{pmatrix} xyz \\ xy \\ x^2yz \end{pmatrix}$$

ist und S die vier Aussenflächen sowie die obere Randfläche (nicht jedoch die untere) des Würfels $[-1,1] \times [-1,1] \times [-1,1]$ bezeichnet.

Tip: Gehen Sie mit Hilfe des Satzes von Stokes zu einer Fläche $\widetilde{S}$ über, welche für die Berechnung des Integrals günstiger ist.

3. Benutzen Sie den Satz von Gauss, um das Oberflächenintegral $\int_S \vec{F} \cdot d\vec{S}$ zu berechnen, wobei $\vec{F}(x,y,z) = (3\,xy^2, x\,e^z, z^3)$ ist und S die Oberfläche des Zylinders $y^2 + z^2 = 1$, $-1 \leq x \leq 2$ bezeichnet.

4. Berechnen Sie das Integral

$$\int_S (2x + 2y + z^2)\, dA,$$

wobei S die Einheitssphäre $x^2 + y^2 + z^2 = 1$ ist.

Tip: Diese Aufgabe kann durch einen Trick mit minimalem Rechenaufwand gelöst werden!

6.8 Anhang: Kurven auf Flächen

Eine Fläche S sei in Parameterdarstellung

$$\overrightarrow{r}(u,v) = (x(u,v), y(u,v), z(u,v))$$

gegeben. Wenn nun andererseits $u = u(t), v = v(t)$ eine Kurve $\widetilde{C}$ in der Parameterebene ist, ergibt die Zusammensetzung

$$\overrightarrow{r}(t) = \overrightarrow{r}(u(t), v(t)) = (x(u(t), v(t)), y(u(t), v(t)), z(u(t), v(t)))$$

eine Raumkurve C, die auf S liegt. Eine Kurve $\widetilde{C}$ in der Parameterebene wird also in eine Kurve C auf S abgebildet – siehe Abb. 6.39. Hier ist ein Beispiel:

$$S : \overrightarrow{r}(u,v) = (u, v, \cos(u+v)), 0 \leq u, v \leq \pi$$

$$\widetilde{C} : u(t) = 1.5 + \cos t, v(t) = 1.5 + \sin t, 0 \leq t \leq \pi$$

(verschobener Kreis). Also:

$$C : \vec{r}(t) = (1.5 + \cos t, 1.5 + \sin t, \cos(3 + \cos t + \sin t)).$$

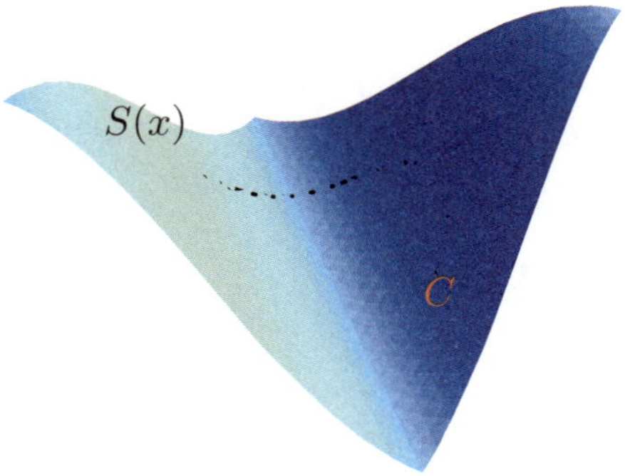

Abb. 6.39. Eine Kurve auf einer Fläche

Im Folgenden werden nun ein paar wichtige Probleme diskutiert, die im Zusammenhang mit Flächenkurven auftreten. Diese Probleme gehören in das Gebiet der Differentialgeometrie.

1. Länge einer Flächenkurve

Für eine beliebige Kurve $\vec{r} = \vec{r}(t)$, ob in der Ebene oder im Raum, ist das Linienelement ds gegeben durch

$$ds = |\dot{\vec{r}}|dt = \sqrt{\dot{\vec{r}}^2}\,dt.$$

Im Falle einer Flächenkurve müssen wir die Kettenregel benützen:

$$\frac{d}{dt}(\vec{r}(u(t), v(t))) = \vec{r}_u \cdot \dot{u} + \vec{r}_v \cdot \dot{v}.$$

Also ist:

$$ds^2 = (\vec{r}_u \cdot \dot{u} + \vec{r}_v \cdot \dot{v})^2 dt^2 = (\vec{r}_u{}^2 \cdot \dot{u}^2 + 2 \cdot \vec{r}_u \cdot \vec{r}_v \cdot \dot{u} \cdot \dot{v} + \vec{r}_v^{\,2} \cdot \dot{v}^2)dt^2.$$

Die hier auftretenden Grössen haben wir aber schon beim Flächenelement kennengelernt:

$$ds^2 = (E \cdot \dot{u}^2 + 2 \cdot F \cdot \dot{u} \cdot \dot{v} + G \cdot \dot{v}^2)dt^2 = E \cdot du^2 + 2 \cdot F \cdot du \cdot dv + G \cdot dv^2.$$

Wenn das Längenelement durch diese Formel gegeben ist, wobei die Fundamentalgrössen E, F und G Funktionen von u und v sind, nennt man dies eine *Riemann'sche Metrik*, benannt nach dem deutschen Mathematiker Bernhard Riemann (1826–1866). Die *Metrik* gibt also an, wie Längen gemessen werden müssen. Die Metrik wird *euklidisch* genannt, falls $E = 1$, $F = 0$ und $G = 1$, andernfalls *nicht-euklidisch.*

BEISPIEL 1: **Kugeloberfläche**

Hier ist bekanntlich

$$\overrightarrow{r}(u, v) = R(\sin u \cdot \cos v, \sin u \cdot \sin v, \cos u), u = \theta, v = \varphi,$$

und $E = R^2$, $F = 0$ und $G = R^2 \cdot \sin^2 u$, d.h. $ds^2 = R^2(du^2 + \sin^2 u dv^2)$. Die Metrik der Kugeloberfläche ist also nicht-euklidisch. Die Länge L einer Flächenkurve ist im allgemeinen Fall gegeben durch

$$L = \int_{t_1}^{t_2} \sqrt{E \cdot \dot{u}^2 + 2 \cdot F \cdot \dot{u} \cdot \dot{v} + G \cdot \dot{v}^2} dt.$$

Dies führt meist auf schwierige oder nicht explizit berechenbare Integrale. Beispielsweise für die Kugeloberfläche und $u(t) = t$ und $v(t) = t$ bekommt man

$$L = R \int_{t_1}^{t_2} \sqrt{1 + \sin^2 t} dt.$$

Man kann es in eine andere Form bringen: $\sin^2 t = 1 - \cos^2 t$ und damit

$$L = R \int_{t_1}^{t_2} \sqrt{2 - \cos^2 t} dt = \sqrt{2} R \int_{t_1}^{t_2} \sqrt{1 - \left(\frac{1}{\sqrt{2}}\right)^2 \cos^2 t}.$$

Dieses Integral mit $t_1 = 0$ und $t_2 = \frac{\pi}{2}$ und statt $\frac{1}{\sqrt{2}}$ mit ϵ haben wir schon in Analysis 1 angetroffen bei der Berechnung der Bogenlänge einer Ellipse (Kap. 3.2). Es wird deshalb auch elliptisches Integral genannt. *Elliptische Funktionen* hängen eng damit zusammen, sie spielen auch in vielen anderen

Zusammenhängen eine Rolle. Die elliptische Funktion $E(\phi, m)$ ist definiert durch ein Integral:

$$E(\phi, m) = \int_0^\phi \sqrt{1 - m \cdot \sin^2 t} dt, -\frac{\pi}{2} \leq \phi \leq \frac{\pi}{2}, \ m \leq 1.$$

Also ist $L = R \cdot E(\frac{\pi}{2}, -1)$. In Abb. 6.40 sehen Sie ein Plot von $E(s, -1)$:

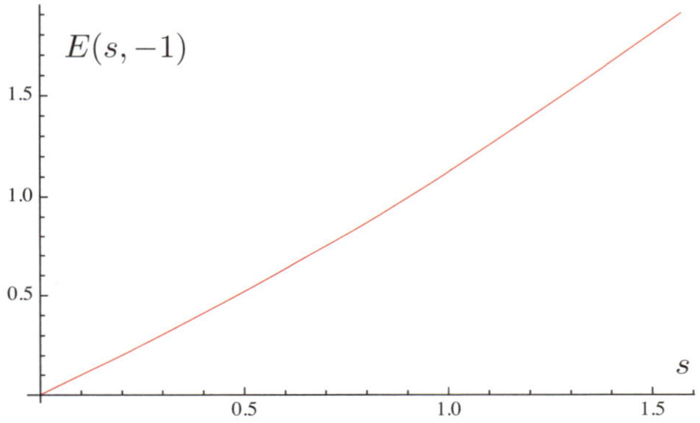

Abb. 6.40. Plot von $E(s, -1)$

Beispiel 2: **Abwandlung der Kugel**

Wir wählen – siehe Abb. 6.41:

$$\overrightarrow{r}(u, v) = R(\sin u \cdot \cos v, \cos^2(u + v), \sin u \cdot \sin v).$$

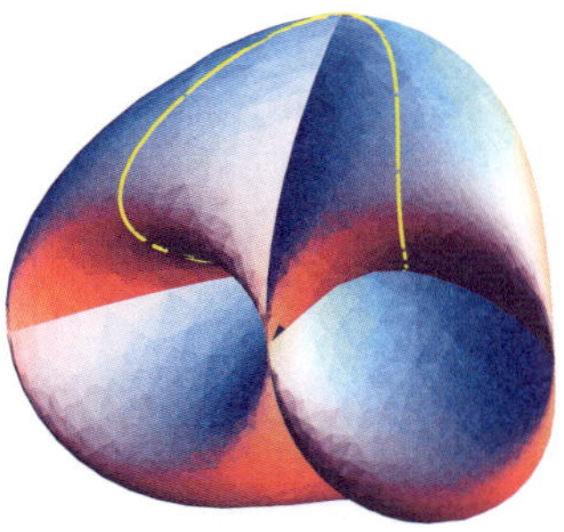

Abb. 6.41. Abwandlung der Kugel

Die gelbe Kurve entspricht wieder der Wahl $u(t) = t$ und $v(t) = t$, $0 \leq t \leq \pi$. Zur Berechnung der Fundamentalgrössen E, F und G benützt man am besten *Mathematica* und erhält damit $ds = \sqrt{3 - 2\cos(8t)}$ und

$$L = \int_0^{\pi} \sqrt{3 - 2\cos(8t)}dt = 2E\left(\frac{\pi}{2}, -4\right) \approx 5.270,$$

wie man durch trigonometrische Umformung (Halbwinkelformeln) erkennt.

2. Winkel zwischen Flächenkurven

Als Winkel zwischen zwei Flächenkurven in einem Schnittpunkt definiert man natürlich den Winkel zwischen den Tangenten an die Kurven. Es sei wieder eine Fläche S durch

$$\vec{r} = \vec{r}(u, v)$$

gegeben und zwei Kurven C_1, C_2 auf S durch $(u_1(t), v_1(t))$ und $(u_2(t), v_2(t))$. Um den Winkel γ zwischen zwei Vektoren $\vec{a}$ und $\vec{b}$ zu bestimmen, braucht man am besten die Beziehung:

$$\cos\gamma = \frac{\vec{a} \cdot \vec{b}}{\left|\vec{a}\right| \cdot \left|\vec{b}\right|}.$$

Der Tangentenvektor ist seinerseits

$$\frac{d}{dt}(\vec{r}(u(t), v(t))) = \vec{r}_u \cdot \dot{u} + \vec{r}_v \cdot \dot{v},$$

wobei entsprechend dann $(u_1(t), v_1(t))$ oder $(u_2(t), v_2(t))$ eingesetzt werden muss. Wir benützen nun noch folgende gebräuchlichen Abkürzungen für die ersten Fundamentalgrössen: $g_{11} = E$, $g_{12} = g_{21} = F$ und $g_{22} = G$. Das Schema, wie eine Matrix geschrieben:

$$\begin{pmatrix} g_{11} & g_{12} \\ g_{21} & g_{22} \end{pmatrix},$$

nennt man den *metrischen Tensor*. Allgemein ist ein Tensor (er kann mehrere Indices haben) eine Grösse, die sich bei Koordinatentransformation nach ganz bestimmten Regeln transformiert. Eine genauere Definition würde hier den Rahmen sprengen; zudem werden wir später auch keinen Gebrauch davon machen. In der Allgemeinen Relativitätstheorie spielen Tensoren eine wichtige Rolle. Wenn wir jetzt die Tangentialvektoren in der (u, v)-Ebene umbezeichnen: $(\dot{u}_1, \dot{v}_1) = (\tau_1, \tau_2)$ und $(\dot{u}_2, \dot{v}_2) = (\sigma_1, \sigma_2)$, und weiter mit den Tangentialvektoren der Fläche nach der obigen Formel $\cos\gamma$ berechnen, erhalten wir folgende Beziehungen:

$$\vec{a} \cdot \vec{b} = \sum_{i,j=1}^{2} g_{ij}\tau_i\sigma_j, |\vec{a}| = \sqrt{\sum_{i,j=1}^{2} g_{ij}\tau_i\tau_j}, |\vec{b}| = \sqrt{\sum_{i,j=1}^{2} g_{ij}\sigma_i\sigma_j}.$$

Wenn man noch die von Einstein eingeführte Summationskonvention (Abkürzung) *über jeden Index, der zweimal vorkommt, wird summiert* benutzt, kann man das Schlussergebnis in kompakter Form schreiben:

$$\cos\gamma = \frac{g_{ij}\tau_i\sigma_j}{\sqrt{g_{ij}\tau_i\tau_j}\sqrt{g_{ij}\sigma_i\sigma_j}}.$$

BEMERKUNGEN:

(a) Man sieht also, dass das *euklidische* Skalarprodukt, mit der Summationskonvention als $\tau_i\sigma_i$ geschrieben, übergeht in $g_{ij}\tau_i\sigma_j$.

(b) Wenn man die Variablen nummeriert und, wie in der Tensoranalysis üblich, eine Ableitung nach der Variablen Nummer i mit einem Komma und tiefer gestelltem Index i bezeichnet, ist dann in dieser Schreibweise z.B.: $|\nabla u|^2 = u_{,i}u_{,i}$, oder $\Delta u = u_{,ii}$.

BEISPIEL ZUR WINKELMESSUNG: **Loxodrome**

(vom griechischen loxos = schief und dromos = Lauf) Dies ist eine Kurve auf der Kugeloberfläche, welche die Grosskreise $\varphi = \text{const.}$ (auf der Erdoberfläche die Längenkreise) in konstantem Winkel γ schneidet. In der Navigation bedeutet dies, mit konstanter Kompassrichtung zu fahren. Dies wurde früher oft benutzt in der Seefahrt. Auf einer Mercatorkarte sind Loxodromen Geraden. Um ihre Gleichung zu berechnen, benützen wir die Koordinaten φ (geografische Länge, $\varphi = 0$: Greenwich) und $\beta = \frac{\pi}{2} - \theta$ (geografische Breite).

In diesen Koordinaten hat der metrische Tensor für die Kugeloberfläche die Gestalt

$$R^2 \begin{pmatrix} \cos^2\beta & 0 \\ 0 & 1 \end{pmatrix},$$

entsprechend der Beziehung

$$ds^2 = R^2(\cos^2\beta d\varphi^2 + d\beta^2).$$

Wir nehmen nun an, dass die Loxodrome in der (φ, β)-Ebene in der Form

$$\varphi = \varphi(\beta)$$

geschrieben werden kann. In der (φ, β)-Ebene hat der Tangentenvektor $\vec{\tau}$ der Loxodrome die Form $(\varphi'(\beta), 1)$. Die Richtung $\varphi = \text{const.}$ wird beschrieben durch den Vektor $\vec{\sigma} = (0, 1)$. Nach unserer obigen Formel für den Winkel γ findet man durch Einsetzen

$$\cos\gamma = \frac{1}{\sqrt{\cos^2\beta \cdot \varphi'^2 + 1}}.$$

Wir formen nun um:

$$\cos^2\gamma = \frac{1}{\cos^2\beta \cdot \varphi'^2 + 1}.$$

Aufgelöst nach φ' ergibt sich

$$\varphi' = \frac{1}{\cos\beta}\sqrt{\frac{1}{\cos^2\gamma} - 1} = \frac{\tan\gamma}{\cos\beta}.$$

Daraus erhält man durch Integration nach β (das Integral findet sich in den meisten Integraltabellen) die Gleichung der Loxodrome als

$$\varphi(\beta) = \tan\gamma \cdot \ln\left(\tan\left(\frac{\beta}{2} + \frac{\pi}{4}\right)\right) + a,$$

wobei a eine beliebige Konstante ist. Für Anwendungen wichtig ist die Gleichung der Loxodrome durch die Punkte $(\varphi_1, \beta_1), (\varphi_2, \beta_2)$. Dies bedeutet, dass man die Konstante a und den Winkel γ so bestimmen muss, dass die beiden Gleichungen

$$\varphi(\beta_1) = \varphi_1, \varphi(\beta_2) = \varphi_2$$

erfüllt sind. Man erhält ein lineares Gleichungssystem mit den Lösungen

$$a = \varphi_1 + (\varphi_2 - \varphi_1) \cdot \frac{\ln\left(\tan\left(\frac{\pi}{4} + \frac{\beta_1}{2}\right)\right)}{\ln\left(\frac{\tan\left(\frac{\pi}{4}+\frac{\beta_1}{2}\right)}{\tan\left(\frac{\pi}{4}+\frac{\beta_2}{2}\right)}\right)}, \tan\gamma = \frac{\varphi_1 - \varphi_2}{\ln\left(\frac{\tan\left(\frac{\pi}{4}+\frac{\beta_1}{2}\right)}{\tan\left(\frac{\pi}{4}+\frac{\beta_2}{2}\right)}\right)},$$

und damit lautet die Gleichung der Loxodrome durch die Punkte $(\varphi_1, \beta_1), (\varphi_2, \beta_2)$:

$$\varphi(\beta) = \varphi_1 + \frac{\varphi_2 - \varphi_1}{\ln\left(\frac{\tan\left(\frac{\pi}{4}+\frac{\beta_1}{2}\right)}{\tan\left(\frac{\pi}{4}+\frac{\beta_2}{2}\right)}\right)} \cdot \ln\left(\frac{\tan\left(\frac{\pi}{4} + \frac{\beta}{2}\right)}{\tan\left(\frac{\pi}{4} + \frac{\beta_2}{2}\right)}\right).$$

Die Loxodrome als Raumkurve auf der Kugeloberfläche hat dann die Parameterdarstellung (β = Parameter):

$$(\cos(\varphi(\beta)) \cdot \cos\beta, \sin(\varphi(\beta)) \cdot \cos\beta, \sin\beta).$$

Wichtig ist natürlich auch die Länge des Weges längs der Loxodrome auf der Kugeloberfläche. Wir schreiben die Gleichung

$$ds^2 = R^2(\cos^2\beta d\varphi^2 + d\beta^2)$$

um in die Form

$$\begin{aligned} ds^2 &= R^2(\cos^2\beta \cdot \varphi'^2 + 1)d\beta^2 \\ &= R^2\left(\cos^2\beta \cdot \left(\frac{\tan\gamma}{\cos\beta}\right)^2 + 1\right)d\beta^2 \\ &= R^2(\tan^2\gamma + 1)d\beta^2 \\ &= \frac{R^2}{\cos^2\gamma}\, d\beta^2. \end{aligned}$$

Damit ist die Weglänge L gegeben durch

$$L = \int_{\beta_1}^{\beta_2} ds = R\frac{\beta_2 - \beta_1}{\cos\gamma}|,$$

wobei die Absolutbeträge genommen werden, da bei der Durchlaufrichtung ein Vorzeichen eingeführt wird. Die Loxodrome gibt aber nicht die kürzeste Verbindung auf der Kugeloberfläche. Die kürzeste Verbindung zwischen zwei Punkten P_1 und P_2 der Kugeloberfläche liegt auf dem Grosskreis durch P_1 und P_2. Eine Parameterdarstellung des Grosskreises durch P_1 und P_2 kann sehr einfach vektoriell gefunden werden. Es seien $\overrightarrow{v_1}$ und $\overrightarrow{v_2}$ die Ortsvektoren von P_1 und P_2 (Ursprung = Kugelmittelpunkt),d.h.

$$\begin{aligned}\overrightarrow{v_1} &= R(\cos\beta_1\cos\varphi_1, \cos\beta_1\sin\varphi_1, \sin\beta_1), \overrightarrow{v_2} = \\ &= R(\cos\beta_2\cos\varphi_2, \cos\beta_2\sin\varphi_2, \sin\beta_2).\end{aligned}$$

Dann ist

$$\overrightarrow{k}(t) = R \cdot \frac{\overrightarrow{v_1} + t \cdot \left(\overrightarrow{v_2} - \overrightarrow{v_1}\right)}{\left|\overrightarrow{v_1} + t \cdot \left(\overrightarrow{v_2} - \overrightarrow{v_1}\right)\right|}$$

für beliebige Werte von t ein Vektor der Länge R in der von $\overrightarrow{v_1}$ und $\overrightarrow{v_2}$ aufgespannten Ebene, welche die Kugel in einem Grosskreis schneidet. Weiter gilt

$$\overrightarrow{k}(0) = \overrightarrow{v_1}, \overrightarrow{k}(1) = \overrightarrow{v_2},$$

also haben wir eine Parameterdarstellung des Grosskreisbogens von P_1 nach P_2 gefunden. Die Länge dieses Grosskreisbogens ist $L_K = R \cdot \delta$, wo δ der von $\overrightarrow{v_1}$ und $\overrightarrow{v_2}$ eingeschlossene Winkel ist. Es gilt aber

$$\begin{aligned}\cos\delta &= \frac{\overrightarrow{v_1} \cdot \overrightarrow{v_2}}{\left|\overrightarrow{v_1}\right| \cdot \left|\overrightarrow{v_2}\right|} = \\ &= \cos\beta_1\cos\varphi_1\cos\beta_2\cos\varphi_2 + \cos\beta_1\sin\varphi_1\cos\beta_2\sin\varphi_2 + \sin\beta_1\sin\beta_2 \\ &= \cos\beta_1\cos\beta_2\cos(\varphi_2 - \varphi_1) + \sin\beta_1\sin\beta_2,\end{aligned}$$

also

$$\delta = \arccos(\cos\beta_1\cos\beta_2\cos(\varphi_2 - \varphi_1) + \sin\beta_1\sin\beta_2)\,.$$

ZAHLENBEISPIELE:

Zürich :	$\beta = 47.37$	$\varphi = 8.56$
Miami :	$\beta = 40.7$	$\varphi = -73.92$
Los Angeles :	$\beta = 34.09$	$\varphi = -118.38$
Lima :	$\beta = -12.07$	$\varphi = -77.05$

Distanzen:

ZH - Miami	$L = 8196\,\text{km}$	$L_K = 7852\,\text{km}$
ZH - LA	$L = 10750\,\text{km}$	$L_K = 9538\,\text{km}$
ZH - Lima	$L = 10828\,\text{km}$	$L_K = 10678\,\text{km}$

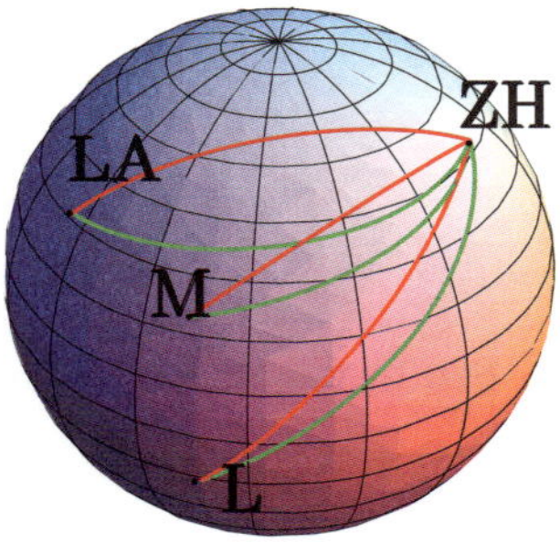

Abb. 6.42. rot = Loxodrome und grün = Grosskreise

Hinweis: viele gezeichnete und gerechnete Beispiele finden sich im *Mathematica* Player unter dem Stichwort *loxodrome.* ○

BEISPIEL: **Kegeloberfläche**

Der Kegel mit Spitze im Nullpunkt und der z-Achse als Kegelachse sowie halbem Öffnungswinkel θ_0 kann bequem mit Hilfe der Kugelkoordinaten beschrieben werden:

$$\overrightarrow{r}(r, \varphi) = r(\sin\theta_0 \cdot \cos v, \sin\theta_0 \cdot \sin v, \cos\theta_0).$$

Man erhält dann

$$ds^2 = dr^2 + r^2 \sin^2\theta_0 \cdot d\varphi^2.$$

Wenn wir jetzt vergleichen mit dem früher erhaltenen Ausdruck für das Linienelement in Polarkoordinaten

$$ds^2 = dr^2 + r^2 \cdot d\varphi^2,$$

sehen wir, dass $d\varphi^2$ ersetzt wird durch $\sin^2\theta_0 \cdot d\varphi^2$. Wir werden gleich sehen, dass $\sin\theta_0 \cdot d\varphi$ nichts anderes ist als die Winkeländerung in der Abwicklung des Kegels. Dazu betrachten wir das folgende Bild:

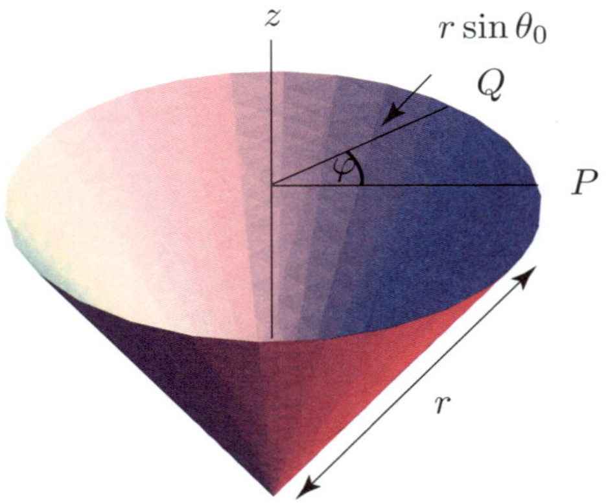

Abb. 6.43. Kegel mit Winkeln

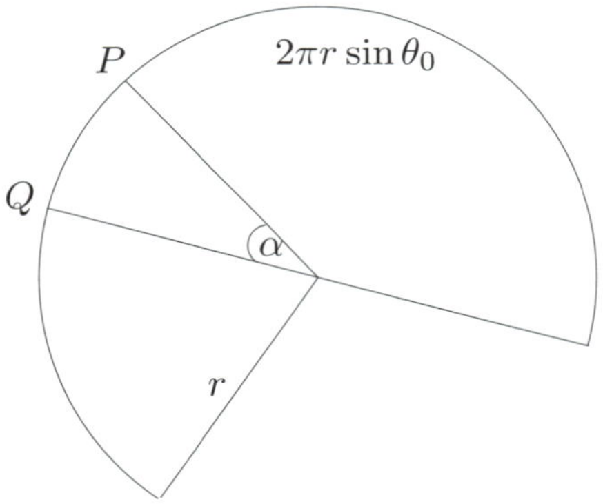

Abb. 6.44. Abwicklung eines Kegels

Die Abwicklung eines Kegels ist ein Kreissektor, wobei der Winkel φ in den Winkel $\alpha = \sin\theta_0\varphi$ übergeht. Das heisst aber nichts anderes als: Der Längenmessung auf der Kegeloberfläche

$$ds^2 = dr^2 + r^2\sin^2\theta_0 \cdot d\varphi^2$$

entspricht die Längenmessung

$$ds^2 = dr^2 + r^2 \cdot d\alpha^2$$

in der Abwicklung, oder noch kürzer formuliert:

Der Kegel lässt sich abwickeln.

Es ergibt sich hier die wichtige Frage: Welche Flächen sind abwickelbar? Eine praktische Formulierung ist auch die: Eine abwickelbare Fläche kann aus einem Stück Papier geformt werden. Die Frage nach der Abwickelbarkeit wird uns auf die Krümmungen einer Fläche führen, was im nächsten Abschnitt betrachtet wird. Zuerst schauen wir aber eine wichtige Anwendung an. Ein wichtiges Problem ist die Bestimmung der Kurven auf einer Fläche, die die kürzeste Verbindung zwischen zwei Punkten der Fläche angeben. Sie heissen *geodätische Linien.* Auf einer abwickelbaren Fläche ist die Lösung klar: Es sind die Kurven, die in der Abwicklung Geraden sind.

BEISPIEL: **Kegel**

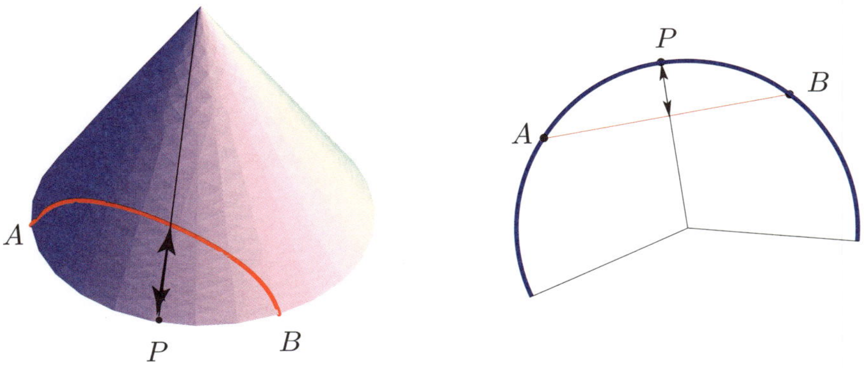

Abb. 6.45. Konstruktion der kürzesten Verbindung auf Kegeloberfläche

Ebenfalls einfach ist dasselbe Problem auf einer Pyramide, einem Quader oder einem Zylinder, die ja auch abwickelbar sind. Auf einer beliebigen Fläche ist es nicht mehr einfach: man braucht die sogenannte *Variationsrechnung,* und die führt auf Differentialgleichungen für die geodätischen Linien (engl. geodesics). Die Kugel ist nicht abwickelbar, wie wir sehen werden, aber die geodätischen Linien sind dort Grosskreise, d.h. Kreise, die den Kugelmittelpunkt als Zentrum haben.

3. Krümmung einer Flächenkurve

Wir haben im Kap. 2.10 schon die Krümmung einer ebenen Kurve C kennengelernt. Falls der Kurvenparameter t zugleich die Länge der Kurve ist, (von einem Anfangspunkt aus gemessen), so stellte es sich heraus, dass die Krümmung κ von C gegeben ist als $|\ddot{\vec{r}}|$, wo $\vec{r}(t)$ die Parameterdarstellung von C ist. Für eine Raumkurve definiert man den Krümmungsvektor demgemäss als $\ddot{\vec{r}}$, wobei also $t = s =$ Bogenlänge. Eine Flächenkurve ist ja zugleich eine Raumkurve und man definiert nun die

$$\boxed{\text{Normalschnittkrümmung } \kappa_n = \ddot{\vec{r}} \cdot \vec{n},}$$

wobei $\vec{n}$ die Einheitsnormale zur Fläche ist. Das Vorzeichen hängt von der Wahl der positiven Normalenrichtung ab. Die Normalschnittkrümmung in einem Punkt P der Fläche entspricht also der Krümmung der Kurve C, die man als Schnitt der Fläche S mit einer Normalebene N bekommt.

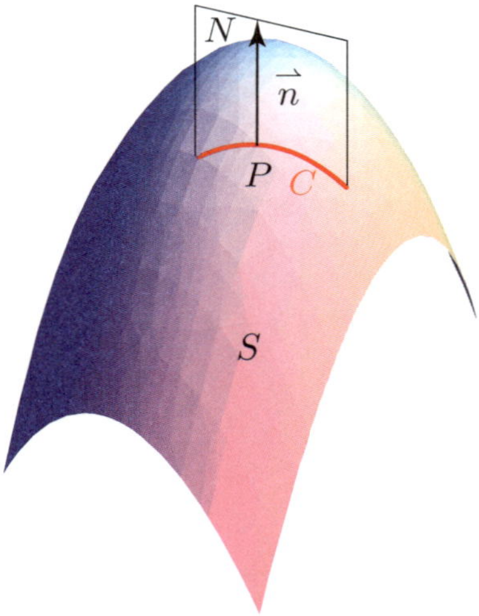

Abb. 6.46. Normalschnitt einer Fläche

Wenn nun die Fläche S gegeben ist durch $\vec{r} = \vec{r}(u, v)$ und die Kurve C durch $u = u(t)$ und $v = v(t)$, so ist also die Flächenkurve gegeben durch

$$\vec{r} = \vec{r}(u(t), v(t)).$$

Nach der Kettenregel ist dann

$$\ddot{\vec{r}} = \frac{d}{dt}(\vec{r}_u \cdot \dot{u} + \vec{r}_v \cdot \dot{v}) = \vec{r}_{uu}\dot{u}^2 + \vec{r}_{uv} \cdot \dot{u}\dot{v} + \vec{r}_{vv}\dot{v}^2 + \vec{r}_u\ddot{u} + \vec{r}_v\ddot{v}.$$

Jetzt bilden wir

$$\ddot{\vec{r}} \cdot \vec{n}$$

und beachten, dass $\vec{n}$ orthogonal ist zu den Tangentialvektoren $\vec{r}_u$ und $\vec{r}_v$. Damit folgt

$$\kappa_n = (\vec{r}_{uu} \cdot \vec{n})\dot{u}^2 + (\vec{r}_{uv} \cdot \vec{n})\dot{u}\dot{v} + (\vec{r}_{vv} \cdot \vec{n})\dot{v}^2.$$

Man definiert nun:

> 2. Fundamentalgrössen einer Fläche S:
>
> $L = \vec{r}_{uu} \cdot \vec{n},\ M = \vec{r}_{uv} \cdot \vec{n},\ N = \vec{r}_{vv} \cdot \vec{n}.$

Die gebräuchliche Abkürzung ist auch $h_{11} = L, h_{12} = h_{21} = M$ und $h_{22} = N$, und das Schema

$$\begin{pmatrix} h_{11} & h_{12} \\ h_{21} & h_{22} \end{pmatrix}$$

(Abkürzung: h_{ij}) wird der 2. Fundamentaltensor der Fläche genannt. Für die explizite Berechnung von h_{ij} benützen wir nun noch

(a)

$$\vec{n} = \frac{\vec{r}_u \times \vec{r}_v}{\left|\vec{r}_u \times \vec{r}_v\right|} \quad \text{und} \quad \left|\vec{r}_u \times \vec{r}_v\right| = \sqrt{EG - F^2} = \sqrt{\det(g_{ij})} =: \sqrt{g}$$

(übliche Abkürzung).

(b) Falls der Kurvenparameter t nicht die Bogenlänge s ist, benützen wir die Kettenregel:

$$\frac{du(t)}{ds} = \frac{du(t)}{ds}\frac{dt}{ds} = \frac{du(t)}{ds}\frac{1}{\frac{ds}{dt}}.$$

Weiter ist in Kurzschreibweise:

$$\left(\frac{ds}{dt}\right)^2 = g_{ij}\dot{u}_i\dot{u}_j.$$

Es sei nun $P = \vec{r}(u(t_0), v(t_0))$ der Flächenpunkt und $\vec{\tau} = (\dot{u}(t_0), \dot{v}(t_0))$. Wenn man alles einsetzt in der Formel für die Normalschnittkrümmung, ergibt sich:

$$\kappa_n = \frac{L\tau_1^2 + 2M\tau_1\tau_2 + M\tau_2^2}{E\tau_1^2 + 2F\tau_1\tau_2 + G\tau_2^2} = \frac{h_{ij}\tau_i\tau_j}{g_{ij}\tau_i\tau_j},$$

falls man beliebige Kurvenparameter benützt. Für $t = s$ ist der Nenner 1. Hierbei ist:

$$L = \frac{[\vec{r}_{uu}, \vec{r}_u, \vec{r}_v]}{\sqrt{g}}, \quad M = \frac{[\vec{r}_{uv}, \vec{r}_u, \vec{r}_v]}{\sqrt{g}}, \quad N = \frac{[\vec{r}_{vv}, \vec{r}_u, \vec{r}_v]}{\sqrt{g}}.$$

Nun kann man sich Folgendes fragen: Was sind die extremalen Werte von κ_n in einem festen Punkt P von S, wenn man die Normalebene N um die Normale $\vec{n}$ dreht? Das bedeutet, dass man nur die Werte von τ_1 und τ_2 ändert, die Grössen h_{ij} und g_{ij} bleiben fest. Diesen Typus von Extremalproblem haben wir aber in Kap. 5 schon behandelt und folgende Antwort erhalten: Die extremalen Werte κ_1, κ_2 von κ_n sind die Eigenwerte von h_{ij} bezüglich g_{ij}, d.h. die Lösungen der Gleichung $\det(h_{ij} - \kappa g_{ij}) = 0$. κ_1, κ_2 heissen die Hauptkrümmungen von S in P. Für eine grosse Zahl von Problemen sind aber nicht die Hauptkrümmungen selbst wichtig, sondern die zwei Grössen:

$$\begin{aligned} H &= \frac{1}{2}(\kappa_1 + \kappa_2) && \text{mittlere Krümmung,} \\ K_G &= \kappa_1 \cdot \kappa_2 && \text{Gauss'sche Krümmung.} \end{aligned}$$

Die Berechnung von H und K_G ist sehr elegant durchführbar, wenn man sich an den Satz von Vieta erinnert: sind x_1, x_2 die Lösungen der quadratischen Gleichung $x^2 + bx + c = 0$, so gilt $x_1 + x_2 = -b, x_1 \cdot x_2 = c$. Die Gleichung $\det(h_{ij} - \kappa g_{ij}) = 0$ ist quadratisch in κ. Wenn man dann den Satz von Vieta anwendet, findet man:

$$H = \frac{1}{2}\,\frac{-EN + 2FM - LG}{EG - F^2} \quad \text{und} \quad K_G = \frac{LN - M^2}{EG - F^2}.$$

Eine weitere, oft praktische Formel für H stammt von Bonnet:

$$H = \frac{1}{2}\operatorname{div}\vec{n}, \vec{n} = \text{Einheitsnormale zu } S.$$

BEISPIELE:

1. **Kugeloberfläche:** Für die Kugel gilt (überlegen Sie selbst):

$$\kappa_n = \kappa_1 = \kappa_2 = H = \frac{1}{R}, \; K_G = \frac{1}{R^2}.$$

2. **Fläche** $z = f(x,y)$: Hier ist die Normale, wie wir früher gefunden haben:

$$\vec{n} = \frac{(-f_x, -f_y, 1)}{\sqrt{1+|\nabla f|^2}},$$

und $g = \sqrt{1+|\nabla f|^2}$. Nach einiger Rechnung erhält man:

$$K_G = \frac{f_{xx}f_{yy} - f_{xy}^2}{\left(1+|\nabla f|^2\right)^2}, \quad H = \frac{\left(1+f_x^2\right)f_{yy} + \left(1+f_y^2\right)f_{xx} - 2f_xf_yf_{xy}}{2\left(1+|\nabla f|^2\right)^{3/2}}.$$

3. **Fläche** $F(x,y,z) = \text{const.}$: Man kann man wieder die Formel von Bonnet benützen für

$$\vec{n} = \frac{\nabla F}{\sqrt{|\nabla F|^2}}.$$

Die Rechnung wird besonders elegant, wenn man diesen Ausdruck in Kurzform als $n_i = \frac{F_{,i}}{\sqrt{F_{,j}F_{,j}}}$ schreibt. Dann ist nämlich:

$$H = \frac{1}{2}\operatorname{div}\vec{n} = \frac{1}{2}n_{i,i} = \frac{1}{2}\left(\frac{F_{,ii}}{\sqrt{F_{,j}F_{,j}}} - \frac{F_{,ij}F_{,i}F_{,j}}{\left(\sqrt{F_{,j}F_{,j}}\right)^3}\right)$$
$$= \frac{1}{2}\left(\frac{\Delta F}{|\nabla F|} - \frac{F_{,ij}F_{,i}F_{,j}}{|\nabla F|^3}\right).$$

Test: Für die Kugeloberfläche $F(x,y,z) = x^2+y^2+z^2 = R^2$: $\nabla F = 2(x,y,z)$, $|\nabla F| = 2R$, $\Delta F = 6$, $F_{,ij} = 0$ für $i \neq j$. Also:

$$H = \frac{1}{2}\left(\frac{6}{2R} - \frac{8x^2+8y^2+8z^2}{8R^3}\right) = \frac{1}{R}.$$

4. **Sattelfläche** $z = c + ax^2 - by^2$:

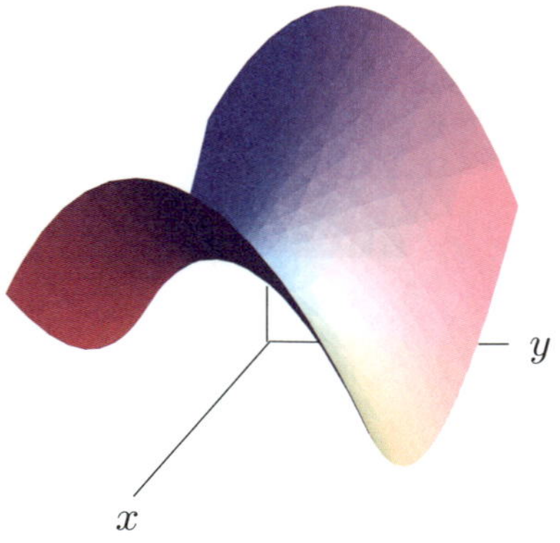

Abb. 6.47. Eine Sattelfläche

$P = (0, 0, c)$. Hier bekommt man durch Einsetzen in den Formeln von Beispiel (2) $K_G = -4ab$, $H = b - a$. ○

Die Frage der Abwickelbarkeit lässt sich nun beantworten. Es gilt nämlich:

Eine Fläche ist genau dann abwickelbar, wenn $K_G = 0$ überall.

Eine Kugel ist deshalb nicht abwickelbar, d.h. z.B., dass ein Fussball nicht aus endlich vielen Stücken zu einer genauen Kugel zusammengesetzt werden kann. Die Flächen mit veschwindender mittlerer Krümmung sind auch von grossem Interesse, aus folgendem Grund: wenn man die Fläche mit kleinstem Inhalt sucht, die eine gegebene Raumkurve enthält, findet man, wieder mit Hilfe der Variationsrechnung, dass $H = 0$ gelten muss. Diese Flächen heissen deshalb Minimalflächen. Sie sind sehr eingehend untersucht worden.

BEISPIELE:

1. **Katenoid:** – siehe Abb. 6.48:

$$\vec{r}(u, v) = (u \cdot \cos v, u \cdot \sin v, 1/c \cdot \operatorname{arcosh}(c \cdot v)),$$

hat überall mittlere Krümmung $H = 0$, wie man nachrechnen kann.

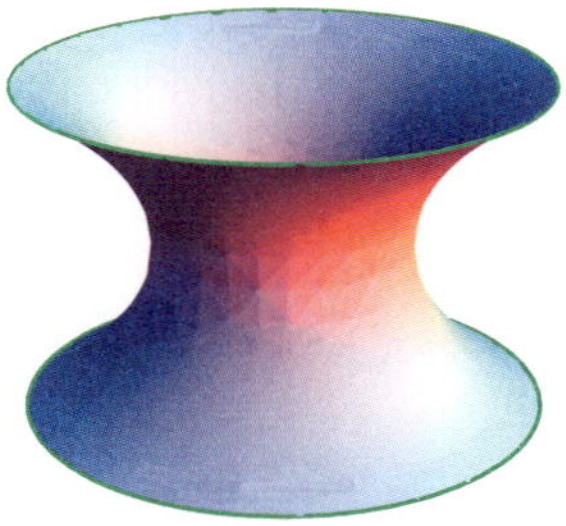

Abb. 6.48. Katenoid

2. **Schraubenfläche:** – siehe Abb. 6.49: Die Fläche, gegeben durch

$$\vec{r}(u, v) = (u \cdot \cos v, u \cdot \sin v, u),$$

hat ebenfalls überall $H = 0$.

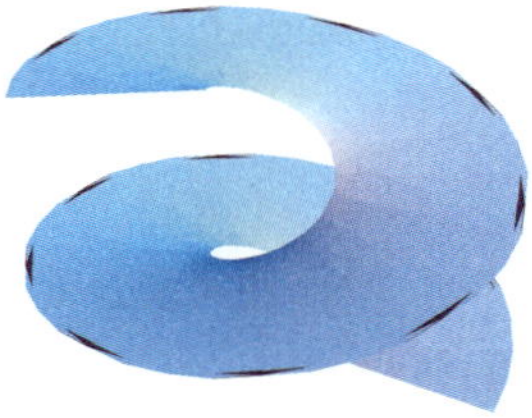

Abb. 6.49. Die Schraubenfläche

○

Ein physikalisches Beispiel einer Minimalfläche ist eine Seifenhaut, die durch einen Draht aufgespannt ist. Ein eng verwandtes Problem ist eine Seifenblase (oder auch Bierschaum), die irgendwo aufsitzt, und in welcher ein kleiner Überdruck herrscht. Dann ist $H = \text{const.} = c$, und c ist proportional dem Überdruck. Man sieht schon an diesen Beispielen, was für interessante Zusammenhänge es gibt zwischen geometrischen Fragestellungen und ihren physikalischen Realisierungen.

Von Interesse sind auch Flächen mit konstanter Gauss'scher Krümmung. Für $K_G = 0$ sind es ja die abwickelbaren Flächen.

Man kann zeigen, dass die Kugel die einzige endliche geschlossene Fläche ist, die eine positive konstante Gauss'sche Krümmung hat. Es gibt aber verschiedene Flächen mit negativer konstanter Gauss'scher Krümmung. Hier ist ein Beispiel – siehe Abb. 6.50:

$$\vec{r}(u, v) = (u \cdot \cos v, u \cdot \sin v, \operatorname{arcosh}(1/u) - \sqrt{1 - u^2}).$$

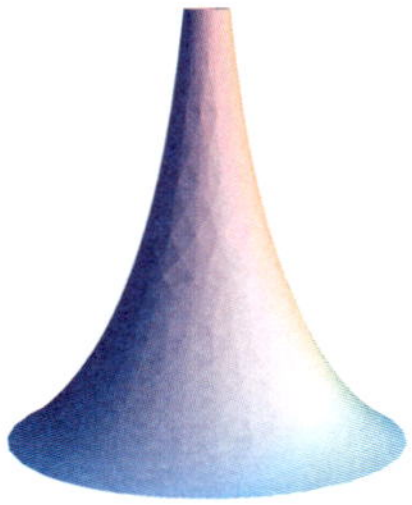

Abb. 6.50. Fläche mit negativer konstanter Gauss'scher Krümmung

Die Ausrechnung ergibt $K_G = -1$. Die Fläche entsteht durch Rotation der sogenannten Schleppkurve (Traktrix), die man auf folgende Art bekommt: der Punkt P bewegt sich entlang der x-Achse und zieht einen Faden der Länge L hinter sich her. Dann liegt der Punkt Q auf der Schleppkurve.

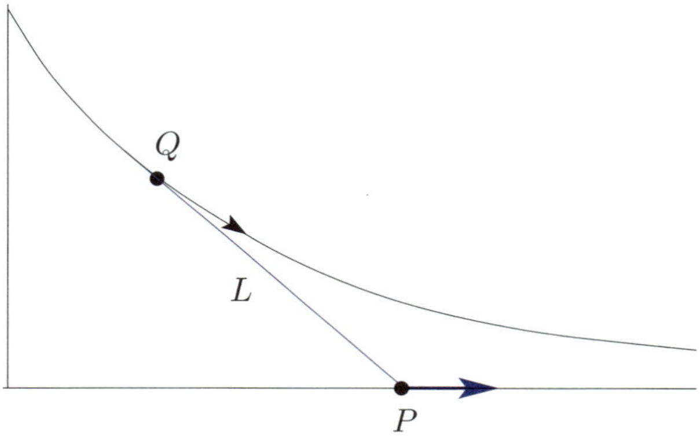

Abb. 6.51. Die Schleppkurve

Die Gleichung der Schleppkurve kann in der Form

$$x(y) = L \cdot \operatorname{arcosh}(L/y) - \sqrt{L^2 - y^2}$$

geschrieben werden.

6.8.1 Übungsaufgaben zu Kapitel 6.8

1. Wie lange ist der kürzeste Weg von A nach S in Abb. 6.52?

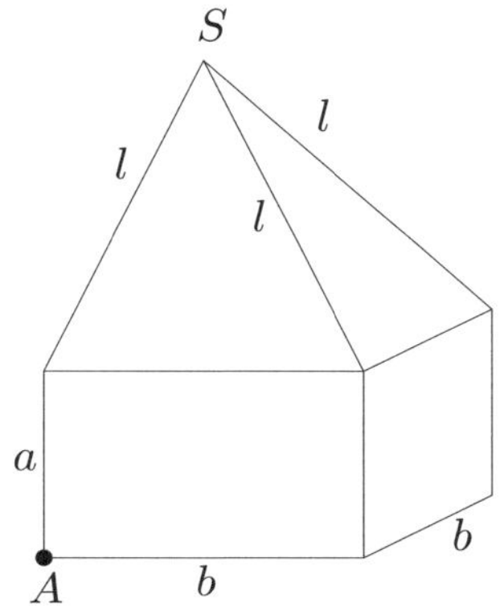

Abb. 6.52. Was ist der kürzeste Weg?

2. Berechnen Sie die mittlere Krümmung in den Scheiteln des Ellipsoides mit Halbachsen a, b und c.

3. Leiten Sie die Gleichung der Schleppkurve aus geometrischen Überlegungen durch eine Differentialgleichung her.

4. Zeigen Sie: die mittlere Krümmung H im gezeichneten Punkt P der Kegeloberfläche ist gegeben durch

$$H = \frac{r}{z \cdot s}.$$

5. Gegeben der Torus:

$$r(u, v) = ((R + r\cos(u)\cos(v)),\ (R + r\cos(u)\sin(v), r\sin(u)),$$

wobei $R > r > 0$.

Berechnen Sie:

(a) Das Oberflächenelement.

(b) Die Gauss'sche Krümmung K_G, die mittlere Krümmung H, sowie deren Extrema.

7 Partielle Differentialgleichungen

Partielle Differentialgleichungen bilden eines der weitläufigsten Forschungsgebiete der Mathematik heute, und das aus gutem Grunde: Sie beschreiben eine riesige Zahl von Vorgängen in Physik, Chemie, Biologie, Ingenieurwissenschaften und neue Anwendungen kommen fast jährlich dazu. Man kann eigentlich sagen, dass man einen Prozess dann genau verstehen kann, wenn man die richtigen Differentialgleichungen dazu angeben kann. Diese zu finden, kann enorm schwierig sein. So hat E. Schrödinger (1887–1961) für die nach ihm benannte Gleichung, die einen Eckstein der Quantenmechanik bildet, den Nobelpreis 1933 bekommen. Ein anderes wichtiges Beispiel sind die Navier-Stokes-Gleichungen, die in der Strömungslehre (z.B. Wetterprognose) eine zentrale Rolle spielen. Solche Gleichungen und namentlich ihre Lösungen zu studieren, kann enorm schwierig sein. So gibt es z.B. im Zusammenhang mit den Navier-Stokes-Gleichungen in drei Dimensionen immer noch grundlegende ungelöste Probleme. Für eines (Existenz und Eindeutigkeit der Lösung), ist ein Preisgeld von 1 Million Dollar ausgeschrieben, weil es seit Jahrzehnten von vielen Forschern untersucht worden, aber im Wesentlichen noch ungelöst ist.

Natürlich werden in diesem Kapitel keine solchen Probleme angegangen. Es werden nur die einfachsten linearen und explizit lösbaren Typen behandelt. Trotzdem enthalten die dabei verwendeten Methoden unverzichtbare Hilfsmittel, auch für schwierigere nicht-lineare Probleme.

7.1 Herleitung der Diffusionsgleichung

Diffusion ist ein Vermischungsprozess, der in der Natur fast überall eine Rolle spielt. In der Physik ist es mikroskopisch vor allem die Brown'sche Bewegung, die diesen Prozess beherrscht, aber es gibt auch viele andere, nicht physikalische Prozesse, bei denen Diffusion eine entscheidende Rolle spielt. Wir leiten die Diffusionsgleichung her für die Wärmeleitung, weil hier die grundlegenden Annahmen leicht zu verstehen sind.

Es war eine berühmte, preisgekrönte Arbeit (1807) von J. Fourier (1768–1837), die den nachfolgenden Ansatz zum ersten Mal anwendete.

Es sei G ein beliebiges Gebiet, in dem ein Wärmeleitungsprozess ablaufe. Sei $e(x, y, z, t)$ die Dichte der Wärmeenergie (Einheit $\frac{\mathrm{J}}{\mathrm{m}^3}$). So ist $W(t)$ die in G enthaltene Wärmemenge zur Zeit t gegeben durch

$$W(t) = \int_G e(x, y, z, t)\, dV$$

Wir wollen nun einen Zusammenhang erklären zwischen $e(x, y, z, t)$ und der Temperatur $u(x, y, z, t)$ an der Stelle $P = (x, y, z)$ zur Zeit t. Wir betrachten die folgende Grössen

- $c(x, y, z)\ \frac{\mathrm{J}}{\mathrm{g{\cdot}K}}$ ist die Wärmekapazität oder die spezifische Wärme, die angibt, wieviel Energie nötig ist, um 1 Kilogramm um 1 Grad Kelvin zu erwärmen.
- $\rho(x, y, z)\ \frac{\mathrm{g}}{\mathrm{m}^3}$ ist die Massendichte.

Nun gilt für ein kleines Teilgebiet ΔG von G folgende Beziehung (überprüfen Sie dies mit Hilfe der Einheiten):

$$e(x, y, z, t) \cdot \mu(\Delta G) \approx c(x, y, z) \cdot \rho(x, y, z) \cdot \mu(\Delta G) \cdot u(x, y, z, t)$$

wobei $\mu(\Delta G)$ das Volumen von ΔG bezeichnet und (x, y, z) ein Punkt in ΔG ist. In einem homogenen Medium können wir annehmen, dass $c(x, y, z)$ und $\rho(x, y, z)$ konstant sind; das Produkt $c(x, y, z) \cdot \rho(x, y, z)$ bezeichnen wir mit c. Wenn $\Delta G \to 0$, erhalten wir

$$e(x, y, z, t) = c \cdot u(x, y, z, t)$$

und somit

$$W(t) = c \int_G u(x, y, z, t) dV,$$

Wir betrachten nun die zeitliche Änderung von W. Es gilt zunächst, da G ein festes Gebiet ist:

$$\frac{dW}{dt} = c \int_G \partial_t u(x, y, z, t)\, dV.$$

Nun müssen wir andererseits angeben, was die Wärmeänderung in G bewirkt. Dafür seien nur zwei Prozesse verantwortlich:

1. **Wärmeabfluss durch den Rand von G:** Es sei $\overrightarrow{F}$ der Wärmefluss, d.h. die Wärmemenge, die pro Zeiteinheit durch eine Einheitsfläche senkrecht zu $\overrightarrow{F}$ fliesse (also $\frac{\mathrm{J}}{\mathrm{m}^2 \cdot \mathrm{s}}$).
   Der gesamte Fluss ist dann

   $$\int_{\partial G} \overrightarrow{F} \cdot \overrightarrow{n} \, dS,$$

   wobei $\overrightarrow{n}$ = Einheitsnormale nach aussen, dS = Oberflächenelement. Die Annahmen über $\overrightarrow{F}$ folgen nachher.

2. **Wärmequellen im Innern:** Es sei $\widehat{q}(x, y, z, t)$ die pro Zeiteinheit und Volumeneinheit produzierte Wärmemenge. Wenn wir beide Prozesse berücksichtigen, gilt also

   $$\frac{dW}{dt} = -\int_{\partial G} \overrightarrow{F} \cdot \overrightarrow{n} \, dS + \int_G \widehat{q}(x, y, z, t) \, dV.$$

Nun benützen wir den Satz von Gauss, um ein Integral umzuschreiben:

$$\int_{\partial G} \overrightarrow{F} \cdot \overrightarrow{n} \, dS = \int_G \operatorname{div} \overrightarrow{F} \, dV.$$

Dies erlaubt uns, das Ganze unter einem Integral zu schreiben:

$$\int_G (c \cdot \partial_t u(x, y, z, t) + \operatorname{div} \overrightarrow{F} - \hat{q}(x, y, z, t)\,) dV = 0.$$

Als nächsten Schritt wenden wir eine oft gemachte Überlegung an: Falls der Integrand stetig ist, was wir voraussetzen wollen, und das Gebiet G beliebig ist, dann kann die letzte Gleichung nur gelten, falls der Integrand verschwindet, d.h.:

$$c \cdot \partial_t u(x, y, z, t) + \operatorname{div} \overrightarrow{F} - \hat{q}(x, y, z, t) = 0.$$

Jetzt müssen noch Annahmen über den Flussvektor $\overrightarrow{F}$ gemacht werden. Hier werden folgende Annahmen getroffen:

- Wärme fliesst von der höheren zur tieferen Temperatur.
- Der Wärmefluss ist proportional dem Temperaturgefälle.

Diese Annahmen können in der Gleichung

$$\vec{F} = -Dc\nabla u$$

zusammengefasst werden. D heisst der Diffusionskoeffizient (für Temperatur), $[D] = \frac{\text{m}^2}{\text{s}}$, $[c] = \frac{\text{J}}{°C}$ sind die physikalischen Einheiten.

Wenn wir dies oben einsetzen, ergibt sich, wenn wir noch $\frac{\hat{q}(x,y,z,t)}{c}$ mit q abkürzen:

$$\partial_t u = D\Delta u + q\,.$$

Dies ist die partielle Differentialgleichung, die die Temperaturausbreitung in einem Wärmeleitprozess mit einer Wärmequelle beschreibt. Wichtig ist aber, dass diese Gleichung allgemein Diffusionprozesse beschreibt, also z.B. auch die Ausbreitung eines chemischen Stoffes in einem Gas oder einer Flüssigkeit.

BEMERKUNG:

Die experimentelle Bestimmung des Diffusionskoeffizienten ist kein einfaches Problem. Eine grosse Anzahl von Arbeiten hat sich mit diesem Problem befasst. In Handbüchern sind dann diese Werte nachzulesen. Folgende Richtwerte gelten (in $\frac{\text{m}^2}{\text{s}}$):

- Diffusion in Flüssigkeit $D \sim 10^{-9}$
- Diffusion in Gas $D \sim 10^{-7} - 10^{-5}$
- Diffusion in Festkörpern $D \sim 10^{-12} - 10^{-16}$

Wie wir schon bei gewöhnlichen Differentialgleichungen gesehen haben, ist die Lösung durch die Differentialgleichung allein noch nicht bestimmt, es braucht noch weitere Bedingungen. Im Folgenden werden die drei wichtigsten Typen von Randbedingungen angegeben.

7.1.1 Wärmebad

So bezeichnet man folgende Situation: ausserhalb des Gebietes G, in dem der Diffusionsprozess betrachtet wird, herrscht eine vorgegebene Temperatur, die ortsabhängig sein kann, aber unbeinflusst vom Temperaturfluss nach aussen. Das kann z.B. dadurch zustande kommen, dass ausserhalb eines Gebäudes ein Wind weht, der die austretende Wärme sofort abführt. Es gilt für P auf ∂G also:

$$u(x, y, z, t) = u_a(x, y, z, t), u_a = \text{Aussentemperatur.}$$

Dieser Typus von Randbedingung heisst Dirichlet-Randbedingung.
(P.G.L. Dirichlet, 1805–1856, deutscher Mathematiker)

7.1.2 Vorgegebener Fluss

Falls man den Fluss auf dem Rande vorgibt, bedeutet dies, dass

$$\vec{F} \cdot \vec{n} = -D\nabla u \cdot \vec{n}$$

gegeben ist. Man kürzt nun ab: $\nabla u \cdot \vec{n} = \frac{\partial u}{\partial n}$ ("Normalableitung"). Dann kann dieser Typus von Randbedingung geschrieben werden in der Form:

$$\frac{\partial u}{\partial n} = f(x, y, z, t), \; P \text{ auf } \partial G\,.$$

Dies wird Neumann-Randbedingung genannt.
(C.G. Neumann 1832–1925, deutscher Mathematiker)

7.1.3 Abstrahlung am Rand oder teilweise Isolation

Eine gewisse Zwischenstellung nimmt die dritte Art von Randbedingung ein: Man nimmt an, dass eine isolierende Wand zwischen dem Innern von G und der Aussenwelt ist. Der Wärmeabfluss sei dann proportional zu der Differenz der Temperatur auf der Innenseite der Wand und auf der Aussenseite. Das führt zur Bedingung:

$$\frac{\partial u}{\partial n} = k(u_a - u),$$

genannt Robin-Randbedingung. Der Wert von k beschreibt die Güte der Isolation:

- $k = 0$: vollständige Isolation
- $k = \infty$: keine Isolation $\rightarrow$ Dirichlet-Randbedingung

Ziel ist es, das allgemeine Diffusionsproblem zu lösen, doch auf dem Weg zur Lösung spielt ein Hilfsproblem eine zentrale Rolle. Dieses Problem taucht aber in einem ganz anderen physikalischen Zusammenhang auf: Schwingungen (Luft, Trommelfell, etc.). Dieses Eigenwertproblem muss zuerst behandelt werden, und die Anwendungen folgen dann nachher.

7.2 Eigenwertprobleme

Die hier behandelten Probleme dienen vor allem den späteren Abschnitten, sie sind aber auch selbst von grossem Interesse aus vielerlei Gründen. Dasselbe Problem ist von Bedeutung im Zusammenhang mit Schwingungen von einem Trommelfell (Membran genannt), Luft (Schall), elektrische Felder und vielen anderen Realisierungen. Die Herleitung der Differentialgleichung setzt für das Trommelfell wieder die Kenntnis der Variationsrechnung voraus, weshalb wir uns hier auf die Aufzählung der Annahmen beschränken, die zur Herleitung benützt werden. Ein Trommelfell sei auf dem Rand eines ebenen Gebietes G befestigt und $u(x,y)$ sei die Auslenkung an der Stelle (x,y). Dann werden folgende Annahmen gemacht:

1. Die Auslenkungen $u(x,y)$ sind klein.
2. Auch $|\nabla u|$ ist klein.
3. Die rücktreibende Kraft in die Ruhelage $u=0$ stammt von der Vergrösserung der Oberfläche.
4. Die Membran führt eine zeitlich periodische Bewegung der Form $u(x,y)\cdot\sin\omega t$ aus, wobei die Frequenz ω zu bestimmen ist.

Dann kann man zeigen, dass folgende Differentialgleichung erfüllt ist:

$$\Delta u+\lambda u=0 \text{ in } G,$$

und wenn das Trommelfell auf dem Rand eingespannt ist, muss gelten:

$$u=0 \text{ auf } \partial G.$$

Hierbei ist ω^2 proportional zum Eigenwert λ, der zusammen mit $u(x,y)$ bestimmt werden muss, wie schon im eindimensionalen Fall der schwingenden Saite, was ja in Kap. 4.2 schon behandelt wurde.

Wir betrachten zuerst allgemeine Eigenschaften der Lösungen, die dann später eine wichtige Rolle spielen werden und die für beliebiges Grundgebiet G gelten. Dazu sind nützlich zuerst:

7.2.1 Green'sche Identitäten

Wir gehen aus vom Satz von Gauss:

$$\int_G \operatorname{div}\vec{v}\,dx=\oint_{\partial G}\vec{v}\cdot\vec{n}\,ds,$$

dx = Volumen oder Flächenelement, ds = Bogen- oder Oberflächenelement. Jetzt wählen wir $\vec{v} = f\nabla g$ (f, g Ortsfunktionen). Dann ist, wie man durch Ausrechnen verifiziert:

$$\operatorname{div}(f\nabla g) = f\Delta g + \nabla f \cdot \nabla g$$

und

$$\vec{v} \cdot \vec{n} = f\frac{\partial g}{\partial n},$$

der Satz von Gauss führt zur 1. Green'schen Identität:

$$\int_G \nabla f \cdot \nabla g \, dx = -\int_G f\Delta g \, dx + \oint_{\partial G} f\frac{\partial g}{\partial n} \, ds\,. \tag{7.2}$$

Jetzt kann man noch f und g vertauschen. Dann ergibt sich durch Subtraktion die 2. Green'sche Identität

$$\int_G (f\Delta g - g\Delta f) \, dx = \oint_{\partial G} \left(f\frac{\partial g}{\partial n} - g\frac{\partial f}{\partial n} \right) ds. \tag{7.3}$$

7.2.2 Grundtatsachen bei Eigenwertproblemen

Wir betrachten die obige Differentialgleichung

$$\Delta u + \lambda u = 0 \text{ in } G$$

mit drei möglichen Randbedingungen:

(a) Homogene Dirichlet-Randbedingung $u = 0$ auf ∂G.

(b) Homogene Neumann-Randbedingung $\frac{\partial u}{\partial n} = 0$ auf ∂G.

(c) Homogene Robin-Randbedingung $\frac{\partial u}{\partial n} + ku = 0$ auf ∂G, $k > 0$.

Der Randbedingung b) entspricht bei der schwingenden Membran die Situation, dass der Rand frei beweglich ist, während bei der Randbedingung c) eine elastische Bindung besteht (Trampolin).

Als eine erste allgemeine Folgerung aus der Differentialgleichung und den Randbedingungen ergibt sich:

Die Eigenwerte sind positiv.

Beweis. Wir multiplizieren die Differentialgleichung mit u und integrieren:

$$\int_G u(\Delta u + \lambda u)\,dx = 0 = \lambda \int_G u^2\,dx - \int_G |\nabla u|^2\,dx + \oint_{\partial G} u\frac{\partial u}{\partial n}\,ds = 0$$

(setze $f = g = u$ in der 1. Green'schen Identität). Das dritte Integral verschwindet für die Randbedingungen a), b), und im Fall c) ist es

$$-k \oint_{\partial G} u^2\,ds.$$

Somit folgt in allen Fällen $\lambda \geq 0$, wobei wir sehen werden, dass "$= 0$" nur im Fall b) möglich ist. □

Ein Konzept, das auch auf Funktionen übertragen wird, ist die Orthogonalität. Zwei Vektoren mit Komponenten a_i, b_i heissen ja orthogonal, falls das Skalarprodukt

$$\sum_{i=1}^{n} a_i b_i = 0.$$

In Analogie dazu nennt man zwei Funktionen f, g orthogonal, falls

$$\int_G f g\,dx = 0.$$

BEISPIEL:

Prüfen Sie selbst nach, dass z.B. $f(x) = x$, $g(x) = x^2$ auf einem Intervall $(-L, L)$ orthogonal sind. ○

Es gilt nun der folgende Satz:

Satz. *Die Eigenfunktionen sind orthogonal zueinander.*

Beweis. Wir werden noch in Beispielen sehen, dass es unendlich viele Eigenfunktionen und Eigenwerte gibt. Wir nehmen nun an, dass u_k und u_l Eigenfunktionen zu zwei verschiedenen Eigenwerten λ_k und λ_l seien. Dann gilt also

$$\Delta u_k + \lambda_k u_k = 0 \text{ und } \Delta u_l + \lambda_l u_l = 0 \text{ in } G.$$

Wir multiplizieren die erste Gleichung mit u_l und die zweite mit u_k, integrieren über G und subtrahieren:

$$\int_G (u_l \Delta u_k - u_k \Delta u_l)\,dx = (\lambda_l - \lambda_k) \int_G u_k u_l\,dx.$$

Auf das Integral rechts wenden wir die 2. Green'sche Identität an:

$$(\lambda_l - \lambda_k) \int_G u_k u_l \, dx = \oint_{\partial G} \left(u_l \frac{\partial u_k}{\partial n} - u_k \frac{\partial u_l}{\partial n} \right) ds.$$

Das Randintegral ist offensichtlich Null für die Randbedingungen a), b), aber auch im Fall c) folgt es sofort durch Einsetzen der Randbedingung. Also gilt

$$\int_G u_k u_l \, dx = 0,$$

falls $\lambda_k \neq \lambda_l$. □

Wir werden in Beispielen sehen, dass es zu einem Eigenwert mehrere Eigenfunktionen geben kann. Das trifft zu, wenn das Gebiet geometrische Symmetrien aufweist (z.B. Achsen). Also müssen wir noch den Fall eines mehrfachen Eigenwertes diskutieren. Wir nehmen also an, dass zum Eigenwert λ $p+1$ linear unabhängige Eigenfunktionen u_i existieren. Wie bei Vektoren heisst das auch bei Funktionen definitionsgemäss, dass

$$\sum_{i=k}^{p} c_i u_i = 0$$

(in jedem Punkt von G) für Konstante c_i, nur wenn alle $c_i = 0$. Weiter gilt: falls alle u_i, $i = k$ bis $k + p$ Eigenfunktionen zum Eigenwert λ sind, so ist auch jede Linearkombination

$$v_j = \sum_{i=k}^{p} c_{ij} u_i$$

wieder Eigenfunktion zu λ (zeigen Sie selbst durch Einsetzen!). Jetzt kann man wegen der linearen Unabhängigkeit, wie bei Vektoren, die c_{ij} so wählen, dass die v_j orthogonal zueinander sind. Als letzten Punkt kann man die Eigenfunktionen noch normieren: da mit u auch $c \cdot u$ eine Eigenfunktion ist, kann man die Konstante $c > 0$ stets so wählen, dass

$$||c \cdot u|| := c\sqrt{\int_G u^2 \, dx} = 1.$$

c heisst dann Normierungsfaktor, $\sqrt{\int_G u^2 \, dx}$ heisst dann die "Norm" von u (geschrieben $||u||$). Das wird später dann gebraucht. Nach diesem etwas abstrakten Teil gehen wir zur eigentlichen Berechnung der Eigenwerte und Eigenfunktionen über.

7.2.3 Explizite Lösungen

Wir betrachten zuerst verschiedene, geometrisch etwas unterschiedliche Situationen.

1. G = Rechteck, Quader:

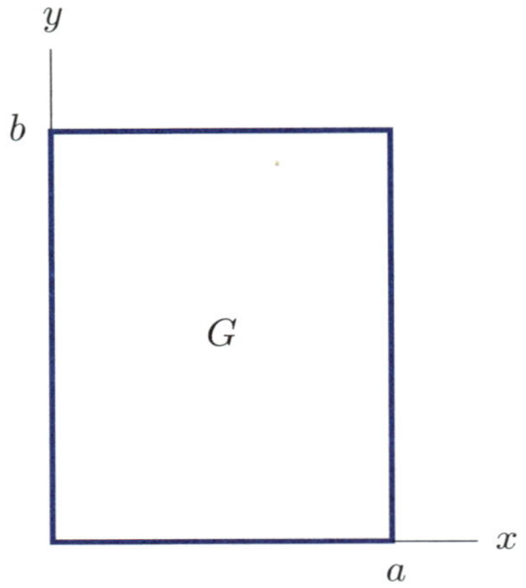

Abb. 7.1. Das Gebiet ist ein Rechteck

Wir machen für die Lösung $u(x, y)$ den Produktansatz ("Separation der Variablen") $u(x, y) = X(x) \cdot Y(y)$. Die Ableitungen nach der Variablen bezeichnen wir mit einem Strich und setzen in der Differentialgleichung ein:

$$X'' \cdot Y + X \cdot Y'' + \lambda XY = 0.$$

Wir dividieren durch $X \cdot Y$ und schreiben um:

$$\frac{X''}{X} + \frac{Y''}{Y} + \lambda = 0.$$

Jetzt muss man beachten, dass der eine Bruch nur von x abhängt und der andere nur von y. Beide addiert müssen aber für alle Werte von x und y eine Konstante ergeben. Das ist nur möglich, falls

$$\frac{X''}{X} = \text{const.} = -\mu^2 \text{ und } \frac{Y''}{Y} = \text{const.} = -\nu^2.$$

Dass man die Konstanten so wählt, rechtfertigt sich nachher. Also muss gelten:

$$X'' + \mu^2 X = 0 \quad \text{und} \quad Y'' + \nu^2 Y = 0.$$

Diese Gleichungen kennen wir aber schon aus Kap. 4.2: Schwingende Saite. Für Dirichlet-Randbedingungen haben wir also die Lösungen

$$X_k(x) = \sin\left(\frac{k\pi}{a}x\right), \; \mu_k = \left(\frac{k\pi}{a}\right)^2$$

$$Y_l(y) = \sin\left(\frac{l\pi}{b}y\right), \quad \nu_l = \left(\frac{l\pi}{b}\right)^2.$$

Die entsprechende Eigenfunktion ist also demgemäss

$$u_{kl}(x,y) = \sin\left(\frac{k\pi}{a}x\right) \cdot \sin\left(\frac{l\pi}{b}y\right), k, l = 1, 2, 3\ldots,$$

und der Eigenwert ist

$$\lambda_{kl} = \left(\frac{k\pi}{a}\right)^2 + \left(\frac{l\pi}{b}\right)^2.$$

Die Eigenwerte werden meistens der Grösse nach geordnet. Also ist z.B.

$$\lambda_1 = \lambda_{11} = \pi^2\left(\left(\frac{1}{a}\right)^2 + \left(\frac{1}{b}\right)^2\right),$$

$$\lambda_2 = \lambda_{21} = \pi^2\left(\left(\frac{2}{a}\right)^2 + \left(\frac{1}{b}\right)^2\right),$$

falls $a > b$. Hier sind Bilder von ein paar Eigenfunktionen:

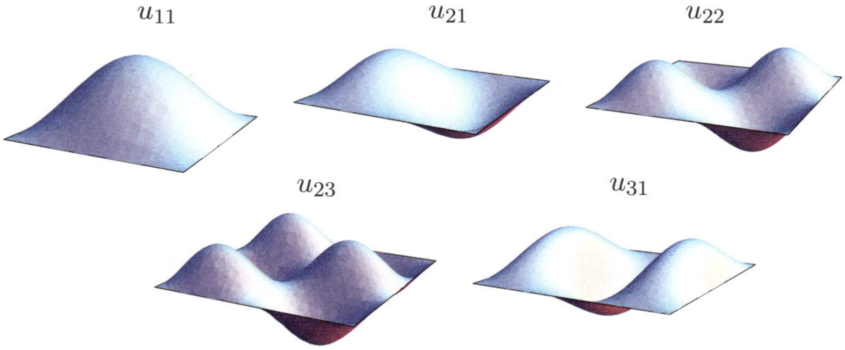

Abb. 7.2. Eigenfunktionen des Rechtecks

BEMERKUNGEN:

- Beim Quadrat mit Seitenlänge a gilt

$$\lambda_{kl} = \left(\frac{\pi}{a}\right)^2 (k^2 + l^2).$$

Also gilt $\lambda_{kl} = \lambda_{lk}$, aber die entsprechenden Eigenfunktionen $u_{kl} = u_{lk}$ sind verschieden, d.h. diese Eigenwerte sind zweifach.

- Die Eigenfunktionen für ein gegebenes Gebiet hängen vom gewählten Koordinatensystem ab, die Eigenwerte hingegen nicht.

- Für das Rechteck $(0,a)\times(0,b)$ mit (homogenen) Neumann-Randbedingungen findet man mit derselben Methode:

$$\lambda_{kl} = \left(\frac{k\pi}{a}\right)^2 + \left(\frac{l\pi}{b}\right)^2, \quad k,l = 0,1,2,3\dots .$$

$$u_{kl}(x,y) = \cos\left(\frac{k\pi}{a}x\right) \cdot \cos\left(\frac{l\pi}{b}y\right).$$

Hier ist $\lambda_1 = \lambda_{00} = 0$ und $u_1 = \text{const.}$

Für einen Quader $(0,a)\times(0,b)\times(0,c)$ findet man für Dirichlet-Randbedingungen völlig analog:

$$u_{klm}(x,y,z) = \sin\left(\frac{k\pi}{a}x\right)\sin\left(\frac{l\pi}{b}y\right)\sin\left(\frac{m\pi}{c}z\right), \quad k,l,m = 1,2,3\dots ,$$

$$\lambda_{klm} = \left(\frac{k\pi}{a}\right)^2 + \left(\frac{l\pi}{b}\right)^2 + \left(\frac{m\pi}{c}\right)^2.$$

Die Normierung ist auch einfach: Es gilt:

$$\int_0^a \sin^2\left(\frac{k\pi}{a}\right) dx = \frac{a}{2}.$$

Also sind die normierten Eigenfunktionen beim Rechteck

$$u_{kl}(x,y) = \frac{2}{\sqrt{ab}} \sin\left(\frac{k\pi}{a}x\right) \cdot \sin\left(\frac{l\pi}{b}y\right)$$

und beim Quader

$$u_{klm}(x,y,z) = \frac{2\sqrt{2}}{\sqrt{abc}} \sin\left(\frac{k\pi}{a}x\right) \sin\left(\frac{l\pi}{b}y\right) \sin\left(\frac{m\pi}{c}z\right).$$

2. $G =$ Kreis:

Natürlich sucht man die Lösung in diesem Falle in Polarkoordinaten. Jetzt können wir Gebrauch machen von dem in Kap. 5.4 berechneten Ausdruck für den Laplaceoperator in Polarkoordinaten:

$$\Delta u = u_{rr} + \frac{1}{r}u_r + \frac{1}{r^2}u_{\varphi\varphi}.$$

Man macht wieder den Ansatz durch Variablenseparation $u(r,\varphi) = R(r) \cdot \Phi(\varphi)$. Einsetzen in der Differentialgleichung und Division durch $R \cdot \Phi$ ergibt

$$\frac{R'' + \frac{1}{r}R'}{R} + \frac{1}{r^2}\frac{\Phi''}{\Phi} + \lambda = 0.$$

Damit diese Gleichung für beliebige r und φ gilt, muss zunächst

$$\frac{\Phi''}{\Phi} = \text{const.} = c$$

sein. Dann muss weiter Φ eine periodische Funktion von φ sein, damit die Lösung für den Kreis sinnvoll ist. Damit bleibt nur

$$\Phi(\varphi) = a\cos(n\varphi) + b\sin(n\varphi),$$

d.h. $c = -n^2$, $n = 0, 1, 2, 3 \ldots$. Nun können wir auch $R(r)$ bestimmen:

$$\frac{R'' + \frac{1}{r}R'}{R} - \frac{n^2}{r^2} + \lambda = 0,$$

oder umgeschrieben:

$$R'' + \frac{1}{r}R' + \left(\lambda - \frac{n^2}{r^2}\right)R = 0.$$

Es ist zweckmässig, noch eine neue, "gestreckte Variable" $s = \sqrt{\lambda}r$ einzuführen. Dabei ist zu beachten, dass nach der Kettenregel Ableitungen nach r zu ersetzen sind durch Ableitungen nach s:

$$\frac{d}{dr} = \frac{ds}{dr} \cdot \frac{d}{ds} = \sqrt{\lambda}\frac{d}{ds}.$$

Man multipliziert nun die ganze Gleichung mit r^2, ersetzt r durch $\frac{s}{\sqrt{\lambda}}$ und schreibt einen Strich jetzt für die Ableitung nach s. Damit findet man folgende Differentialgleichung, die sogenannte Bessel'sche Differentialgleichung:

$$s^2 R'' + sR' + (s^2 - n^2)R = 0.$$

BEMERKUNG:

Die nach dem Zeitgenossen von Gauss, F.W. Bessel (1784–1846), benannte Differentialgleichung wurde schon von Johann und Jakob Bernoulli in anderem Zusammenhang um 1698 studiert.

Die Lösung der Bessel'schen Differentialgleichung kann nicht durch die bis jetzt für uns bekannten Funktionen ausgedrückt werden. Man muss hier die Lösung in Form einer Potenzreihe suchen, und zwar macht man den Ansatz:

$$R(s) = s^p \sum_{k=0}^{\infty} c_k s^k.$$

Hier sind die Potenz p und die Koeffizienten c_k zu bestimmen. Das Vorgehen ist dabei so, dass man die Potenzreihe in der Differentialgleichung einsetzt und gliedweise differenziert. Wichtig ist hier Satz 2 aus Kap. 2.12, das Prinzip des Koeffizientenvergleichs: Zwei Potenzreihen $\sum_{k=0}^{\infty} a_k s^k$ und $\sum_{k=0}^{\infty} b_k s^k$ stimmen genau dann in ihrem Konvergenzintervall überein, wenn $a_k = b_k$ für alle k. Jetzt sucht man alle Terme, die beim Einsetzen in der Differentialgleichung die selbe Potenz $k + p$ von s liefern. Das ergibt die Rekursionsformel

$$(p + k) \cdot (p + k - 1) \cdot c_k + (p + k) \cdot c_k + c_{k-2} - n^2 c_k =$$
$$\left((p + k)^2 - n^2\right) c_k + c_{k-2} = 0.$$

Wir starten mit $k = 0$. Hier gibt die Rekursion $p^2 - n^2 = 0$, denn $c_{-2} = 0$ kommt gar nicht vor. Das ergibt aber $p = \pm n$. Wir wählen $p = n$. Wenn man die Rekursion noch umschreibt in

$$c_k = \frac{1}{(n + k)^2 - n^2} c_{k-2} = \frac{-1}{k(2n + k)} c_{k-2},$$

folgt nun, da $c_{-1} = 0$, dass nur die geraden Potenzen von k vorkommen. Als Nächstes nützen wir aus, dass die Differentialgleichung linear ist: das zieht nach sich, dass mit einer Lösung auch ein konstantes Vielfaches eine

Lösung ist. Wir können deshalb c_0 frei wählen. Man wählt $c_0 = \frac{1}{2^n n!}$. Aus der Rekursion folgt im nächsten Schritt:

$$c_2 = \frac{-1}{2(2n+2)}\, c_0 = \frac{-1}{2(2n+2)}\, \frac{1}{2^n n!},$$

dann weiter:

$$c_4 = \frac{1}{2^n n!}\, \frac{1}{2(2n+2)}\, \frac{1}{4(2n+4)}$$

und man kann das allgemeine Bildungsgesetz nach ein paar Schritten erkennen. Man findet dann, dass

$$\boxed{R(s) = \sum_{k=0}^{\infty} \frac{(-1)^k}{(n+k)!n!} \left(\frac{s}{2}\right)^{2k+n} = J_n(s),}$$

und man nennt $J_n(s)$ die n-te Besselfunktion.

BEMERKUNG:

Für die Wahl $p = -n$ bekommt man keine neue Lösung der Bessel'schen Differentialgleichung. Es gibt aber eine zweite Lösung, bezeichnet $Y_n(s)$, die man mit einer anderen Methode bekommen kann. Diese Lösung hat eine Singularität bei $s = 0$. Hier sind die Bilder der ersten vier Besselfunktionen J_n:

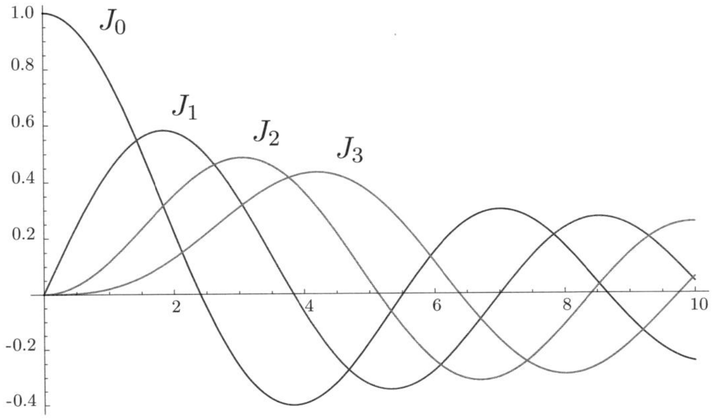

Abb. 7.3. Die ersten vier Besselfunktionen

Man kann zeigen:

- Die Besselfunktionen haben unendlich viele Nullstellen.
- Die Besselfunktionen haben keine gemeinsamen Nullstellen.
- Die erste Nullstelle von J_{n+1} ist rechts von der ersten Nullstelle von J_n.

Die k-te Nullstelle von J_n wird meistens mit j_n^k bezeichnet. Damit können wir nun endlich die Eigenfunktionen und Eigenwerte des Kreises mit Radius R angeben: Es gilt:

$$u_{nk}(r,\varphi) = J_n\left(j_n^{(k)}\frac{r}{R}\right)(a\cdot\cos(n\varphi) + b\cdot\sin(n\varphi))$$
$$\lambda_{nk} = \left(\frac{j_n^{(k)}}{R}\right)^2.$$

Kontrolle: Da $s = \sqrt{\lambda}r$ ist für $\lambda = (\frac{j_n^{(k)}}{R})^2$, dann:

$$u_{nk}(R,\varphi) = J_n(j_n^{(k)})(a\cdot\cos(n\varphi) + b\cdot\sin(n\varphi)) = 0.$$

Wichtig ist für viele Probleme der erste Eigenwert

$$\lambda_1 \simeq \frac{5.78}{R^2}.$$

Die $j_n^{(k)}$ können z.B. in *Mathematica* direkt abgerufen werden: BesselJ-Zero[n,k]. Hier sind die Bilder von vier Eigenfunktionen für den Kreis (Dirichlet-Randbedingungen).

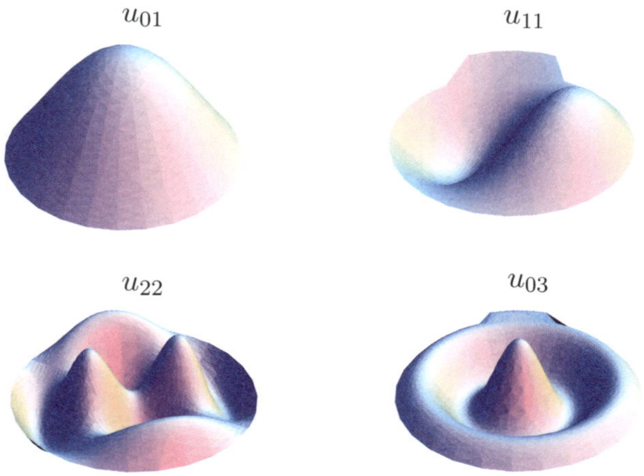

Abb. 7.4. Vier Eigenfunktionen für den Kreis

Bei Neumann-Randbedingungen verlangt man

$$\frac{\partial u}{\partial n} = \left.\frac{\partial u}{\partial r}\right|_{r=R} = 0,$$

d.h. $J_n'(\sqrt{\lambda}R) = 0$. In diesem Fall muss bei $\sqrt{\lambda}R$ ein Maximum oder Minimum von $J_n(s)$ sein.

Ebenfalls mit Besselfunktionen lösbar sind die Fälle, bei denen das Grundgebiet G ein Kreissektor oder Kreisringsektor ist.

3. $G =$ Kreiszylinder:

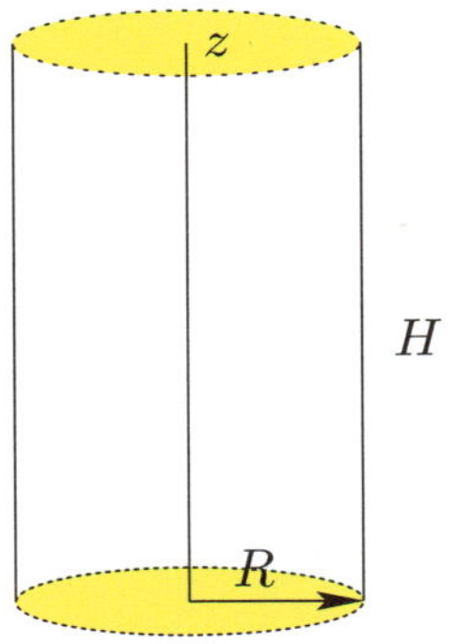

Abb. 7.5. Kreiszylinder

Hier schreiben wir die Gleichung in Zylinderkoordinaten als

$$u_{rr} + \frac{1}{r}u_r + \frac{1}{r^2}u_{\varphi\varphi} + u_{zz} + \lambda u = 0,$$

und der Ansatz lautet entsprechend:

$$u(r, \varphi, z) = R(r)\Phi(\varphi)Z(z).$$

In der Differentialgleichung eingesetzt, folgt nach dem gleichen Muster wie vorher:

$$\frac{R'' + \frac{1}{r}R'}{R} + \frac{1}{r^2}\frac{\Phi''}{\Phi} + \frac{Z''}{Z} + \lambda = 0\,.$$

Es kommt also nur der Anteil der z-Richtung dazu, und dieser entspricht wieder einer Saitengleichung. Wenn wir z.B auf der ganzen Zylinderoberfläche homogene Dirichletbedingungen verlangen, bekommen wir

$$u_{nkl}(r,\varphi,z) = J_n\left(j_n^{(k)}\frac{r}{R}\right)(a\cdot\cos(n\varphi)+b\cdot\sin(n\varphi))\sin\left(\frac{l\pi z}{H}\right)$$

$$\lambda_{nkl} = \left(\frac{j_n^{(k)}}{R}\right)^2 + \left(\frac{l\pi}{H}\right)^2.$$

4. $G =$ Kugel (radialsymmetrische Lösungen):

Eine analoge Rechnung, wie sie in Kap. 5.4 für Polarkoordinaten durchgeführt wurde, ergibt im Falle von Kugelkoordinaten

$$\Delta u = u_{rr} + \frac{2}{r}u_r + \text{Ableitungen nach } \theta, \varphi.$$

Wir beschränken uns der Einfachheit halber auf den einfachen, aber trotzdem häufig vorkommenden Fall einer radialsymmetrischen Lösung $u = u(r)$. Wir schreiben Striche für die Ableitungen und haben dann zu lösen:

$$u'' + \frac{2}{r}u' + \lambda u = 0.$$

Man kann noch verifizieren, dass gilt:

$$u'' + \frac{2}{r}u' = \frac{1}{r^2}\left(r^2u'\right)'.$$

Wir machen den Ansatz:

$$u(r) = \frac{v(r)}{r}.$$

Dann ist

$$u' = \frac{v'}{r} - \frac{v}{r^2}$$

und

$$\frac{1}{r^2}\left(r^2\left(\frac{v'}{r} - \frac{v}{r^2}\right)\right)' = \frac{1}{r^2}\left(rv' - v\right)' = \frac{1}{r}v'',$$

und eingesetzt in der Differentialgleichung folgt

$$v'' + \lambda v = 0,$$

d.h. $v(r) = a\sin(\sqrt{\lambda}r) + b\cos(\sqrt{\lambda}r)$ und demnach

$$u(r) = \frac{1}{r}(a\sin(\sqrt{\lambda}r) + b\cos(\sqrt{\lambda}r)).$$

Jetzt muss man also noch die vorgegebenen Randbedingungen erfüllen. Bei der Kugel kommt neu als Bedingung dazu, dass die Lösung für $r = 0$ endlich bleibt. Damit ist der Kosinusterm ausgeschlossen und es bleibt nur der Sinusterm. Am einfachsten sind wieder Dirichlet-Randbedingungen für $r = R$. Dann hat man:

$$u_k(r) = \frac{1}{r}\sin\left(\frac{k\pi}{R}r\right), \ \lambda_k = \left(\frac{k\pi}{R}\right)^2.$$

Für eine normierte Lösung muss man erfüllen, dass

$$c \cdot 4\pi \int_0^R \left(\frac{1}{r}\sin(\frac{k\pi}{R}r)\right)^2 r^2\,dr = 1.$$

Aber:

$$\int_0^R \left(\sin\left(\frac{k\pi}{R}r\right)\right)^2 dr = \frac{R}{2},$$

also ist die normierte Eigenfunktion

$$\frac{1}{\sqrt{2\pi R}}\,\frac{1}{r}\sin\left(\frac{k\pi}{R}r\right).$$

○

7.2.4 Übungsaufgaben zu Kapitel 7.2

1. **Normierungsfaktor**

   Man berechne den Normierungsfaktor bei Robin-Randbedingungen:

$$u'' + \lambda u = 0 \text{ in } (0, L)$$
$$u'(0) = 0, \ u'(L) + \alpha u(L) = 0.$$

2. **Eigenwert für Kugel, Robin-Randbedingungen**

   Gesucht ist der erste Eigenwert von

$$\frac{1}{r^2}\left(r^2u'\right)' + \lambda u = 0 \text{ in } (0, R) u(0) \text{ endlich}, \ u'(R) + \alpha u(R) = 0.$$

3. Es sei G ein rechtwinkliges, gleichschenkliges Dreieck (halbes Quadrat Q). Man zeige: (Im Fall der Dirichlet-Randbedingung) Der erste Eigenwert von G ist gleich dem zweiten Eigenwert von Q.

   Hinweis:

   Die erste Eigenfunktion von G ist die Differenz der zweiten Eigenfunktionen von Q.

4. **Gleichseitiges Dreieck**

   Man zeige:

   (a) Die Funktion $u(x,y) = \sin(2y) - \sin(-\sqrt{3}x + y) - \sin(\sqrt{3}x - y)$ ist Eigenfunktion (Dirichlet-Randbedingung) für ein gleichseitiges Dreieck mit Ecken bei $(0,0)$, $(\frac{2\pi}{\sqrt{3}},0),(\frac{\pi}{\sqrt{3}},\pi)$. Was ist der zugehörige Eigenwert?

   (b) Was ist der erste Eigenwert für ein gleichseitiges Dreieck mit Seitenlänge s?

   (c) Wo innerhalb des Dreiecks liegt das Maximum und wie gross ist es?

   (d) Berechnen Sie die Norm der ersten Eigenfunktion.

   Hinweis: neue Koordinaten einführen.

   (e) **Challenge-Problem:**
   Man zeige: $u(x,y) = \cos(\sqrt{3}x - y) + \cos(\sqrt{3}x + y) + \cos(2y)$ ist Eigenfunktion der "freien Membran" für dasselbe Dreieck, d.h. sie erfüllt die Neumann-Randbedingung.
   Der zugehörige Eigenwert ist mindestens der vierte.

   Hinweis: Knotenliniensatz benützen, und: Knotenlinien können nur auf dem Rand enden, im Innern sind es glatte Kurven, die sich nicht beühren können.

BEMERKUNG:

Die Eigenfunktionen und Eigenwerte für ein gleichseitiges Dreieck wurden von G. Lamé 1833 gefunden.

5. **Eigenwert für Kugelrinde**

   (a) **Dirichlet-Randbedingungen**
   Berechnen Sie die radialsymmetrischen Eigenfunktionen und Eigenwerte für eine Kugelrinde mit Radien R_1, R_2.

   (b) **Gemischte Randbedingungen**
   Berechnen Sie die radialsymmetrischen Eigenfunktionen und Eigenwerte für eine Kugelrinde mit Radien R_1, R_2, wobei gelten soll:
   $$u'(R_1) = 0, u(R_2) = 0.$$
   Bestimmen Sie numerisch den Wert von λ_1 für $R_1 = 1$, $R_2 = 2$.

7.3 Randwertprobleme

7.3.1 Hintergrund

(a) Diffusion mit Quelle

Ein Diffusionsproblem mit einer Quelle wird beschrieben durch

$$\begin{cases} \partial_t u(x,t) = D\Delta u(x,t) + q(x,t) \text{ in } G \\ Bu(x,t) = f(x,t) \text{ auf } \partial G \\ u(x,0) \quad = u_0(x). \end{cases}$$

Hier bezeichnet x den Ort und $Bu = u$ oder $\frac{\partial u}{\partial n}$ oder $\frac{\partial u}{\partial n} + ku$ eine der üblichen Randbedingungen. Die dritte Gleichung gibt die Anfangsverteilung der Temperatur oder Wärme an und wird demgemäss Anfangsbedingung genannt.

Eine häufig vorkommende Situation ist dann, dass

$$\lim_{x\to\infty} q(x,t) = q_\infty(x), \quad \lim_{x\to\infty} f(x,t) = f_\infty(x).$$

In diesem Fall gilt auch

$$\lim_{x\to\infty} u(x,t) = u_\infty(x) =: v(x),$$

wobei dann $v(x)$ Lösung ist des Randwertproblems:

$$\begin{aligned} D\Delta v(x) + q_\infty(x) &= 0 \text{ in } G \\ Bv(x) &= f_\infty(x) \text{ auf } \partial G. \end{aligned}$$

Die Lösung des Randwertproblems beschreibt einen Gleichgewichtszustand zwischen Produktion/Verbrauch im Innern des Gebietes G und Diffusionstransport in den Aussenraum von G. Dies wird auch stationäre Lösung (engl.: steady state) genannt.

(b) Diffusion und chemische Reaktion

Bei einer chemischen Reaktion breitet sich die reagierende Substanz meistens durch Diffusion aus. Wenn eine einfache Zerfallsreaktion vorliegt, nimmt man an, dass die pro Zeiteinheit abgebaute Menge der lokalen Konzentration proportional ist, was man mit einer Senke der Form $-cu(x,t)$ modellieren kann. c heisst dann Geschwindigkeitskonstante der Reaktion. In der Chemie wird dies Reaktion erster Ordnung genannt. Die entsprechende Differentialgleichung für die Konzentration lautet dann also

$$\partial_t u(x,t) = D\Delta u(x,t) - cu(x,t) \text{ in } G.$$

Die Randbedingungen sind die gleichen wie bei der Wärmeausbreitung. Beide Probleme kombiniert führen dann zu einem allgemeinen Randwertproblem:

$$\begin{cases} D\Delta v(x) + q_\infty(x) - cv(x) = 0 \text{ in } G \\ Bv(x) \qquad\qquad\qquad\quad = f_\infty(x) \text{ auf } \partial G. \end{cases} \tag{RWP}$$

Als einfache Anwendung der Green'schen Identitäten zeigen wir zuerst:

Satz. *Die Lösung von* (RWP) *ist eindeutig.*

Beweis. Wir nehmen an, $v_1(x)$, $v_2(x)$ seien zwei Lösungen des Randwertproblems und $w(x) = v_1(x) - v_2(x)$. Dann erfüllt $w(x)$:

$$\begin{aligned} D\Delta w(x) - cw(x) &= 0 \text{ in } G \\ Bw(x) &= 0 \text{ auf } \partial G. \end{aligned}$$

Wir multiplizieren die Differentialgleichung mit $w(x)$ und integrieren über G. Dann folgt

$$\begin{aligned} 0 &= D\int_G w \cdot \Delta w dx - c\int_G w^2 dx \\ &= -D\int_G |\nabla w|^2 dx - c\int_G w^2 dx + \oint_{\partial G} w\frac{\partial w}{\partial n} ds, \end{aligned}$$

und daraus folgt

$$0 = -D \int_G |\nabla w|^2 dx - c \int_G w^2 dx - k \oint_{\partial G} w^2 ds,$$

wobei das Randintegral nur bei der Robin-Randbedingung dazu kommt.

Damit die obige Gleichung gelten kann, muss $|\nabla w|^2 = 0$ sein, d.h. $w =$ const. $= w_0$. Falls $k > 0$ und $c > 0$, zieht das im Falle von Dirichlet- oder Robin-Randbedingungen nach sich, dass $w_0 = 0$, d.h. die Lösung ist eindeutig.

Für $c = 0$ und Neumann-Randbedingung folgt aus der Differentialgleichung durch Integration und Anwendung der Green'schen Identität, dass eine Lösung des Randwertproblems für v nur existieren kann, falls

$$\oint_{\partial G} f_\infty ds + \int_G q_\infty \, dx = 0.$$

Die Lösung ist dann nur bis auf eine additive Konstante bestimmt. Man verlangt in diesem Fall zusätzlich, dass der Mittelwert $\oint_{\partial G} w ds = 0$, und damit ist die Lösung auch eindeutig bestimmt. □

7.3.2 Lösungen im radialsymmetrischen Fall

Als Erstes betrachten wir ein in der Literatur häufig diskutiertes Problem:

$$\begin{cases} \Delta v + c = 0 & \text{in } G \\ v = 0 & \text{auf } \partial G. \end{cases} \tag{T}$$

Eine wichtige Tatsache, die auf viele Differentialgleichungen zutrifft, kann man anhand dieses Problems zeigen: die selbe Differentialgleichung kann verschiedene Hintergründe haben.

1. Temperaturverteilung bei konstanter Wärmequelle:

Dies ist eine unmittelbare Deutung auf Grund unserer bisherigen Betrachtungen.

2. Stationäre Rohrströmung:

Viele Strömungen werden durch die Navier-Stokes-Gleichungen beschrieben. Wenn man nun in diesen Gleichungen annimmt, dass die Strömung in einem unendlich langen Zylinder fliesst, mit der z-Achse als Rohrachse und einem Querschnitt G, so kann man im stationären Fall für den Geschwindigkeitsvektor $\vec{v}(x,y,z)$ den Ansatz machen:

$$\vec{v}(x,y,z) = (0,0,v(x,y)).$$

Aus den Navier-Stokes-Gleichungen folgt dann, dass gelten muss:

$$\begin{aligned} \nu\Delta v + \tfrac{p}{\rho} &= 0 \text{ in } G \\ v &= 0 \text{ auf } \partial G. \end{aligned}$$

Hier bezeichnet ν die dynamische Viskosität der Flüssigkeit, p den Druckabfall im Rohr, ρ die konstante Dichte. Die Randbedingung ist eine Folge der Reibung . Für Wasser ist $\nu \simeq 0.01\frac{\text{cm}^2}{s}$, für Luft bei 20° gilt $\nu \approx 0.15\frac{\text{cm}^2}{s}$.

3. Torsion eines elastischen Stabes:

Ein elastischer Stab mit Querschnitt G werde durch Kräfte um einen Winkel α pro Längeneinheit verdreht (Torsion):

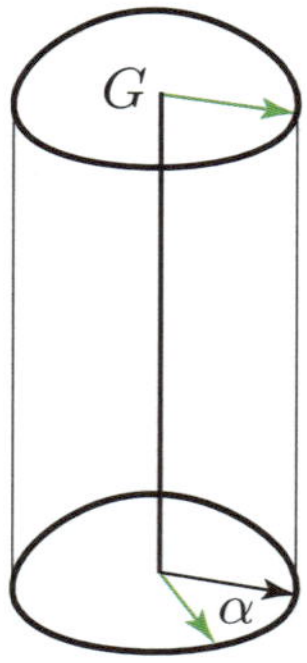

Abb. 7.6. Elastischer Stab

Die lineare Elastizitätstheorie zeigt dann, dass ∇v proportional ist zur Schwerkraft im Innern des Stabes und v ist wieder Lösung des selben Randwertproblems (T). Die Konstante c enthält hier den Winkel α und eine Konstante, die die elastischen Eigenschaften des Stabmaterials beschreibt. (T) wird in der Literatur häufig als *Torsionsproblem* bezeichnet.

An diesem Beispiel sieht man gut, wie physikalisch völlig verschiedene Situationen zur selben Differentialgleichung führen können. Dies trifft auch bei vielen anderen Gleichungen zu; deshalb sind gewisse Typen von Gleichungen von so grosser Bedeutung.

Explizite Lösung von (T) für den Kreis: Die radialsymmetrische Form der Gleichung ist

$$\frac{1}{r}\left(rv'\right)' + c = 0 \quad 0 < r < R.$$

Ein erster Integrationsschritt liefert

$$rv' + c\frac{r^2}{2} + a = 0,$$

und weiter

$$v(r) + c\frac{r^2}{4} + a \cdot \ln r + b = 0.$$

Nun gibt es eine Bedingung, die beim Kreis und bei der Kugel immer wieder ins Spiel kommen wird: die Lösung soll im Nullpunkt endlich bleiben. Also muss $a = 0$ sein. Aus der Bedingung $v(R) = 0$ ergibt sich das Schlussergebnis

$$v(r) = \frac{c}{4}(R^2 - r^2).$$

Eine wichtige Information ist sicher die maximale Geschwindigkeit $v_{\max} = \frac{c}{4}R^2$. Weiter ist im Zusammenhang mit dem Strömungsproblem die Durchflussmenge M pro Zeit von Interesse. Für einen Kreis wäre, dass

$$M = 2\pi \int_0^R \frac{c}{4}(R^2 - r^2)r\,dr = \frac{\pi}{8}cR^4 = \frac{1}{2}v_{\max} \cdot A,$$

wobei A = Fläche des Kreises. Das Ergebnis zeigt also, dass eine Verdopplung des Radius zur sechzehnfachen Durchflussmenge führt. Im Torsionsproblem ist M ebenfalls eine wichtige Grösse, genannt Torsionssteifigkeit.

Bemerkungen:

- Für die Ellipse

$$\frac{x^2}{a^2} + \frac{y^2}{b^2} = 1$$

kann man leicht verifizieren, dass die Lösung von (T) lautet:

$$v(x, y) = c\,\frac{1 - \frac{x^2}{a^2} - \frac{y^2}{b^2}}{2\left(\frac{1}{a^2} + \frac{1}{b^2}\right)}.$$

- Man kann zeigen, dass für ein beliebiges Gebiet gilt:

$$v_{\max} \leqslant \frac{cA}{4\pi},\ M \leq \frac{cA^2}{8\pi} \text{ (Polya-Szegö 1952).}$$

- Für ein gleichseitiges Dreieck mit Höhe h mit Spitze in $(0, h)$ und einer Seite auf der x-Achse gilt:

$$v(x,y) = \frac{c}{4}\left(h \cdot y + \frac{y^3 - 3x^2 y}{h} - 2y^2\right).$$

4. Diffusion und Reaktion in einer Kugel:

In der Chemieingenieur-Literatur wird das folgende Problem oft diskutiert:

$$\begin{cases} D\Delta v - c \cdot v = 0 & \text{in } G \\ v \qquad\qquad = 1 & \text{auf } \partial G. \end{cases} \tag{DR}$$

v ist die Konzentration einer reagierenden Substanz und G ist ein Katalysator (in der Industrie einige mm bis cm gross). Ausserhalb des Katalysators wird die Konzentration konstant gehalten ("Bad"). Für eine Kugel lautet die Differentialgleichung also:

$$\frac{1}{r^2}\left(r^2 v'\right)' - \kappa^2 u = 0, \quad 0 < r < R,\ \kappa = \sqrt{\frac{c}{D}}.$$

Wie schon beim Eigenwertproblem in Kap. 7.2 macht man den Ansatz

$$v(r) = \frac{w(r)}{r},$$

und findet mit denselben Rechenschritten für $w(r)$ die Gleichung:

$$w'' - \kappa^2 w = 0.$$

Die allgemeine Lösung kennen wir schon aus Analysis 1: $w(r) = a\cosh(\kappa r) + b\sinh(\kappa r)$. Da die Lösung $v(r)$ wieder endlich bleiben muss, ergibt sich im Nullpunkt zunächst $v(r) = b\sinh(\kappa r)$, und wegen der Randbedingung schliesslich als Lösung von (DR) für die Kugel

$$v(r) = \frac{R\sinh(\kappa r)}{r\sinh(\kappa R)}.$$

Der Einfluss der Diffusion auf die Reaktion wird für ein beliebiges Gebiet G gemessen mit der Zahl η, definiert als

$$\eta = \int_G v dx / |G|,$$

wobei v = Lösung von (DR), $|G|$ = Volumen. In der englischen Literatur wird η *effectiveness factor* genannt. Man kann η auch als Wirkungsgrad auffassen. Für eine Kugel bekommt man folgenden Wert:

$$\eta = \frac{3}{\tau^2}(\tau \coth(\tau) - 1), \tau := \sqrt{\frac{c}{D}} R, (\text{“Thiele-Zahl”}).$$

Der Graph von $\eta(\tau)$ sieht so aus:

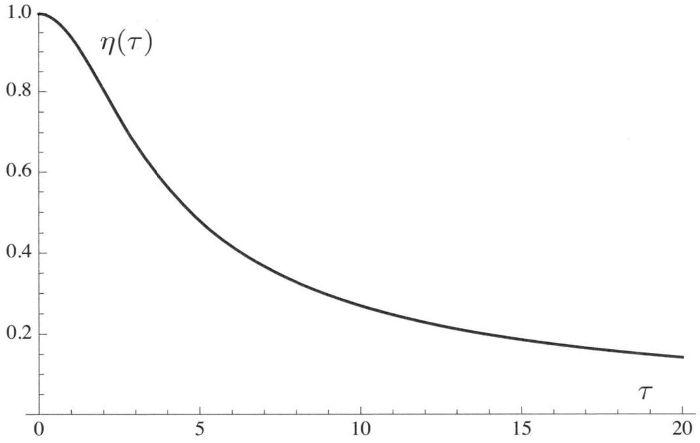

Abb. 7.7. Der Graph von $\eta(\tau)$

5. Diffusion und Reaktion in einem Kreis:

Wir schreiben die Gleichung direkt in der Form

$$\begin{aligned} \Delta v - \kappa^2 v &= 0 \text{ in } G \text{ (= Kreis)} \\ v &= 1 \text{ auf } \partial G. \end{aligned}$$

Die Lösung muss radialsymmetrisch sein. Jetzt machen wir Gebrauch von der schon bekannten radialsymmetrischen Lösung des Eigenwertproblems. Dort lautete die Gleichung

$$\Delta v + \lambda v = 0 \text{ in } G,$$

und die radialsymmetrische Lösung war von der Form $J_0(\sqrt{\lambda} r)$. Ein Vergleich zeigt, dass $\sqrt{\lambda} = i\kappa$ gelten muss. Die Reihe für $J_0(s)$ ist (siehe 7.2)

$$\sum_{k=0}^{\infty} \frac{(-1)^k}{(k!)^2} \left(\frac{s}{2}\right)^{2k}.$$

Wenn man s ersetzt durch $i\kappa r$ erhält man

$$\sum_{k=0}^{\infty} \frac{1}{(k!)^2} \left(\frac{\kappa \cdot r}{2}\right)^{2k} =: I_0(\kappa \cdot r).$$

I_0 wird hyperbolische Besselfunktion genannt. Es gilt also:

$$J_0(is) = I_0(s).$$

Man kann sich Folgendes merken: $J_0(s)$ entspricht der Kosinusfunktion, $I_0(s)$ dem hyperbolischen Kosinus mit ähnlichem Bild:

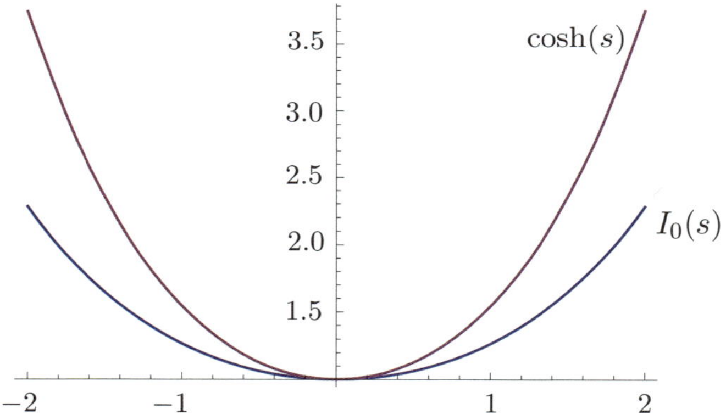

Abb. 7.8.

Man hat ja auch $\cos(is) = \cosh(s)$. Nach diesem Exkurs zurück zur Lösung des Diffusion-Reaktionsproblems (DR) für den Kreis. Die Randbedingung ist erfüllt für

$$v(r) = \frac{I_0(\kappa r)}{I_0(\kappa R)}.$$

Von Interesse kann hier auch der minimale Wert sein:

$$v_{\min} = \frac{1}{I_0(\kappa R)}.$$

Hier sind noch ein paar Bilder der Lösung für verschiedene Werte von $\kappa = \sqrt{\frac{c}{D}}$:

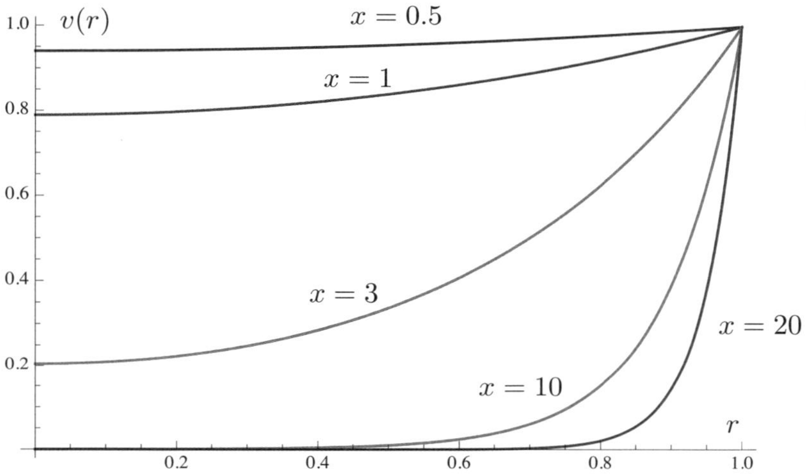

Abb. 7.9.

6. Wärmeleitung in einem Zylinder:

Ein Zylinder G wird durch eine Wärmequelle $q(r)$ geheizt. Boden und Deckel sind isoliert, der Mantel lässt Wärme teilweise durch. Die Isolation am Boden und im Deckel bedeutet, dass $\frac{\partial v}{\partial z} = 0$ dort ist. Also haben wir eine Lösung, die nur vom Radius r abhängt. Das RWP lautet:

$$\begin{aligned} \Delta v + q(r) \qquad &= 0, \; 0 < r < R \\ v'(R) + k \cdot v(R) &= 0. \end{aligned}$$

Die Wärmequelle wirke nur im Innern des Zylinders:

$$q(r) = \begin{cases} \delta, & 0 < r < \dfrac{R}{2} \\ 0, & r > \dfrac{R}{2}. \end{cases}$$

Für $r < \frac{R}{2}$ ist die im Nullpunkt endliche Lösung der Differentialgleichung

$$v(r) = a - \delta \, \frac{r^2}{4},$$

wie wir in (3) oben gefunden haben. Für $r > \frac{R}{2}$ ist

$$v(r) = b \cdot \ln r + c.$$

Wir haben drei Bedingungen:

- Bei $r = \frac{R}{2}$ muss $v(r)$ stetig sein.
- Bei $r = \frac{R}{2}$ muss $v'(r)$ stetig sein.
- Für $r = R$ muss die Randbedingung erfüllt sein.

Man erhält so drei lineare Gleichungen für die Unbekannten a, b, und c. Die Lösung lautet:

$$a = \frac{\delta R(2 + kR(1 + \ln 4))}{16k}, \quad b = -\frac{\delta R^2}{8}, \quad c = \frac{\delta R(1 + kR \ln R)}{8k}.$$

Die maximale Temperatur $v_{\max}$ ist gerade die Konstante a. Man bemerkt, dass diese gross wird, wenn der Isolationsfaktor k klein wird. Für k =0 wäre $v_{\max} = \infty$: das ist klar, da bei absoluter Isolation und ständiger Heizung kein Gleichgewicht herrschen kann! Hier das Bild der Lösung für $\delta = 1$, $R = 1$ und drei Werte von k:

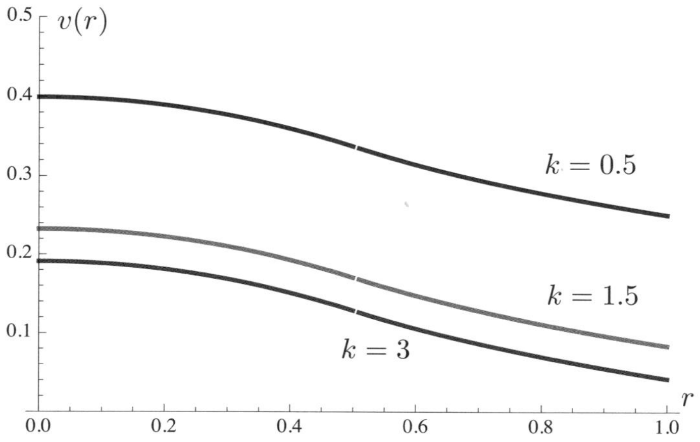

Abb. 7.10.

7.3.3 Entwicklung nach Eigenfunktionen

Zuerst eine Erinnerung an die Zerlegung eines Vektors in Komponenten:

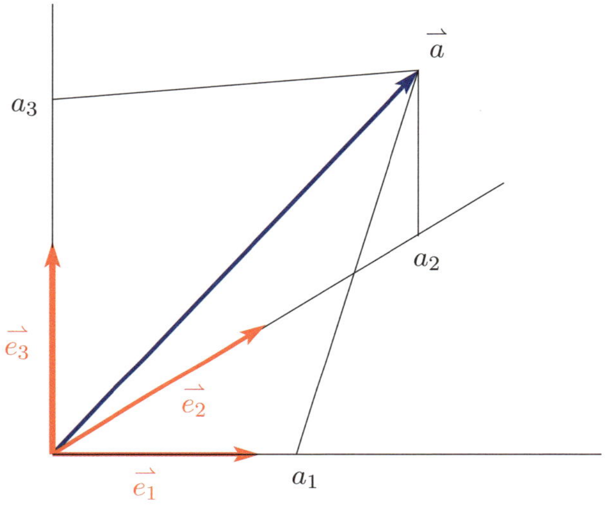

Abb. 7.11. Zerlegung eines Vektors

Ein Vektor $\vec{a}$ wird in drei Komponenten nach dem orthonormalen System $(\vec{e_1}, \vec{e_2}, \vec{e_3})$ zerlegt, indem man die Projektionen auf die Basisvektoren $\vec{e_i}$ bestimmt:

$$\vec{a} = \sum_{i=1}^{3} a_i \vec{e_i},$$

wobei

$$a_i = \vec{a} \cdot \vec{e_i}.$$

Wir führen nun formal das Gleiche durch für ein orthonormales System von Funktionen. Es seien Funktionen $e_i(x)$ in einem Gebiet G definiert mit folgenden Eigenschaften:

1. Das Skalarprodukt ist definiert durch

$$(e_i, e_j) = \int_G e_i(x) e_j(x)\, dx.$$

2. Das System ist orthonormal, d.h.

$$(e_i, e_j) = \delta_{ij} = \begin{cases} 1 & \text{für} \quad i = j \\ 0 & \text{für} \quad i \neq j \end{cases} \quad \text{(Kroneckersymbol)}.$$

Für eine beliebige, in G definierte Funktion $f(x)$ können wir nun die entsprechende Entwicklung betrachten:

$$\sum_{i=1}^{\infty} c_i e_i(x),$$

mit $c_i = (e_i, f)$. Man nennt dies dann auch Entwicklung nach dem orthonormalen System $\{e_i\}$, $i = 1, 2, \ldots$. Natürlich stellt sich dann die Frage, in welchem Sinne diese Entwicklung die gegebene Funktion $f(x)$ wiedergibt. Diese Frage ist allgemein nicht einfach zu beantworten, wir werden aber die für uns wichtigsten Resultate zitieren. In Kap. 7.2 wurde gezeigt, dass die Eigenfunktionen des Eigenwertproblems

$$\begin{cases} \Delta\varphi + \lambda\varphi = 0 & \text{in } G \\ B\varphi \qquad\quad = 0 & \text{auf } \partial G \end{cases} \tag{EWP}$$

orthogonal sind. Sie können auch normiert werden, so dass $(\varphi_i, \varphi_j) = \delta_{ij}$.

BEISPIEL:

$G = (0, \pi)$, $B\varphi = \varphi$. Hier sind die normierten Eigenfunktionen:

$$\varphi_k(x) = \sqrt{\frac{2}{\pi}} \sin(k \cdot x), k = 1, 2, 3, \ldots .$$

Wir nehmen als zu entwickelnde Funktion $f(x) = \frac{\pi}{2} - |\frac{\pi}{2} - x|$:

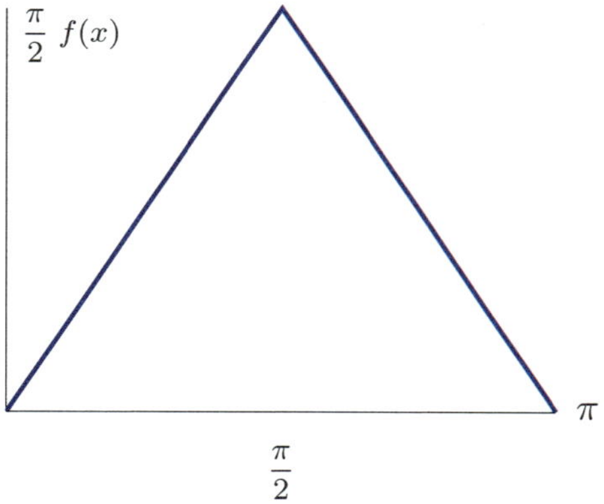

Abb. 7.12.

Die Reihe für $f(x)$ nennt man Fourierreihe, nach ihrem Entdecker, und die Koeffizienten c_k in der Entwicklung heissen auch Fourierkoeffizienten. In unserem Falle ist also:

$$c_k = \sqrt{\frac{2}{\pi}} \int_0^\pi f(x) \sin(kx)\, dx = \sqrt{\frac{2}{\pi}} \frac{2}{k^2} \sin\left(\frac{k\pi}{2}\right) =$$

$$\begin{cases} \pm\sqrt{\frac{2}{\pi}}\frac{2}{k^2} & \text{falls } k \text{ ungerade} \\ 0, & \text{falls } k \text{ gerade .} \end{cases}$$

Wenn man dies einsetzt in der Fourierreihe und noch vereinfacht, kann man das Ergebnis schreiben als:

$$f(x) = \frac{4}{\pi} \sum_{l=1}^{\infty} \frac{(-1)^{l-1}}{(2l-1)^2} \sin((2l-1)x).$$

Um eine Idee von der Fourierreihe zu bekommen, betrachten wir zuerst $f(x)$ und ihre Approximation durch einen oder drei Terme, was natürlich sehr wenige sind:

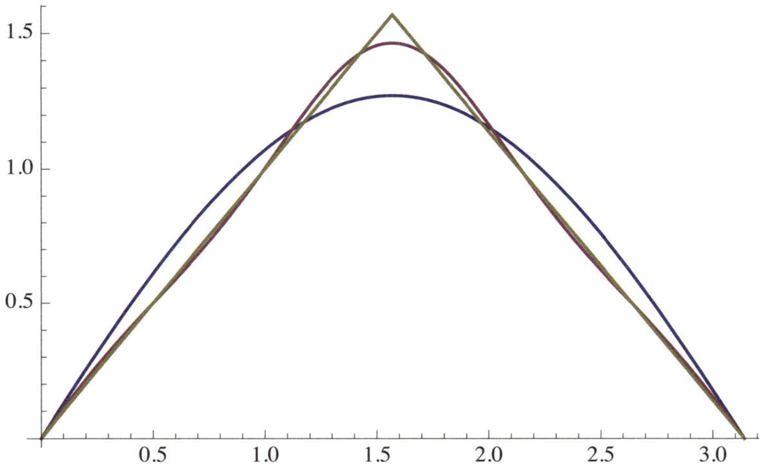

Abb. 7.13. Fourierapproximation mit einem oder drei Termen

Nimmt man zehn Terme, sieht die Approximation schon sehr gut aus:

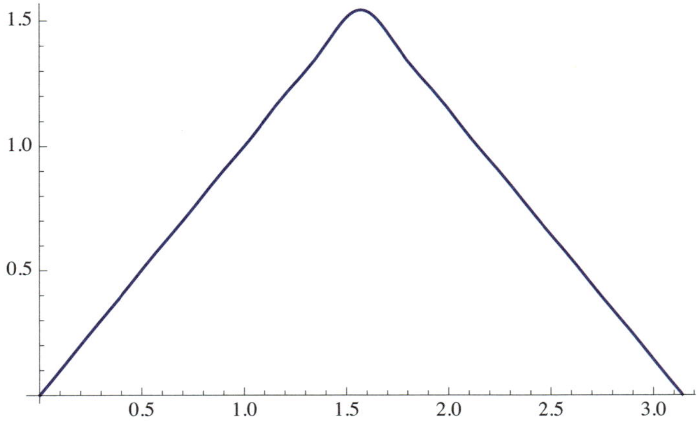

Abb. 7.14. Fourierapproximation mit zehn Termen

Die maximale Abweichung ist noch ungefähr 0.01. Interessant ist die Beziehung, die sich ergibt, wenn man in $f(x)$ und der Fourierreihe den Wert $x = \frac{\pi}{2}$ einsetzt. Dann folgt

$$\frac{\pi}{2} = \frac{4}{\pi} \sum_{l=1}^{\infty} \frac{1}{(2l-1)^2},$$

d.h.:

$$\frac{\pi^2}{8} = 1 + \frac{1}{9} + \frac{1}{25} + \frac{1}{49} + \cdots .$$

Man muss genau genommen unterscheiden zwischen der Funktion $f(x)$ und ihrer Fourierreihe $\widehat{f}(x)$. Die durch die Reihe

$$\frac{4}{\pi} \sum_{l=1}^{\infty} \frac{(-1)^{l-1}}{(2l-1)^2} \sin((2l-1)x)$$

definierte Funktion $\widehat{f}(x)$ ist 2π-periodisch und gibt die Funktion $f(x)$ auf dem Intervall $(0, \pi)$ exakt wieder.

Die Fourierreihe $\widehat{f}(x)$ gibt eine periodische Fortsetzung von $f(x)$.

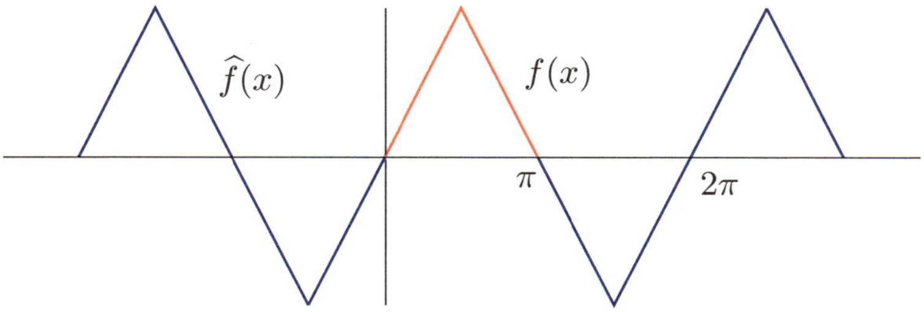

Abb. 7.15. Die periodische Fortsetzung einer Funktion $f(x)$

Die Funktion $f(x)$ hat in Anwendungen oft auch Sprünge, kann also unstetig sein. Dann gilt:

In einer Sprungstelle konvergiert die Fourierreihe gegen die Mitte des Sprunges.

Weiter kann man zeigen, dass die Fourierreihe schneller konvergiert, wenn die Funktion glatter ist. Wir illustrieren dies an einem Beispiel: Es sei $f(x) = x * (\pi - x)$. Dann ergibt eine Routinerechnung die Fourierreihe

$$\widehat{f}(x) = \frac{8}{\pi} \sum_{l=1}^{\infty} \frac{1}{(2l-1)^3} \sin((2l-1)x).$$

Hier ist ein Bild der Funktion und ihre Fourierreihe mit einem einzigen Term:

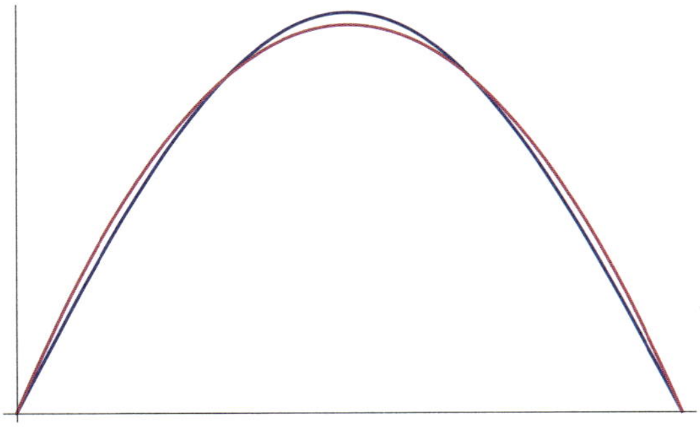

Abb. 7.16. Funktion und ihre Fourierreihe mit einem einzigen Term

Nimmt man fünf Terme, ist die maximale Abweichung noch höchstens 0.005. Setzt man in der Funktion und ihrer Fourierreihe den Wert $x = \frac{\pi}{2}$ ein, folgt die Gleichung:

$$\frac{\pi^3}{32} = \sum_{l=1}^{\infty} \frac{(-1)^{l-1}}{(2l-1)^3} = 1 - \frac{1}{3^3} + \frac{1}{5^3} - \cdots .$$

Wir haben in diesen Beispielen nur den eindimensionalen Fall betrachtet. Eine analoge Entwicklung ist aber auch möglich in höheren Dimensionen und anderen Gebieten als ein Intervall. Der Aufwand ist natürlich grösser. Wir werden dies aber anwenden können zur Lösung von Randwertproblemen und später, als meistens einzige Möglichkeit, zur Lösung von Diffusionsproblemen, die von Ort und Zeit abhängen.

7.3.4 Lösung von Randwertproblemen

Wir beginnen mit einem allgemeinen Fall.

1. ***Poisson-Problem:***

$$\begin{cases} \Delta v + f(x) = 0 & \text{in } G \\ Bv \qquad\quad\; = 0 & \text{auf } \partial G\,. \end{cases} \tag{P}$$

Es sei $\{\varphi_k\}$ das orthonormierte System der Eigenfunktionen von

$$\begin{cases} \Delta\varphi + \lambda\varphi = 0 & \text{in } G \\ B\varphi \qquad\quad = 0 & \text{auf } \partial G\,. \end{cases} \tag{EWP}$$

Man macht nun den Entwicklungsansatz:

$$v(x) = \sum_{k=1}^{\infty} v_k \varphi_k(x),$$

wobei die Koeffizienten v_k noch zu bestimmen sind. Die gegebene Funktion $f(x)$ wird ebenfalls nach den Eigenfunktionen entwickelt:

$$f(x) = \sum_{k=1}^{\infty} f_k \varphi_k(x),$$

wobei $f_k = \int_G f(x)\varphi_k(x)\,dx$. Nun setzen wir in der Differentialgleichung ein. Dann muss gelten:

$$\Delta\left(\sum_{k=1}^{\infty} v_k\varphi_k(x)\right) + \sum_{k=1}^{\infty} f_k\varphi_k(x) = 0.$$

Wir vertauschen im ersten Term Differentiation und Summation und machen Gebrauch von der Differentialgleichung der Eigenfunktionen. Dann ergibt sich als Nächstes:

$$-\sum_{k=1}^{\infty} v_k\lambda_k\varphi_k(x) + \sum_{k=1}^{\infty} f_k\varphi_k(x) = 0,$$

und wenn wir alles unter ein Summenzeichen schreiben:

$$\sum_{k=1}^{\infty} (f_k - v_k\lambda_k)\varphi_k(x) = 0.$$

Als letzten Schritt multiplizieren wir diese Gleichung skalar mit einer Eigenfunktion φ_l:

$$\sum_{k=1}^{\infty} (f_k - v_k\lambda_k)(\varphi_k, \varphi_l) = \sum_{k=1}^{\infty} (f_k - v_k\lambda_k)\delta_{kl} = f_l - v_l\lambda_l = 0,$$

denn das Kroneckersymbol filtert aus der ganzen Summe den Term mit $k = l$ heraus. Also haben wir $v_l = \frac{f_l}{\lambda_l}$. Damit haben wir die Lösung des Poissonproblems in der Form einer Reihe:

$$\boxed{v(x) = \sum_{l=1}^{\infty} \frac{f_l}{\lambda_l}\,\varphi_l(x),\, f_l = \int_G f(x)\varphi_l(x)\,dx.}$$

ANWENDUNGSBEISPIEL:

Torsionsproblem für Rechteck $G = (0, a) \times (0, b)$:

$$\begin{cases} \Delta v + 1 = 0 & \text{in } G \\ v \qquad\;\; = 0 & \text{auf } \partial G\,. \end{cases} \tag{T}$$

Hier sind die normierten Eigenfunktionen und Eigenwerte:

$$\varphi_{kl}(x,y) = \frac{2}{\sqrt{ab}} \sin\left(\frac{k\pi}{a}x\right) \cdot \sin\left(\frac{l\pi}{b}y\right), \lambda_{kl} = \left(\frac{k\pi}{a}\right)^2 + \left(\frac{l\pi}{b}\right)^2.$$

Wir setzen noch

$$\begin{aligned} f_{kl} &= \int_G \varphi_{kl}(x,y)\,dxdy = \frac{2}{\sqrt{ab}} \int_0^a \int_0^b \sin\left(\frac{k\pi}{a}x\right) \cdot \sin\left(\frac{l\pi}{b}y\right) dxdy \\ &= \frac{2\sqrt{ab}}{kl\pi^2}(1-\cos(k\pi))(1-\cos(l\pi)) \\ &= \begin{cases} \frac{8\sqrt{ab}}{kl\pi^2} & \text{falls } k,l \text{ ungerade} \\ 0, & \text{falls } k \text{ oder } l \text{ gerade}\,. \end{cases} \end{aligned}$$

Einsetzen und vereinfachen führt zur Lösung von (T) in der Form:

$$v(x,y) = \frac{16}{\pi^4} \sum_{\substack{k,l=1 \\ \text{ungerade}}}^{\infty} \frac{1}{kl\left(\left(\frac{k}{a}\right)^2 + \left(\frac{l}{b}\right)^2\right)} \sin\left(\frac{k\pi}{a}x\right) \cdot \sin\left(\frac{l\pi}{b}y\right).$$

Hier ist das Bild der Lösung für $a = b = 1$:

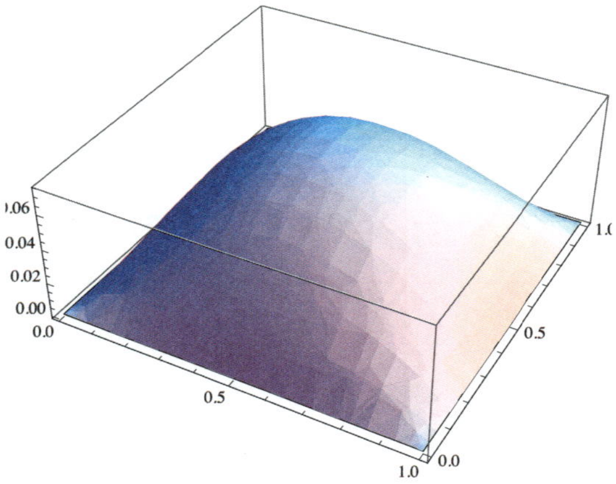

Abb. 7.17. Torsionsfunktion für Quadrat

Der maximale Wert ist bei $x = \frac{a}{2}$, $y = \frac{b}{2}$ und kann geschrieben werden in der Form:

$$v_{\max} = \frac{16}{\pi^4} \sum_{k,l=1}^{\infty} \frac{(-1)^{k+l}}{(2k-1)(2l-1)\left(\left(\frac{2k-1}{a}\right)^2 + \left(\frac{2l-1}{b}\right)^2\right)}.$$

Für ein Quadrat mit Seitenlänge a bekommt man $v_{\max} \approx 0.07367a^2$. ○

BEMERKUNG:

Die früher erwähnte Ungleichung von Polya-Szegö gibt die obere Schranke

$$v_{\max} \leq \frac{a^2}{4\pi} \approx 0.0796a^2.$$

Für die Grösse M (Durchflussmenge oder Torsionssteifigkeit) hat man zu berechnen:

$$\int_0^a \int_0^b v(x,y)\,dxdy =$$

$$\frac{64ab}{\pi^6} \sum_{k,l=1}^{\infty} \frac{(-1)^{k+l}}{(2k-1)^2(2l-1)^2\left(\left(\frac{2k-1}{a}\right)^2 + \left(\frac{2l-1}{b}\right)^2\right)}.$$

Die Reihe konvergiert sehr schnell, sodass wenige Terme für eine ausreichende Genauigkeit genügen. Für $a = b$ erhält man $M \approx 0.0320a^2$, während die Ungleichung von Polya-Szegö die Schranke $M \leq 1/(8\pi)a^2 \approx 0.0398a^2$ liefert.

2. ***Diffusion-Reaktion:***

Gesucht ist die Lösung des Problems

$$\begin{cases} D\Delta v - c \cdot v = 0 & \text{in } G \\ v \qquad\qquad = 1 & \text{auf } \partial G. \end{cases} \tag{DR}$$

Wir setzen $\gamma = \frac{c}{D}$ und führen die neue Funktion $w(x) = 1 - v(x)$ ein. Dann ist w die Lösung von

$$\begin{cases} \Delta w - \gamma w = -\gamma & \text{in } G \\ w \qquad\quad = 0 & \text{auf } \partial G. \end{cases}$$

Der Ansatz für die Lösung ist wie oben $w(x) = \sum_{k=1}^{\infty} w_k \varphi_k(x)$; für die konstante Funktion γ gilt auch entsprechend:

$$\gamma = \gamma \sum_{k=1}^{\infty} f_k \varphi_k(x),$$

wobei $f_k = \int_G \varphi_k(x)\,dx$. Jetzt können alle Schritte analog wiederholt werden und man bekommt nun $w_k = \frac{\gamma f_k}{\lambda_k + \gamma}$. Die Lösung wird damit für allgemeines Gebiet

$$w(x) = 1 - \sum_{k=1}^{\infty} \frac{\gamma f_k}{\lambda_k + \gamma}\, \varphi_k(x).$$

ANWENDUNGSBEISPIEL: Würfel $(0,a) \times (0,a) \times (0,a)$

Die normierten Eigenfunktionen und Eigenwerte des zugehörigen EWP sind

$$\varphi_{klm}(x,y,z) = \frac{2\sqrt{2}}{a\sqrt{a}} \sin\left(\frac{k\pi}{a}x\right) \cdot \sin\left(\frac{l\pi}{a}y\right) \cdot \sin\left(\frac{m\pi}{a}z\right),$$

wobei $\lambda_{klm} = \left(\frac{\pi}{a}\right)^2 (k^2 + l^2 + m^2)$. Wie vorher brauchen wir

$$\begin{aligned} f_{klm} &= \int_G \varphi_{klm}(x,y,z)\, dxdydz \\ &= \frac{2\sqrt{2}}{a\sqrt{a}} \int_0^a \int_0^a \int_0^a \sin\left(\frac{k\pi}{a}x\right) \cdot \sin\left(\frac{l\pi}{a}y\right) \sin\left(\frac{l\pi}{a}z\right)\, dxdydz \\ &= \frac{2a\sqrt{a}}{klm\pi^3}(1 - \cos(k\pi))(1 - \cos(l\pi))(1 - \cos m(\pi)) \\ &= \begin{cases} \dfrac{16a\sqrt{a}}{klm\pi^3} & \text{falls } k,l,m \text{ ungerade} \\ 0, & \text{falls } k \text{ oder } l \text{ oder } m \text{ gerade}. \end{cases} \end{aligned}$$

Die Lösung hat dann die Reihenentwicklung

$$v(x,y,z) = 1 - \frac{64\gamma}{\pi^3} \sum_{\substack{k,l,m=1 \\ \text{ungerade}}}^{\infty} \frac{1}{klm(\gamma + \left(\frac{\pi}{a}\right)^2 (k^2 + l^2 + m^2))} \sin\left(\frac{k\pi}{a}x\right) \cdot$$
$$\sin\left(\frac{l\pi}{a}y\right) \sin\left(\frac{m\pi}{a}z\right).$$

Der minimale Wert der Konzentration wird im Mittelpunkt des Würfels angenommen. Hier ist ein Plot von $v_{\min}$ als Funktion des Parameters γ für $a = 1$:

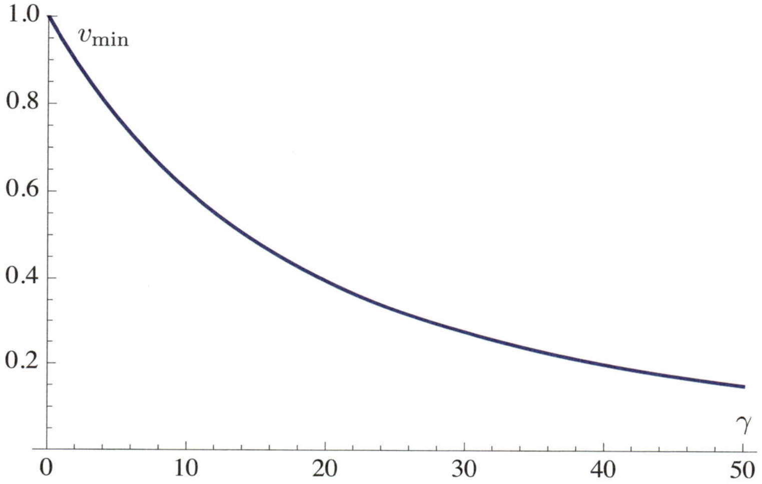

Abb. 7.18. $v_{\min}$ als Funktion von γ

Grosse Werte von Γ bedeuten, dass die Reaktion sehr schnell ist oder die Diffusion sehr langsam. Die Zahl η wird für den Würfel:

$$\begin{aligned}\eta &= \int_G v dx/a^3 \\ &= 1 - \frac{512 \cdot \gamma}{\pi^6} \sum_{\substack{k,l,m=1 \\ \text{ungerade}}}^{\infty} \frac{1}{(klm)^2(\gamma + \left(\frac{\pi}{a}\right)^2 (k^2 + l^2 + m^2)} \\ &= 1 - \frac{512}{\pi^6} \sum_{\substack{k,l,m=1 \\ \text{ungerade}}}^{\infty} \frac{1}{(klm)^2(1 + \left(\frac{\pi}{\tau}\right)^2 (k^2 + l^2 + m^2)},\end{aligned}$$

wobei $\tau = \sqrt{\frac{c}{D}} \cdot a$, (Thiele Zahl). Der Plot von η als Funktion von τ sieht völlig analog aus wie bei der Kugel:

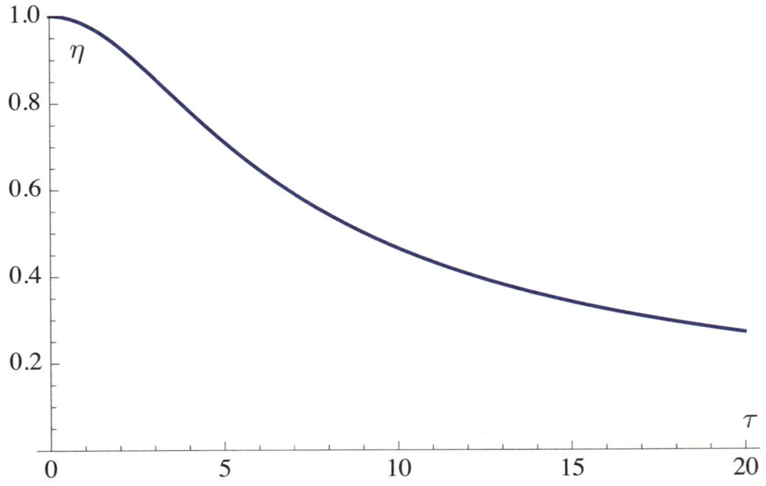

Abb. 7.19. η als Funktion von τ

○

3. ***Dirichlet-Problem für Kreis***

Ein klassisches Problem ist

$$\begin{cases} \Delta u = 0 & \text{in } K = \text{Kreis} \\ u \;\; = f(\varphi) & \text{für } r = R\,. \end{cases} \tag{D}$$

(D) beschreibt einen stationären Zustand, in welchem durch Diffusion ein Ausgleich zwischen dem vorgegebenen Konzentrationsverlauf im Äussern und dem Innern stattfindet. Es kann aber auch das Potenzial beschreiben, das im Innern eines langen, ladungsfreien Zylinders auftritt, wenn das Potenzial auf dem Mantel gegeben ist.

Wir benützen hier wieder Separation der Variablen und setzen $u(r,\varphi) = R(r)\cdot\Phi(\varphi)$. Eingesetzt in der Differentialgleichung bekommt man

$$\left(R'' + \frac{1}{r}R'\right)\cdot\Phi + \frac{1}{r^2}R\cdot\Phi'' = 0,$$

oder umgeschrieben:

$$\frac{R'' + \frac{1}{r}R'}{R} + \frac{\cdot\Phi''}{\Phi} = 0.$$

Beide Terme müssen konstant sein und $\Phi(\varphi)$ muss periodisch sein. Das heisst aber, dass $\Phi(\varphi) = a\cos(n\varphi) + b\sin(n\varphi)$. Damit muss noch gelten:

$$\frac{R'' + \frac{1}{r}R'}{R} - \frac{n^2}{r^2} = 0, \; n = 0, 1, 2, \ldots .$$

Der Ansatz $R(r) = cr^p$ führt zur Gleichung

$$p(p-1) + p - n^2 = p^2 - n^2 = 0,$$

d.h $p = \pm n$. Für das Innere des Kreises kommt nur $p = n$ in Frage, wegen der Singularität im Nullpunkt. Wir wählen noch $c = \frac{1}{R^n}$. Also heisst die allgemeine Lösung für das Kreisinnere:

$$u(r, \varphi) = \sum_{n=0}^{\infty} (a_n \cos(n\varphi) + b_n \sin(n\varphi)) \left(\frac{r}{R}\right)^n .$$

Die Randbedingung verlangt dann

$$u(R, \varphi) = \sum_{n=0}^{\infty} (a_n \cos(n\varphi) + b_n \sin(n\varphi)) = f(\varphi).$$

Wir multiplizieren auf beiden Seiten mit $\cos(k\varphi)$, integrieren von 0 bis 2π und benützen die Orthogonalität. Dies vereinfacht es zu

$$\pi a_k = \int_0^{2\pi} f(\varphi)\cos(k\varphi)d\varphi$$

oder

$$a_k = \frac{1}{\pi}\int_0^{2\pi} f(\varphi)\cos(k\varphi)d\varphi, k \neq 0$$

$$a_0 = \frac{1}{2\pi}\int_0^{2\pi} f(\varphi)d\varphi.$$

Analog erhält man

$$b_k = \frac{1}{\pi}\int_0^{2\pi} f(\varphi)\sin(k\varphi)d\varphi.$$

Beispiel:

$$f(\varphi) = \begin{cases} \frac{\varphi(\pi-\varphi)}{\pi}, & 0 < \varphi < \pi \\ 0, & \text{sonst}. \end{cases}$$

Man findet in diesem Falle:

$$a_0 = \frac{\pi}{12}, \; a_n = \begin{cases} \frac{-2}{\pi n^2}, & n \text{ gerade} \\ 0, & n \text{ ungerade}, \end{cases} \qquad b_n = \begin{cases} \frac{4}{\pi^2 n^3}, & n \text{ ungerade} \\ 0, & n \text{ gerade}. \end{cases}$$

Das Bild der Lösung sieht so aus:

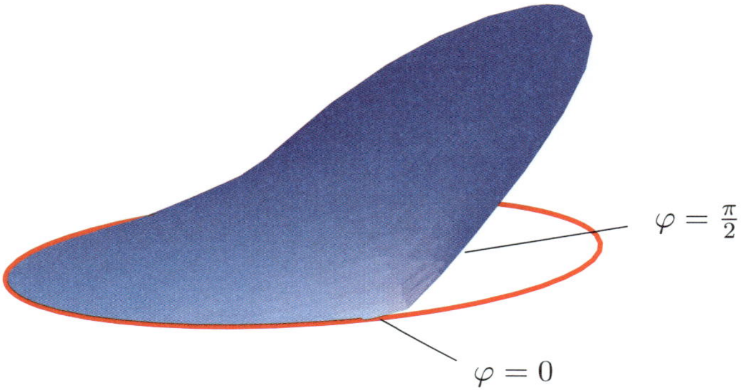

Abb. 7.20. Bild der Lösung von Problem (D)

○

Die Lösungen der sogenannten Laplacegleichung $\Delta u = 0$ heissen *harmonische Funktionen.*

Die Lösungsformel für den Kreis zeigt, dass der Wert einer harmonischen Funktion im Mittelpunkt eines Kreises gerade der Mittelwert über den Rand des Kreises ist (eine für viele Untersuchungen wichtige Konsequenz).

7.3.5 Übungsaufgaben zu Kapitel 7.3

1. **Torsionsproblem für gleichseitiges Dreieck**

   (a) Zeigen Sie, dass die angegebene Lösung die Randbedingungen erfüllt.

   (b) Was ist der maximale Wert der Lösung?

2. **Temperaturausgleich in Kugelschale**

   Eine Kugelschale mit Radien 1 und 2 hat beim inneren Rand die Temperatur 1, die äussere Schale ist teilweise isoliert mit Aussentemperatur 10:
   $$u'(2) + 0.5 \cdot u(2) = 10.$$

   Welche Temperatur $u(r)$ hat man für $r = 1.5$?

3. **Heizung mit Abstrahlung (Platte)**

   Eine quadratische Platte $G = (0, \pi) \times (0, \pi)$ wird geheizt, gleichzeitig strahlt sie Wärme ab. Der Rand ist ohne Isolation und die äussere Temperatur sei 0. Diese Situation kann modelliert werden durch das RWP:
   $$\begin{cases} D\Delta u - c \cdot u + q \cdot x \cdot y = 0 & \text{in } G \\ u = 0 & \text{auf } \partial G. \end{cases}$$

   Man berechne die Temperatur $u(x, y)$.

4. **Konstante Heizung mit Abstrahlung ($G =$ Kugel)**

   $$\begin{cases} D\Delta u - c \cdot u + q = 0 & \text{in } G \\ u = 0 & \text{auf } \partial G. \end{cases}$$

   Hinweis: Die Lösung ist radialsymmetrisch. Was ist der maximale Wert der Temperatur?

5. **Spezielles Dirichlet-Problem für Rechteck**

   Gegeben sei das Rechteck $G = (0, a) \times (0, b)$. Gesucht ist die Lösung des Problems:
   $$\Delta u = 0 \text{ in } G,$$

   $u =$ lineare Funktionen auf ∂G, mit "Eckwerten" A bei $(0, 0)$, B bei $(a, 0)$, C bei (a, b), D bei $(b, 0)$.

   Hinweis: Das Problem lässt sich mit dem einfachstmöglichen Ansatz lösen!

6. **Challenge-Problem:**

   Eine im Gebiet G nicht konstante harmonische Funktion nimmt ihr Maximum und Minimum nur auf ∂G an.

   Diese Eigenschaft unterstreicht wieder die ausgleichende Wirkung der Diffusion.

7.4 Anfangs-Randwertprobleme

7.4.1 Eindeutigkeit

Das allgemeine Problem dieses Kapitels ist:

$$\begin{cases} \partial_t u(x,t) = D\Delta u(x,t) + q(x,t) - c \cdot u(x,t) & \text{in } G \\ Bu \quad = f(x,t) & \text{auf } \partial G \\ u(x,0) \quad = u_0(x)\,. \end{cases} \qquad \text{(ARW)}$$

Wir zeigen zuerst:

Die Lösung von (ARW) ist eindeutig.

Der Beweis ist analog wie in Kap. 7.2. Annahme: u_1 und u_2 seien zwei Lösungen von (ARW) und $v = u_1 - u_2$. Dann ist v eine Lösung des homogenen Problems

$$\begin{cases} \partial_t v(x,t) = D\Delta v(x,t) - c \cdot v(x,t) & \text{in } G \\ Bv \quad = 0 & \text{auf } \partial G \\ v(x,0) \quad = 0\,. \end{cases}$$

Nun setzen wir $w(t) = \int_G v(x,t)^2\,dx$. Dann folgt aus der Differentialgleichung, der Green'schen Identität und den Randbedingungen:

$$\begin{aligned} \dot{w}(t) &= 2\int_G v\partial_t v\,dx \\ &= 2\int_G v(D\Delta v - cv)\,dx \\ &= -2\int_G |\nabla v|^2\,dx - 2c\int_G v^2\,dx \le -2cw. \end{aligned}$$

Damit gilt $w(t) \leq w(0)e^{-2ct}$. Wegen der Anfangsbedingung folgt auch $w(0) = 0$ und damit $w(t) = 0$, d.h. auch $v(x,t) = 0$, und die Eindeutigkeit ist gezeigt.

Die Eindeutigkeit ist deshalb wichtig, weil man oft mit einem speziellen Ansatz eine Lösung findet. Dann ist es wichtig zu wissen, dass es keine andere Lösung gibt.

7.4.2 Reine Diffusion

(a) Eindimensionaler Fall:

Wir beginnen mit dem einfachsten Fall: $G = (0, L)$ und homogene Dirichlet-Randbedingung:

$$\begin{cases} \partial_t u(x,t) = D u_{xx}(x,t), & x \in (0,L),\ t > 0 \\ u(0,t) \quad = u(L,t) = 0 \\ u(x,0) \quad = u_0(x)\,. \end{cases} \tag{D1}$$

Der Ansatz für $u(x,t)$ ist nun $u(x,t) = T(t) \cdot \varphi(x)$. Eingesetzt in der Differentialgleichung folgt:

$$\dot{T}(t)\varphi(x) = T(t)\varphi''(x)$$

oder umgeschrieben:

$$\frac{\dot{T}}{T} = D\frac{\varphi''}{\varphi}\,.$$

Nun haben wir wieder auf der einen Seite einen Ausdruck, der nur von der Variablen t abhängt, und auf der andern dasselbe mit der Variablen x. Also müssen beide Seiten konstant sein. Wir nehmen zuerst

$$\frac{\varphi''}{\varphi} = c.$$

Die Randbedingungen können nur von $\varphi(x)$ erfüllt werden. Dies hat nur eine nicht-triviale Lösung, falls

$$\varphi_k(x) = a \sin\left(\frac{k\pi}{L}x\right), k = 1, 2, 3, \ldots\,.$$

Dann muss aber $T(t)$ erfüllen:

$$\frac{\dot{T}}{T} = -D\lambda_k, \quad \lambda_k = \left(\frac{k\pi}{L}\right)^2.$$

Die Lösung ist bekannt: $T(t) = T(0)e^{-D\lambda_k t}$. Wir haben damit Lösungen der Differentialgleichung von der Form:

$$u_k(x,t) = \varphi_k(x)e^{-D\lambda_k t}.$$

Die Differentialgleichung ist linear, d.h. eine beliebige Linearkombination von Lösungen ist wieder eine Lösung. Deshalb lautet der endgültige Ansatz:

$$u(x,t) = \sum_{k=1}^{\infty} c_k \varphi_k(x) e^{-D\lambda_k t}.$$

Damit sind Differentialgleichung und Randbedingung erfüllt. Die Anfangsbedingung verlangt:

$$u(x,0) = \sum_{k=1}^{\infty} c_k \varphi_k(x) = u_0(x).$$

Wir wissen aber aus Kap. 7.3., wie die Koeffizienten c_k zu wählen sind (die Normierung ist dabei berücksichtigt):

$$c_k = \frac{2}{L} \int_0^L \sin\left(\frac{k\pi}{L} x\right) u_0(x)\, dx.$$

Damit ist die Lösung bestimmt. Zusammengefasst gilt also: Die Lösung von (D) ist

$$\boxed{\begin{aligned} u(x,t) &= \sum_{k=1}^{\infty} c_k \varphi_k(x) e^{-D\lambda_k t}, \text{ wobei} \\ c_k &= \frac{2}{L} \int_0^L \sin\left(\frac{k\pi}{L} x\right) u_0(x)\, dx. \end{aligned}}$$

BEMERKUNG:

Die Wirkung der Diffusion kann man sich im eindimensionalen Fall sehr gut anhand der zweiten Ableitung überlegen: In der Nähe eines Maximums ist die zweite Ableitung (nach x) negativ, also werden die Funktionswerte durch die Diffusion verkleinert. In der Nähe eines Minimums ist es umgekehrt. Die Diffusion glättet also Unebenheiten aus.

ANWENDUNGSBEISPIEL ZUR LÖSUNGSFORMEL:

Sei $G = (0,1)$ und $D = 1$

$$u_0(x) = \begin{cases} 1 & \frac{1}{4} < x < \frac{3}{4} \\ 0 & \text{sonst}\,. \end{cases}$$

Die Fourierkoeffizienten sind also:

$$c_k = 2\int_{\frac{1}{4}}^{\frac{3}{4}} \sin(k\pi x)\,dx = \begin{cases} 0, & \text{falls } k \text{ gerade} \\ \pm\dfrac{\sqrt{2}}{k\pi}, & \text{falls } k \text{ ungerade}\,. \end{cases}$$

Abbildung 7.21 zeigt die Lösung zu verschiedenen Zeiten:

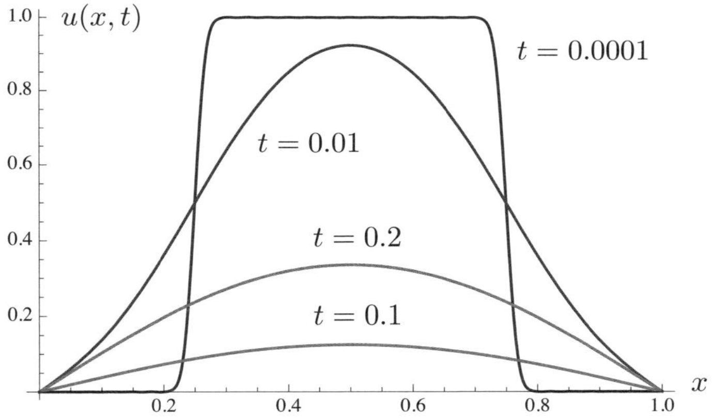

Abb. 7.21. Lösung zu verschiedenen Zeiten

○

(b) Allgemeines Gebiet:

Für das Problem:

$$\begin{cases} \partial_t u(x,t) = D\Delta u(x,t) & \text{in } G \\ Bu \quad = 0 & \text{auf } \partial G \\ u(x,0) \quad = u_0(x) \end{cases} \tag{D}$$

kann man sofort durch Ableiten verifizieren, dass

$$u(x,t) = \sum_{k=1}^{\infty} c_k \varphi_k(x) e^{-D\lambda_k t}$$

die Differentialgleichung erfüllt. Hier sind die φ_k die Eigenfunktionen des zugehörigen Eigenwertproblems

$$\begin{cases} \Delta\varphi + \lambda\varphi = 0 & \text{in } G \\ B\varphi \qquad\;\; = 0 & \text{auf } \partial G. \end{cases} \tag{EWP}$$

Die Randbedingung wird von den Eigenfunktionen erfüllt. Wenn wie in Kapitel 7.3 die Fourierkoeffizienten gewählt sind:

$$c_k = \int_G u_0(x) \varphi_k(x) dx,$$

so ist auch die Anfangsbedingung erfüllt. Zusammengefasst gilt also: Die Lösung von (D) ist

$$\boxed{\begin{aligned} u(x,t) &= \sum_{k=1}^{\infty} c_k \varphi_k(x) e^{-D\lambda_k t}, \text{ wobei} \\ c_k &= \int_G u_0(x) \varphi_k(x)\, dx, \end{aligned}}$$

und die $\varphi_k(x)$ die normierten Eigenfunktionen von (EWP) sind.

7.4.3 Diffusion und Quelle

Das Problem ist Folgendes:

$$\begin{cases} \partial_t u(x,t) = D\Delta u(x,t) + q(x,t) & \text{in } G \\ Bu \qquad\quad\; = 0 & \text{auf } \partial G \\ u(x,0) \quad\; = 0\,. \end{cases} \tag{Q}$$

Die einzige Inhomogenität ist hier in der Differentialgleichung. Wir verallgemeinern den Ansatz von oben zu

$$u(x,t) = \sum_{k=1}^{\infty} u_k(t) \varphi_k(x),$$

wobei die Funktionen $u_k(t)$ zu bestimmen sind. Die Quelle entwickeln wir nach den Eigenfunktionen, wobei aber die Koeffizienten zeitabhängig sein können:

$$q(x,t) = \sum_{k=1}^{\infty} q_k(t)\varphi_k(x) \,\text{und}\, q_k(t) = \int_G q(x,t)\varphi_k(x)\,dx.$$

Man setzt in der Differentialgleichung ein und vergleicht alle Terme, die mit $\varphi_k(x)$ multipliziert werden. Dann muss demnach gelten:

$$\dot{u_k} = -D\lambda_k u_k + q_k,$$

und die Anfangsbedingung in (Q) verlangt $u_k(0) = 0$. Wir haben also eine gewöhnliche Differentialgleichung für die Koeffizientenfunktionen. Es ist eine lineare Differentialgleichung 1. Ordnung: siehe Analysis 1, Kap. 4.1. Alternativ wäre es auch einfach mit der Laplacetransformation zu lösen. Man erhält

$$u_k(t) = \int_0^t e^{-D\lambda_k(t-\tau)} q_k(\tau)\,d\tau.$$

Wir können also die Lösung direkt mit zwei Integralen schreiben:

$$\boxed{\text{Lösung von (Q): } u(x,t) = \sum_{k=1}^{\infty} \varphi_k(x) \int_0^t e^{-D\lambda_k(t-\tau)} \left(\int_G q(\zeta,t)\varphi_k(\zeta)d\zeta \right) d\tau.}$$

ANWENDUNGSBEISPIEL:

Sei $G = (0,1) \times (0,1)$, $q(x,y) = xy$ und $Bu = \frac{\partial u}{\partial n}$ für $x = 0$ oder $y = 0$, $Bu = u$ für $x = 1$ oder $y = 1$. Die Eigenfunktionen sind damit

$$\varphi_{kl}(x,y) = \cos\left(k\frac{\pi}{2}x\right)\cos\left(l\frac{\pi}{2}y\right),$$

die Eigenwerte

$$\lambda_{kl} = \left(\frac{\pi}{2}\right)^2 (k^2 + l^2), k,l = 1,3,5,\dots .$$

Von der Normierung ist ein Faktor 4 zu beachten. Die obige Lösungsformel gibt damit:

$$u(x,y,t) = 4\sum_{\substack{k,l=1\\ \text{ungerade}}}^{\infty} \cos\left(k\frac{\pi}{2}x\right)\cos\left(l\frac{\pi}{2}y\right)\cdot$$

$$\int_0^t e^{-D\lambda_{\mathrm{kl}}(t-\tau)}d\tau \int_0^1 \zeta\cdot\cos\left(k\frac{\pi}{2}\zeta\right)\,d\xi \int_0^1 \eta\cdot\cos\left(l\frac{\pi}{2}\eta\right)\,d\eta.$$

Eine einfache Routinerechnung gibt:

$$u(x,y,t) = \frac{16}{D\pi^2}$$

$$\sum_{\substack{k,l=1\\ \text{ungerade}}}^{\infty} \cos\left(k\frac{\pi}{2}x\right)\cos\left(l\frac{\pi}{2}y\right)\frac{1-e^{-Dt\lambda_{kl}t}}{\lambda_{kl}}\left(\frac{\pm 1}{k}-\frac{2}{k^2\pi}\right)\left(\frac{\pm 1}{l}-\frac{2}{l^2\pi}\right).$$

Hier steht für $\pm$ alternierend, beginnend mit plus. Für $t\to\infty$ geht $u(x,y,t)$ gegen $v(x,y)$, und $v(x,y)$ muss die Lösung sein des RWP:

$$\begin{cases} \Delta v + xy = 0 & \text{in } (0,1)\times(0,1)\\ v_x(0,y)=0, v_y(x,0)=0, & v(1,y)=0, v(x,1)=0. \end{cases}$$

Der Plot des maximalen Wertes $u_{\max} = u(0,0,t)$ sieht so aus ($D=1$):

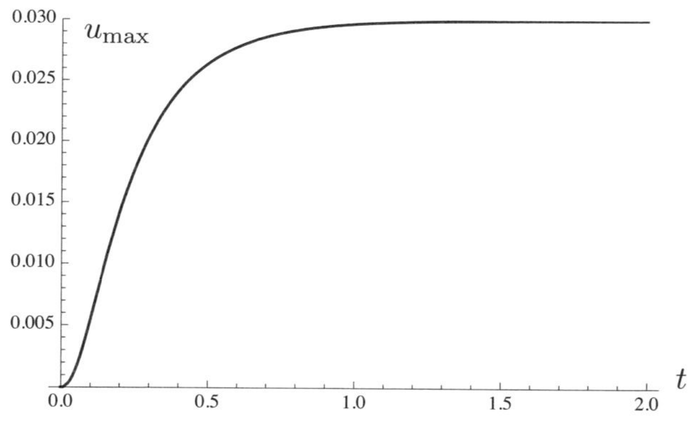

Abb. 7.22. Plot des maximalen Wertes

Für $t \to \infty$ ergibt sich aus $u(x, y, t)$:

$$v(x,y) = \tfrac{16}{D\pi^2} \sum_{\substack{k,l=1 \\ \text{ungerade}}}^{\infty} \cos\left(k\frac{\pi}{2}x\right) \cos\left(l\frac{\pi}{2}y\right) \frac{1}{\lambda_{kl}} \left(\frac{\pm 1}{k} - \frac{2}{k^2\pi}\right) \left(\frac{\pm 1}{l} - \frac{2}{l^2\pi}\right).$$

Das steady state $v(x, y)$ hat das folgende Bild:

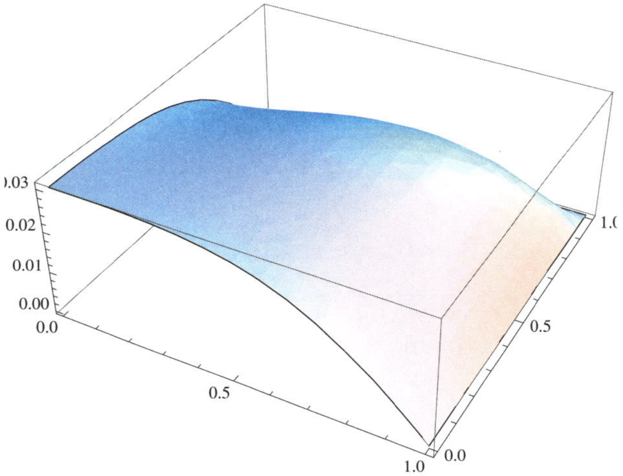

Abb. 7.23. Bild des steady states

○

7.4.4 Inhomogene Randbedingungen

Wir nehmen als dritte Möglichkeit den Fall, dass nur die Randbedingung inhomogen ist:

$$\begin{cases} \partial_t u &= D\Delta u \quad \text{in } G \\ Bu &= g(x,t) \quad \text{auf } \partial G \\ u(x,0) = 0. \end{cases} \tag{R}$$

Hier macht man einen Ansatz, der die Inhomogenität in der Randbedingung beseitigt. Es sei $r(x, t)$ eine beliebige Funktion, die die Randbedingung erfüllt. Dann setzt man $u(x,t) = w(x,t) + r(x,t)$. Eingesetzt und umgeschrieben folgt damit:

$$\begin{cases} \partial_t w &= D\Delta w + D\Delta r - \partial_t r \quad \text{in } G \\ Bw &= 0 \quad \text{auf } \partial G \\ w(x,0) &= -r(x,0). \end{cases}$$

Jetzt muss man nur noch $w(x,t)$ in zwei Funktionen $w_1(x,t)$ und $w_2(x,t)$ aufspalten: $w_1(x,t)$ ist Lösung von

$$\begin{cases} \partial_t w_1 &= D\Delta w_1 + \widehat{q}(x,t) \quad \text{in } G, \text{wobei } \widehat{q}(x,t) = D\Delta r - \partial_t r \\ Bw_1 &= 0 \quad \text{auf } \partial G \\ w_1(x,0) &= 0, \end{cases} \quad , \quad \text{(R1)}$$

und $w_2(x,t)$ ist Lösung von

$$\begin{cases} \partial_t w_2 &= D\Delta w_2 \quad \text{in } G \\ Bw_2 &= 0 \quad \text{auf } \partial G \\ w_2(x,0) &= -r(x,0)\,. \end{cases} \quad \text{(R2)}$$

Damit hat man das Problem (R) zurückgeführt auf die in Abschnitt (B) und (C) behandelten Probleme.

Beispiel: Vorgegebener Wärmefluss und konstante Heizung:

$$\begin{cases} \partial_t u(x,t) = Du_{xx}(x,t) + q, & x \in \left(0, \frac{\pi}{2}\right), t > 0 \\ u_x(0,t) \; = -a \cdot e^{-\alpha t}, & u\left(\frac{\pi}{2}, t\right) = 0 \\ u(x,0) \; = a \cdot \left(\frac{\pi}{2} - x\right). \end{cases}$$

Die Randbedingung bei $x = 0$ bedeutet, dass aktiv Wärme hineingepumpt wird, wobei die Menge mit der Zeit abnimmt. Nach dem oben angegebenen Verfahren müssen wir zuerst eine Funktion angeben, die die Randbedingungen erfüllt. Eine einfache Möglichkeit ist

$$r(x,t) = \left(\frac{\pi}{2} - x\right) \cdot a \cdot e^{-\alpha t}.$$

In diesem Falle ist gleichzeitig auch die Anfangsbedingung erfüllt. Damit haben wir nur das Problem:

$$\begin{cases} \partial_t w_1 &= D w_{1_{xx}} + a \cdot \alpha \cdot e^{-\alpha t}\left(\frac{\pi}{2} - x\right) + q \quad \text{in } (0, \frac{\pi}{2}) \\ w_{1_x}(0,t) = 0, w_1\left(\frac{\pi}{2}, t\right) = 0 \\ w_1(x,0) &= 0\,. \end{cases} \quad \text{(R1)}$$

Die Eigenfunktionen sind $\varphi_k(x) = \cos(kx)$, $k = 1, 3, 5, \ldots$ mit Eigenwerten $\lambda_k = k^2$. Die Lösungsformel von Abschnitt (c) liefert folgendes Ergebnis: Wir setzen:

$$c_k(t) = \frac{4}{\pi k^3} \left(\frac{k \cdot a \cdot \alpha \left(e^{-\alpha t} - e^{-Dk^2 t}\right)}{Dk^2 - \alpha} \pm \frac{q}{D}(1 - e^{-Dk^2 t} \right),$$

($\pm$ steht für alternierendes Vorzeichen, beginnend mit $+$). Dann ist:

$$u(x,t) = \left(\frac{\pi}{2} - x\right) \cdot a e^{-\alpha t} + \sum_{\substack{k=1 \\ \text{ungerade}}}^{\infty} c_k(t) \cos(kx) \, .$$

Bilder von $u(x,t)$ für $a = 1$, $D = 1$, $\alpha = 2$ und $q = 1$ sieht man in Abbildung 7.24:

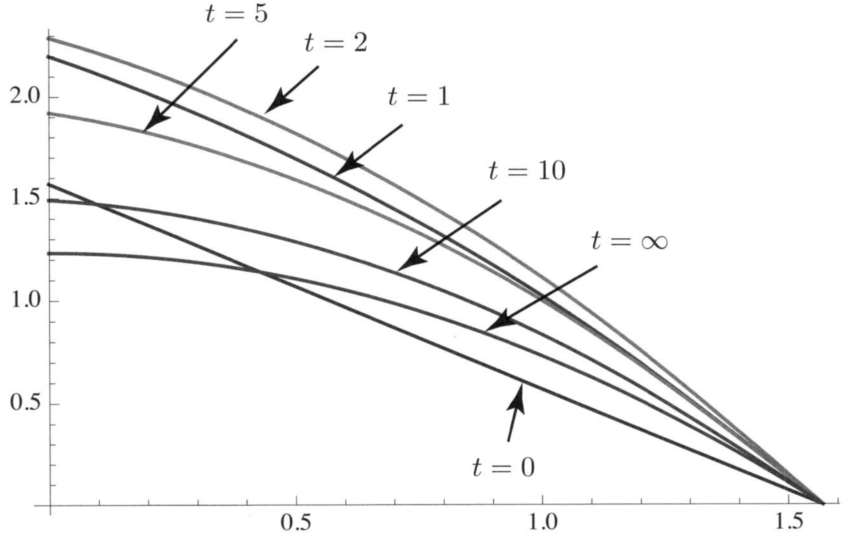

Abb. 7.24.

Der Plot von $u(0,t)$ ist dabei so:

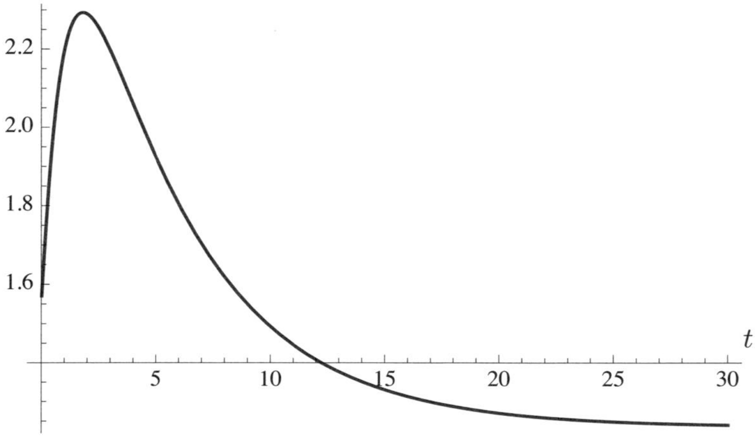

Abb. 7.25.

Für $t \to \infty$ geht $u(x,t)$ gegen $v(x)$, die Lösung von

$$\begin{cases} Dv'' + q = 0 & \text{in } \left(0, \frac{\pi}{2}\right) \\ v'(0) \quad = 0, v\left(\frac{\pi}{2}\right) = 0\,. \end{cases}$$

Man berechnet leicht, dass

$$v(x) = \frac{q}{2D}\left(\left(\frac{\pi}{2}\right)^2 - x^2\right),$$

und die Reihenentwicklung der Lösung gibt

$$\frac{q}{2D}\left(\left(\frac{\pi}{2}\right)^2 - x^2\right) = \frac{4q}{D\pi} \sum_{\substack{k=1 \\ \text{ungerade}}}^{\infty} \frac{\pm 1}{k^3} \cos(kx).$$

○

7.4.5 Diffusion und Reaktion

Wir betrachten nun das allgemeine Problem:

$$\begin{cases} \partial_t u(x,t) = D\Delta u(x,t) + q(x,t) - c \cdot u(x,t) & \text{in } G \\ Bu \qquad\;\; = f(x,t) & \text{auf } \partial G \\ u(x,0) \quad = u_0(x). \end{cases} \qquad \text{(ARW)}$$

Dieses Problem kann leicht zurückgeführt werden durch den Ansatz $u(x,t) = w(x,t)\cdot e^{-ct}$. Man findet durch Einsetzen und Umformung für $w(x,t)$ das Problem

$$\begin{cases} \partial_t w(x,t) = D\Delta w(x,t) + \widehat{q}(x,t) & \text{in } G \\ Bw \qquad\quad = \widehat{f}(x,t) & \text{auf } \partial G \\ w(x,0) \quad\; = u_0(x) & \end{cases}$$

mit $\widehat{q}(x,t) = q(x,t)\cdot e^{ct}$ und $\widehat{f}(x,t) = f(x,t)\cdot e^{ct}$. Dieses Problem ist in (C) und (D) gelöst worden.

ANWENDUNG: Diffusion und Reaktion in einer Kugel

Eine chemische Zerfallsreaktion findet in einem Katalysator (Kugel) statt. Die Konzentration innen ist vor dem Start der Reaktion gleich der Bad-Konzentration (= 1). Die Reaktion wird für $t = 0$ gestartet. Die Konzentration $u(x,t)$ ist dann Lösung von

$$\begin{cases} \partial_t u \qquad = D\Delta u - c\cdot u & \text{auf } \partial G \ (= \text{Kugel}) \\ u \qquad\;\; = 1 & \text{auf } \partial G \\ u(x,0) = 1. & \end{cases}$$

Die Lösung ist natürlich radialsymmetrisch und deshalb brauchen wir auch die radialsymmetrischen Eigenfunktionen. Diese haben wir schon kennengelernt:

$$\varphi_k(r) = \frac{\sin\left(\dfrac{k\pi}{R} r\right)}{r}.$$

Die Normierung wird dann noch einen Faktor $\frac{1}{2\pi R}$ nach sich ziehen. Wir setzen also

$$u(r,t) = 1 - w(r,t)\cdot e^{-ct},$$

dann wird die Rand- und Anfangsbedingung homogen und $w(r,t)$ muss Lösung sein von

$$\begin{cases} \partial_t w & = D\Delta_r w + c\cdot e^{ct} \quad 0 < r < R \\ w(0) \text{ endlich} & w(R) = 0 \\ w(r,0) & = 0. \end{cases}$$

Wir können direkt die Lösungsformel von (C) anwenden:

$$u(r,t) = 1 - e^{-ct}\frac{1}{2\pi R}\sum_{k=1}^{\infty} c_k(t)\varphi_k(r),$$

mit

$$\begin{aligned} c_k(t) &= c\int_0^t e^{-D\left(\frac{k\pi}{R}\right)^2(t-\tau)} e^{c\tau}\,d\tau \cdot 4\pi \int_0^R \sin\left(\frac{k\pi}{R}r\right) r\,dr \\ &= (\pm)\frac{4cR^2}{k\,(D\lambda_k + c)}(e^{ct} - e^{-D\lambda_k t}), \end{aligned}$$

zusammengefasst also:

$$u(r,t) = 1 - e^{-ct}\sum_{k=1}^{\infty}(\pm)\frac{2\,cR}{\pi k(D(\frac{k\pi}{R})^2 + c)}(e^{ct} - e^{-D(\frac{k\pi}{R})^2 t})\,\frac{\sin\left(\frac{k\pi}{R}r\right)}{r}.$$

Die Bilder der Lösung für $D = 1$, $R = 1$ und $c = 5$ zu verschiedenen Zeiten sehen so aus:

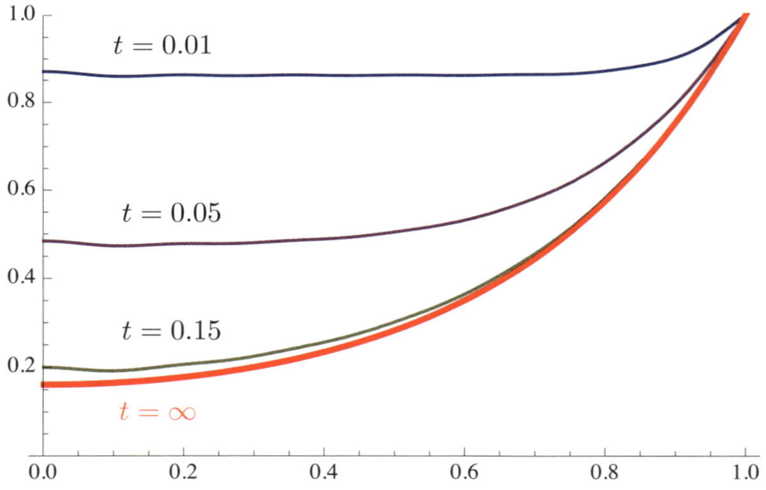

Abb. 7.26. Bilder der Lösung zu verschiedenen Zeiten

Für $t \to \infty$ gilt

$$u(r,t) \to \frac{R \cdot \sinh\left(\sqrt{c}r\right)}{r \cdot \sinh\left(\sqrt{c}R\right)},$$

wie wir in Beispiel (d) in 7.3. berechnet haben. Das bedeutet, dass

$$\frac{R \sinh\left(\sqrt{c}r\right)}{r \sinh\left(\sqrt{c}R\right)} = 1 - \sum_{k=1}^{\infty} (\pm) \frac{2cR}{\pi k \left(D\left(\frac{k\pi}{R}\right)^2 + c\right)} \cdot \frac{\sin\left(\frac{k\pi}{R} r\right)}{r}.$$

○

7.4.6 Periodische Lösungen

Wenn die Quelle oder die Randbedingung periodisch in der Zeit sind, kann es auch periodische Lösungen geben. Wir betrachten ein solches Beispiel. Es sei G ein Zylinder mit beliebigem Querschnitt und der x-Achse als Zylinderachse, mit $x = 0$ am Boden und $x = L$ auf dem Deckel. Der Mantel und der Boden des Zylinders seien isoliert gegen Wärme. Der Deckel werde periodisch erwärmt und abgekühlt. Die Lösung hängt dann nur noch von x und t ab. Dieser Prozess kann modelliert werden durch das System:

$$\begin{cases} \partial_t u \quad = D u_{xx} & \text{in } (0, L) \\ u_x(0,t) = 0 \quad u(L,t) = \sin(\omega t) & \\ u(x,0) \quad = u_0(x). & \end{cases}$$

In diesem speziellen Fall ist es günstiger, die periodische Lösung, die sich einstellen wird, direkt mit einem entsprechenden Ansatz zu suchen. Am elegantesten findet man sie, indem man zuerst die komplexe Version anschaut, und zwar muss nur die Differentialgleichung und Randbedingung erfüllt werden. Die Anfangsbedingung wird mit der Zeit *vergessen*, was man auch ohne Weiteres analytisch zeigen könnte.

$$\begin{cases} \partial_t \widehat{u} = D \widehat{u}_{xx} & \text{in } (0, L) \\ \widehat{u}_x(0,t) = 0, \; \widehat{u}(L,t) = e^{i\omega t}. & \end{cases}$$

Der Ansatz ist nun $\widehat{u}(x,t) = v(x) \cdot e^{i\omega t}$. Eingesetzt in der Differentialgleichung folgt:

$$i\omega v(x) \cdot e^{i\omega t} = D v'' \cdot e^{i\omega t} \quad \text{in } (0, L),$$

d.h.

$$\begin{cases} i\omega v(x) = D v'' & \text{in } (0, L) \\ v'(0) = 0, \; v(L) = 1. & \end{cases}$$

Dies ist ein Randwertproblem, das wir in Analysis 1 schon gelöst haben, hier aber mit dem ungewohnten Zusatz, dass eine imaginäre Konstante darin vorkommt. Wir haben aber auch in Analysis 1 gelernt, dass mit einer komplexen Lösung auch Real- und Imaginärteil Lösungen sind. Dies wenden wir hier an. Es gilt also:

$$u(x,t) = \operatorname{Im}(v(x) \cdot e^{i\omega t}).$$

Die Lösung ist

$$v(x) = \frac{\cosh\left(\sqrt{\frac{i\omega}{D}}x\right)}{\cosh\left(\sqrt{\frac{i\omega}{D}}L\right)},$$

wobei

$$\sqrt{\frac{i\omega}{D}} = \frac{\sqrt{2}}{2}\left(1 + i\sqrt{\frac{\omega}{D}}\right).$$

Wir setzen zur Abkürzung noch $\mu = \sqrt{\frac{\omega}{2D}}L$ und nehmen statt x die dimensionslose Länge $\zeta = \frac{x}{L}$. Dann können wir die Lösung schreiben als:

$$u(\zeta,t) = \operatorname{Im}\left(e^{i\omega t}\frac{\cosh\left(\left(\frac{1}{\sqrt{2}} + i\mu\right)\zeta\right)}{\cosh\left(\frac{1}{\sqrt{2}} + i\mu\right)}\right) \quad \text{für } 0 < \zeta < 1, t > 0.$$

Es ist ein ziemlicher Aufwand, den Imaginärteil explizit auszurechnen. Man bekommt schliesslich:

$$\begin{aligned}
&u(\zeta,t) = \\
&\frac{2}{\cos(2\mu) + \cosh(\sqrt{2}}\left(\cos(\zeta\mu)\cosh\left(\frac{\zeta}{\sqrt{2}} \cdot \left(\cos(\mu)\cosh\left(\frac{1}{\sqrt{2}}\right)\sin(\omega t)\right.\right.\right. \\
&\left.\left.- \cos(\omega t)\sin(\mu)\sinh\left(\frac{1}{\sqrt{2}}\right)\right)\right) + \sin(\zeta\mu)\Big(\cos(\mu)\cos(\omega t)\cosh\left(\frac{1}{\sqrt{2}}\right) \\
&\left.+ \sin(\mu)\sin(\omega t)\sinh\left(\frac{1}{\sqrt{2}}\right)\sinh\left(\frac{\zeta}{\sqrt{2}}\right)\Big)\right).
\end{aligned}$$

Für $\mu = 1$ sehen Kurven für verschiedene Zeiten typischerweise so aus:

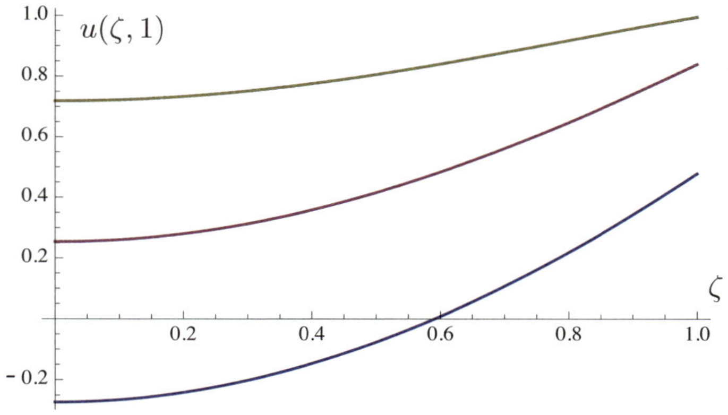

Abb. 7.27. Kurven zu verschiedenen Zeiten für $\mu = 1$

Falls D gross ist gegen die Frequenz ω, sind die örtlichen Schwankungen der Temperatur nicht gross. An einer festen Stelle sind sie periodisch in der Zeit. Falls aber die Diffusion langsam ist gegen die Frequenz, können örtlich grössere Schwankungen auftreten, insbesondere kann es mehrere Maxima und Minima geben: $\mu = 20$.

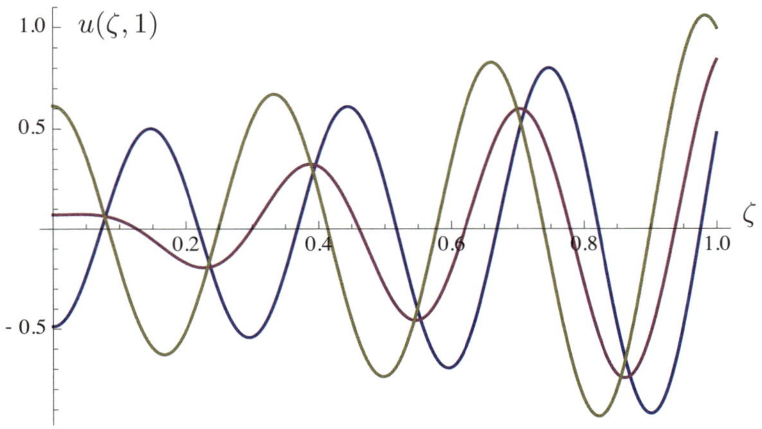

Abb. 7.28. Lösung zu verschiedenen Zeiten für $\mu = 20$

7.4.7 Übungsaufgaben zu Kapitel 7.4

1. **Vorgebener Diffusionsfluss und Reaktion**

   In einen Zylinder der Länge L diffundiert am Boden eine Substanz hinein, die im Zylinder abgebaut wird. Auf dem Deckel und zur Zeit $t = 0$ herrsche die konstante Konzentration 0, der Mantel sei isoliert. Modell:

   $$\partial_t u = D\partial_{xx} u - c \cdot u \text{ in}(0, L)$$
   $$\partial_x u(0,t) = \alpha t e^{-\beta t}, u(L,t) = 0 u(x,0) = 0.$$

   Gesucht ist die Lösung.

2. **Diffusion mit Quelle in Kugel**

   Es sei G eine Kugel mit Radius R. Gesucht ist die Lösung des Problems

   $$\begin{aligned} \partial_t u &= D\,\Delta u + ar^2 && \text{in } G \\ u &= 0 && \text{auf } \partial G \\ u(r,0) &= 0. \end{aligned}$$

   Berechnen Sie auch die stationäre Lösung $v(r)$.

   Was für eine Relation erhält man, wenn man die unendliche Reihe für $v(r)$ im Nullpunkt auswertet?

3. **Eindringen der Wärme in die Erde**

   Das Eindringen der Wärme in die Erdoberfläche kann modelliert werden analog zu Beispiel F:

   $$\begin{cases} \partial_t u = D u_{xx} \text{ in } (0, \infty) \\ u(0,t) = u_0 \sin(\omega t). \end{cases}$$

   Hinweis: Mit einem komplexen Ansatz findet man die Lösung.

   Zusatzfragen:

   a) Wie weit hinein in die Erde sind die täglichen äusseren Schwankungen noch zu $\frac{1}{10}$ spürbar? ($D = 10^{-3} \frac{\text{cm}^2}{\text{sec}}$ für feuchte Erde).

b) Wenn die Tagestemperaturen zwischen 5° und 25° schwanken und auf der Oberfläche eine Temperatur von 20° herrscht, welche Temperatur hat man zu diesem Zeitpunkt in 20 cm Tiefe?

4. Eine rechteckige Platte ist auf zwei gegenüberliegenden Seiten isoliert, die andern zwei Seiten sind im Kontakt mit einem Medium, das auf der einen Seite konstante Temperatur hat, die andere Seite wird langsam erwärmt. Modell:

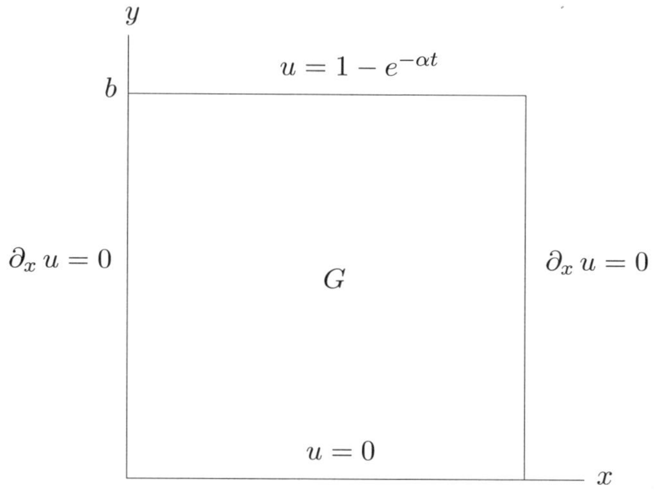

Abb. 7.29.

$\partial_t u = D\ \Delta u$ in G, $u(x,y,0) = \cos(\frac{\pi}{a}x)\ \sin(\frac{\pi}{b}y)$, Randbedingungen gemäss Zeichnung.

(a) Berechnen Sie die Lösung.

(b) Zu welcher Zeit hat man in der Mitte von G den halben Wert der stationären Temperatur erreicht? $D = 0.2\frac{\text{cm}^2}{s}$ (Luft: 20°), $a = 10$ cm, $b = 5$ cm, $\alpha = \frac{0.1}{s}$, Näherung mit einem Term der Summe.

7.5 Fouriertransformation

Die Fouriertransformation ist in sehr vielen Anwendungen ein wichtiges Hilfsmittel. Sie ist einerseits verwandt mit der Laplacetransformation und andererseits mit der Fourierreihe. Wir werden hier die grundlegenden Beziehungen aus der Fourierreihe ableiten.

7.5.1 Herleitung der Grundformeln

Wir beginnen mit dem wohlbekannten Eigenwertproblem für ein Intervall:

$$\varphi'' + \lambda\varphi = 0$$

in $(-L, L)$, φ periodisch. Die Eigenfunktionen schreiben wir jetzt aber in komplexer Form als

$$\varphi_k(x) = e^{-i\pi\frac{k}{L}x}, k \in \mathbb{Z}.$$

Das Minuszeichen im Exponenten ist unwichtig und willkürlich gewählt. Wir kontrollieren noch die Orthogonalität für diese Form der Eigenfunktionen. Da die Funktionen komplexwertig sind, muss man bei einem Faktor den komplex konjugierten Wert nehmen, damit das Normquadrat richtig herauskommt.

$$\int_{-L}^{L} \varphi_k(x)\overline{\varphi_l(x)}\,dx = \int_{-L}^{L} e^{-i\pi\frac{k}{L}x}e^{i\pi\frac{l}{L}x}\,dx = \int_{-L}^{L} e^{-\frac{i\pi}{L}(k-l)x}dx$$

$$= \begin{cases} 2L & \text{für } k = l \\ 0 & \text{für } k \neq l\,. \end{cases}$$

Für eine beliebige Funktion $f(x)$ haben wir also die Fourierreihe

$$f(x) = \sum_{k=-\infty}^{\infty} c_k e^{-i\pi\frac{k}{L}x},$$

mit $c_k = \frac{1}{2L}\int_{-L}^{L} e^{i\pi\frac{k}{L}\zeta} f(\zeta)\,d\zeta$. Es gilt also die Identität:

$$f(x) = \frac{1}{2L}\sum_{k=-\infty}^{\infty} e^{-i\pi\frac{k}{L}x}\int_{-L}^{L} e^{i\pi\frac{k}{L}\zeta} f(\zeta)\,d\zeta.$$

Wir schreiben um, indem wir $y_k = \frac{k\pi}{L}$ und $\Delta y_k = \frac{\pi}{L}$ setzen. Damit können wir die Identität umschreiben in der Form:

$$f(x) = \frac{1}{2\pi} \sum_{k=-\infty}^{\infty} \int_{-L}^{L} e^{iy_k\zeta} f(\zeta)\, d\zeta e^{-iy_k x} \Delta y_k.$$

Wenn wir jetzt den Grenzübergang $L \to \infty$ machen, wird die Summe in ein Integral übergehen und aus den diskreten Werten y_k werden kontinuierliche Werte y, aus Δy_k wird dy und die Identität wird zu

$$f(x) = \frac{1}{2\pi} \int_{-\infty}^{\infty} \int_{-\infty}^{\infty} e^{iy\zeta} f(\zeta)\, d\zeta e^{-iyx} dy. \tag{I}$$

Jetzt definieren wir

$$\widehat{f}(y) = \frac{1}{\sqrt{2\pi}} \int_{-\infty}^{\infty} e^{iyx} f(x)\, dx \quad \text{Fouriertransformierte von} f(x). \tag{FT}$$

BEMERKUNG:

Die Definition der Fouriertransformierten ist in der Literatur sehr uneinheitlich: 2π kann anderswo stehen und in der Exponentialfunktion kann $-iyx$ stehen statt iyx. Die hier gewählte Definition hat den Vorteil der Symmetrie bei vielen Formeln. Wir schreiben die Identität (I) um, indem wir die Definition der Fouriertransformierten (FT) benützen. Dann liest es sich als:

$$f(x) = \frac{1}{\sqrt{2\pi}} \int_{-\infty}^{\infty} \widehat{f}(y) e^{-iyx} dy = \frac{1}{\sqrt{2\pi}} \int_{-\infty}^{\infty} \widehat{f}(-y) e^{iyx} dy = (\widehat{\widehat{f}(-y)}),$$

d.h. die Fouriertransformierte von $\widehat{f}(-y)$ ist wieder die Ausgangsfunktion. Falls eine Funktion gerade ist, d.h. $f(x) = f(-x)$, führt zweimalige FT wieder zurück zur Ausgangsfunktion, oder äquivalent, die FT ist dann gleich ihrer Inversen. Man kann zeigen:

- Die Fouriertransformation ist definiert für Funktionen, für die gilt:

  $$\int_{-\infty}^{\infty} |f(x)|\, dx < \infty \quad \text{(hinreichende Bedingung).}$$

  Also muss $\lim\limits_{|x| \to \infty} f(x) = 0$ sein.

- Falls $f(x)$ eine Sprungstelle hat, gibt die inverse FT den Mittelwert der Sprungwerte. Falls eine Funktion gerade ist, gilt, da ja

$$e^{iyx} = \cos(xy) + i\sin(xy),$$

$$\widehat{f}(y) = \frac{2}{\sqrt{2\pi}} \int_0^\infty f(x)\cos(xy))\,dx,$$

denn der Sinusanteil wird Null. Das wird auch eine Fourier-Cosinus-Transformierte genannt. Entsprechend ist bei einer ungeraden Funktion

$$\widehat{f}(y) = \frac{2i}{\sqrt{2\pi}} \int_0^\infty f(x)\sin(xy))\,dx,$$

eine Fourier-Sinus-Transformierte.

7.5.2 Erste Beispiele

1. Es sei:

$$f(x) = \begin{cases} 1, \text{ falls } |x| < a \\ 0, \text{ falls } |x| > a. \end{cases} =: \chi(x; -a, a)$$

Dies nennt man auch die charakteristische Funktion des Intervalls $(-a, a)$. Dann ist:

$$\begin{aligned} \widehat{f}(y) &= \frac{1}{\sqrt{2\pi}} \int_{-a}^{a} e^{iyx}\,dx \\ &= \frac{1}{\sqrt{2\pi}}(e^{iya} - e^{-iya})\frac{1}{iy} \\ &= \sqrt{\frac{2}{\pi}}\frac{\sin(ay)}{y}. \end{aligned}$$

Dies ist eine gerade Funktion, also ist die FT von $\widehat{f}(y)$ wieder die Ausgangsfunktion. Damit hat man aber ein schwieriges Integral berechnet. Nämlich:

$$\frac{1}{\pi}\int_{-\infty}^{\infty} \frac{\sin(ay)}{y}\cos(xy)\,dy = \begin{cases} 1, & \text{falls } |x| < a \\ 1/2, & \text{falls } x = \pm a \\ 0, & \text{falls } |x| > a. \end{cases}$$

Graphische Veranschaulichung dieser Transformation:

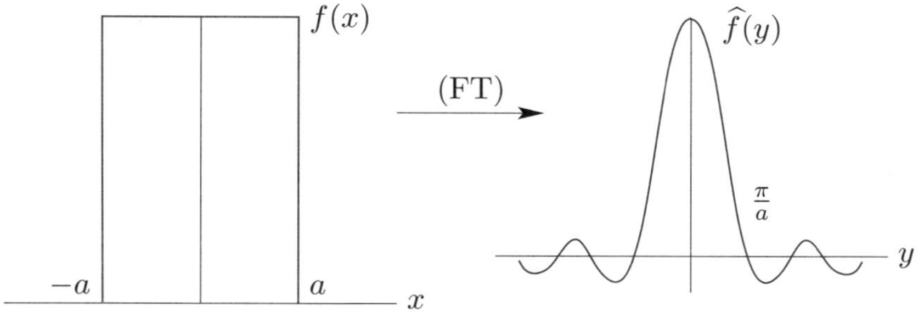

Abb. 7.30. Graphische Veranschaulichung einer Fouriertransformation

2. $f(x) = e^{-|x|}$:

$$\begin{aligned}\widehat{f}(y) &= \sqrt{\frac{2}{\pi}} \int_0^\infty e^{-x}\cos(xy)\,dx \\ &= \text{Laplace-Transformierte von} \cos(xy) \text{ für } p = 1 \text{ (siehe Analysis 1)} \\ &= \sqrt{\frac{2}{\pi}} \frac{1}{1+y^2}\,.\end{aligned}$$

Die inverse Transformation löst wieder ein schwieriges Integral:

$$\frac{2}{\pi}\int_{-\infty}^{\infty} \frac{1}{1+y^2}\cos(xy)\,dy = e^{-|x|}.$$

Wieder graphisch veranschaulicht:

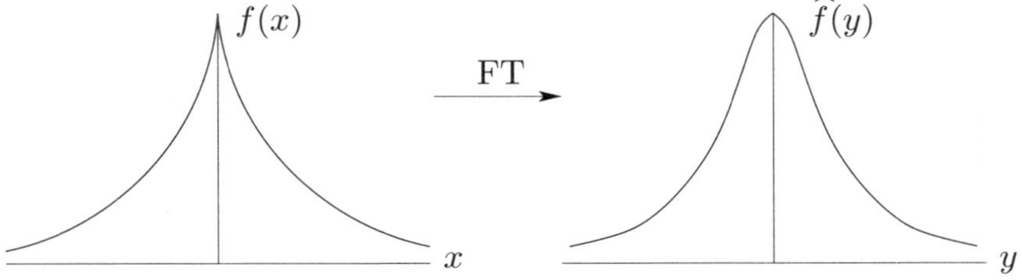

Abb. 7.31. Graphische Veranschaulichung einer Fouriertransformation

3. $f(x) = e^{-ax^2}$. Die Funktion ist gerade, also ist:

$$\widehat{f}(y) = \sqrt{\frac{2}{\pi}} \int_0^\infty e^{-ax^2} \cos(xy)\, dx = \sqrt{\frac{2}{\pi}}\, I(y).$$

Der Trick, um dieses Integral zu berechnen, ist folgender: Wir leiten ab nach y und integrieren dann partiell:

$$\begin{aligned} \frac{dI(y)}{dy} &= -\int_0^\infty x \cdot e^{-ax^2} \sin(xy) \\ &= \frac{1}{2a} e^{-ax^2} \sin(xy) \Big|_0^\infty - \frac{y}{2a} I(y) \\ &= \frac{-y}{2a} I(y), \\ I(0) &= \int_0^\infty e^{-ax^2} dx. \end{aligned}$$

Neue Variable $s = \sqrt{a}x \Rightarrow$

$$I(0) = \frac{1}{\sqrt{a}} \int_0^\infty e^{-s^2} ds = \frac{\sqrt{\pi}}{2\sqrt{a}},$$

wie wir gleich sehen werden. Jetzt bleibt noch zu berechnen:

$$I = \int_0^\infty e^{-x^2} \mathrm{dx}.$$

Das zugehörige unbestimmte Integral kann nicht durch die bekannten elementaren Funktionen ausgedrückt werden. Trotzdem kann man I mit einem einfachen Trick berechnen: Wir schreiben I^2 als

$$\int_0^\infty e^{-x^2} \mathrm{dx} \cdot \int_0^\infty e^{-y^2} \mathrm{dy} = \int_0^\infty \int_0^\infty e^{-(x^2+y^2)} dx dy.$$

Geht man zu Polarkoordinaten über, so wird

$$I^2 = \int_0^{\frac{\pi}{2}} \varphi d\varphi \int_0^\infty e^{-r^2} r dr = \frac{\pi}{2} \int_0^\infty e^{-r^2} r dr.$$

Mit der neuen Variablen t $= r^2$ sieht man sogleich, dass

$$I^2 = \frac{1}{4}\pi = \int_0^\infty e^{-t} dt = \frac{\pi}{4},$$

d.h.:

$$\boxed{\int_0^\infty e^{-x^2} \mathrm{dx} = \frac{\sqrt{\pi}}{2}.}$$

Die Lösung der Differentialgleichung bekommt man sofort durch Separation der Variablen. Also gilt:

$$e^{-ax^2} \stackrel{FT}{\longrightarrow} \frac{1}{\sqrt{2a}} e^{-\frac{y^2}{4a}}.$$

Diese Funktion erfährt also durch FT nur eine Streckung. Dieses Ergebnis ist sehr wichtig bei Diffusionsproblemen auf einem unendlichen Intervall.

7.5.3 Transformationsregeln

1. **Multiplikation mit e^{iax}.** Wir setzen direkt ein:

$$\frac{1}{\sqrt{2\pi}} \int_{-\infty}^{\infty} e^{iyx} e^{iax} f(x)\, dx = \frac{1}{\sqrt{2\pi}} \int_{-\infty}^{\infty} e^{ix(y+a)} f(x)\, dx = \widehat{f}(y+a).$$

Also heisst die Regel:

$$e^{iax} f(x) \longrightarrow \widehat{f}(y+a).$$

2. **Verschiebung im x-Raum.**

$$\frac{1}{\sqrt{2\pi}} \int_{-\infty}^{\infty} e^{iyx} f(x-a)\, dx = \frac{1}{\sqrt{2\pi}} \int_{-\infty}^{\infty} e^{iy(\zeta+a)} f(\zeta)\, d\zeta =$$
$$e^{iya} \frac{1}{\sqrt{2\pi}} \int_{-\infty}^{\infty} e^{iy\zeta} f(\zeta)\, d\zeta.$$

Also gilt symmetrisch zu Regel (1):

$$f(x-a) \longrightarrow e^{iya} \widehat{f}(y).$$

3. **Ableitung nach x.** Wir setzen voraus, dass auch $\lim_{|x|\to\infty} f'(x) = 0$.

$$\frac{1}{\sqrt{2\pi}} \int_{-\infty}^{\infty} e^{iyx} f'(x)\, dx = \frac{1}{\sqrt{2\pi}} \left(f(x) e^{iyx} \Big|_{-\infty}^{\infty} - iy \int_{-\infty}^{\infty} e^{iyx} f(x)\, dx \right)$$
$$= -iy \frac{1}{\sqrt{2\pi}} \int_{-\infty}^{\infty} e^{iyx} f(x)\, dx,$$

da $\lim_{|x|\to\infty} f(x) = 0$. Somit gilt:

$$f'(x) \longrightarrow -iy \cdot \widehat{f}(y).$$

4. **Multiplikation mit x.** Durch Ableiten sieht man sofort, dass gilt:

$$x \cdot f(x) \longrightarrow i \cdot \frac{d\widehat{f}(y)}{dy}.$$

5. **Faltungssatz.** Das ist eine besonders wichtige Regel. Zuerst die Definition der Faltung im Zusammenhang mit FT:

$$(f * g)(y) \equiv \int_{-\infty}^{\infty} f(x) g(y - x)\, dx.$$

Es gilt:

$$f * g = g * f \longrightarrow \sqrt{2\pi} \widehat{f} \cdot \widehat{g}.$$

Beweis.

$$\widehat{f}(y) \cdot \widehat{g}(y) \frac{1}{2\pi} \int_{-\infty}^{\infty} e^{iyx} f(x)\, dx \int_{-\infty}^{\infty} e^{iy\zeta} g(\zeta)\, d\zeta$$
$$= \frac{1}{2\pi} \int_{-\infty}^{\infty} \int_{-\infty}^{\infty} e^{iy(x+\zeta)} f(x) g(\zeta)\, dx\, d\zeta.$$

□

Wir führen im Doppelintegral neue Variablen r und s ein: $x + \zeta = r$ und $\zeta = s$. Dann gilt:

$$\left| \frac{\partial(r, s)}{\partial(x, \zeta)} \right| = det \begin{pmatrix} 1 & 1 \\ 0 & 1 \end{pmatrix} = 1.$$

Weiter ist $x = r - s$ und somit kann das Doppelintegral umgeschrieben werden zu:

$$\frac{1}{2\pi}\int_{-\infty}^{\infty}\int_{-\infty}^{\infty} e^{iyr} f(r-s)g(s)\,drds = \frac{1}{2\pi}\int_{-\infty}^{\infty} e^{iyr}\,dr \int_{-\infty}^{\infty} e^{iyr} f(r-s)g(s)\,ds$$
$$= \frac{1}{\sqrt{2\pi}}\widehat{(f*g)}.$$

6. **Streckung.** Zeigen Sie selbst:

$$f(\alpha\cdot x) \longrightarrow \frac{1}{\alpha}\hat{f}\left(\frac{y}{\alpha}\right).$$

7. **Dirac-Funktion.** Für viele Probleme hat sich das folgende Konzept als elegantes Hilfsmittel erwiesen:

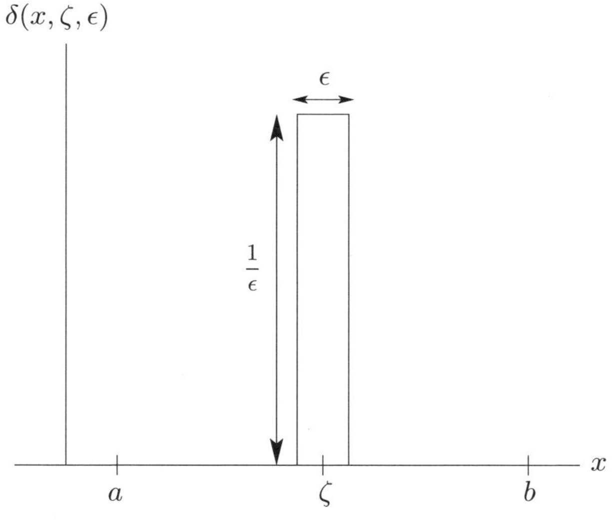

Abb. 7.32.

Wir definieren eine Funktion:

$$\delta(x,\zeta,\epsilon) = \begin{cases} \frac{1}{\epsilon}, & \text{falls } \left|x-\zeta\right| \le \frac{\epsilon}{2} \\ 0, & \text{sonst.} \end{cases}$$

Es sei nun $f(x)$ eine beliebige stetige Funktion. Dann ist:

$$\begin{aligned}\int_a^b f(x)\delta(x,\zeta,\epsilon)\,dx &= \frac{1}{\epsilon}\int_{\zeta-\frac{\epsilon}{2}}^{\zeta+\frac{\epsilon}{2}} f(x)dx \\ &= \frac{1}{\epsilon}\left(F\Big(\zeta+\frac{\epsilon}{2}\Big)-F\Big(\zeta-\frac{\epsilon}{2}\Big)\right), \\ &\quad \text{wobei } F = \text{Stammfunktion.}\end{aligned}$$

Falls wir nun $\epsilon \to 0$ gehen lassen, ergibt sich:

$$\lim_{\epsilon\to 0}\int_a^b f(x)\delta(x,\zeta,\epsilon)\,dx = f(\zeta).$$

Diesen Grenzwert von $\delta(x,\zeta,\epsilon) =: \delta(x,\zeta)$ nennt man *Diracfunktion*, Delta-Funktion, oder auch Dirac-Mass, nach dem englischen Physiker Paul Dirac (1902–1984, Nobelpreis 1933), der diesen Begriff einführte. Es gilt also:

$$\int_a^b f(x)\delta(x,\zeta)\,dx = \begin{cases} f(\zeta), & \text{falls } \zeta \in (a,b) \\ 0 & \text{sonst.}\end{cases}$$

Man nennt dies auch die *Filtereigenschaft* der Dirac-Funktion. Damit wird die FT von $\delta(x,\zeta)$ einfach:

$$\frac{1}{\sqrt{2\pi}}\int_{-\infty}^{\infty} e^{iyx}\delta(x,a)dx = \frac{1}{\sqrt{2\pi}}e^{iay}$$
$$\delta(x,a) \longrightarrow \frac{1}{\sqrt{2\pi}}e^{iay}.$$

8. **Ableitung nach einem Parameter.** Eine fast selbstverständliche, aber oft praktische Regel gilt für eine Funktion, die noch einen Parameter a enthält:
$$\frac{\partial f(x,\alpha)}{\partial\alpha} \longrightarrow \frac{\partial \widehat{f}(y,\alpha)}{\partial\alpha}.$$

7.5.4 Beispiele zur Anwendung der Regeln

1. FT von $f(x) = e^{-a|x|}\cos(\beta x)$.

Wir können so vorgehen: wir haben schon die FT von $e^{-|x|}$ berechnet.

Mit Regel (6) erhalten wir zuerst

$$e^{-a|x|} \longrightarrow \frac{1}{a}\sqrt{\frac{2}{\pi}}\,\frac{1}{1+\left(\frac{y}{a}\right)^2}.$$

Da $\cos(\beta x) = \frac{1}{2}(e^{i\beta x} + e^{-i\beta x})$, können wir weiter Regel (1) anwenden. Also gilt:

$$e^{-a|x|}\cos(\beta x) \longrightarrow \frac{1}{a}\sqrt{\frac{1}{2\pi}}\left(\frac{1}{1+\left(\dfrac{y+\beta}{a}\right)^2} + \frac{1}{1+\left(\frac{y-\beta}{a}\right)^2}\right).$$

2. $f(x) = x^2 e^{-ax^2}$.

Wir haben zwei Möglichkeiten:

(a)

$$f(x) = -\frac{\partial}{\partial a}\left(e^{-ax^2}\right) \Rightarrow$$

$$\widehat{f}(y) = -\frac{\partial}{\partial a}\left(\frac{1}{\sqrt{2a}}e^{-\frac{y^2}{4a}}\right) = \frac{e^{-\frac{y^2}{4a}}\left(2a - y^2\right)}{4\sqrt{2}a^{5/2}},$$

nach Regel (8).

(b)

$$\widehat{f}(y) = -\frac{\partial^2}{\partial y^2}\left(\frac{1}{\sqrt{2a}}e^{-\frac{y^2}{4a}}\right),$$

nach Regel (4).

3. $f(x) = \frac{\cos x}{1+x^2}$.

Hier können wir ausnützen, dass die zweimalige Fouriertransformation einer geraden Funktion wieder zur Ausgangsfunktion zurückführt:

$$\frac{1}{1+x^2} \longrightarrow \sqrt{\frac{\pi}{2}}e^{-|y|}.$$

(Beispiel (2) von vorher). Dann wenden wir wieder die Verschiebungsregel (1) an. Das führt zum Ergebnis:

$$\frac{\cos x}{1+x^2} \longrightarrow \frac{1}{2}\sqrt{\frac{\pi}{2}}(e^{-|y-1|} + e^{-|y+1|}).$$

4. $f(x) = \frac{2}{\sqrt{\pi}} \int_0^x e^{-\zeta^2}\, d\zeta =: \operatorname{erf}(x)$ (*error function*).

Hier können wir ausnützen, dass

$$f'(x) = \frac{2}{\sqrt{\pi}} e^{-x^2} \longrightarrow \frac{2}{\sqrt{\pi}} \frac{1}{\sqrt{2}} e^{-\frac{y^2}{4}} = -iy\widehat{f}(y),$$

also ist:

$$\widehat{f}(y) = \sqrt{\frac{2}{\pi}} \frac{ie^{-\frac{y^2}{4}}}{y}.$$

BEMERKUNG:

Anstatt der Funktion $\operatorname{erf}(x)$ wird häufig auch die Funktion

$$\operatorname{erfc}(x) = \frac{2}{\sqrt{\pi}} \int_x^\infty e^{-\zeta^2}\, d\zeta = 1 - \operatorname{erf}(x)$$

verwendet.

BEMERKUNG: Hier sind die Bilder:

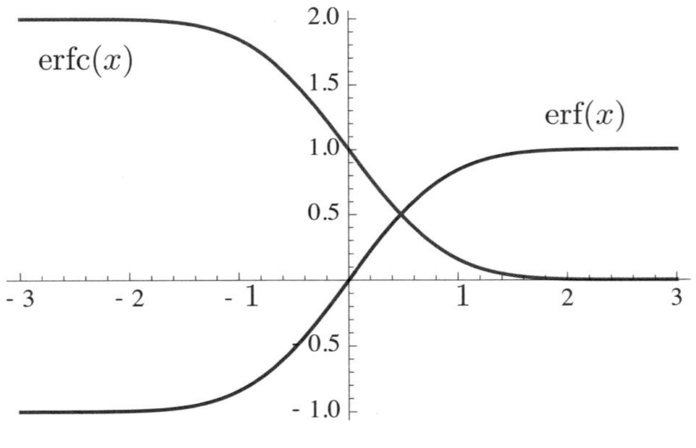

Abb. 7.33.

5. $f(x) = e^{-|x|} \frac{\sin x}{x}$.

Die Funktion ist gerade, also ist FT und inverse FT dasselbe. Wir können damit die Beispiele (1) und (2) und den Faltungssatz anwenden:

$$\widehat{f}(y) = \frac{1}{\sqrt{2\pi}} \int_{-a}^{a} \frac{1}{1+(y-s)^2} ds = \frac{1}{\sqrt{2\pi}} (\arctan(a+y) + \arctan(a-y)).$$

Bemerkung:

Mathematica enthält eine umfassende Bibliothek zur Fouriertransformation.

7.5.5 Anwendung auf Diffusionsprobleme

Fouriertransformation ist ein elegantes Hilfsmittel zur Lösung von vielen partiellen Differentialgleichungen, wie wir anhand von Beispielen sehen werden.

(1) Diffusionsprobleme auf unendlichem Intervall: Es sei die Lösung gesucht von

$$\begin{cases} \partial_t u &= D\partial_{xx} u \text{ in } (-\infty, \infty) \\ u(x,0) &= u_0(x). \end{cases} \tag{D}$$

Eine Randbedingung kann man hier nicht fordern. Wir setzen voraus, was physikalisch vernünftig ist, dass

$$\int_{-\infty}^{\infty} < \infty |u_0(x)|\, dx.$$

Wir transformieren x weg. Dann gilt:

$$\dot{\widehat{u}} = -Dy^2\,\widehat{u},\ \widehat{u}(0) = \widehat{u_0}.$$

Dies ist eine gewöhnliche Differentialgleichung in t, mit der Lösung

$$\widehat{u}(t) = \widehat{u_0}(y)e^{-Dy^2 t}.$$

Nach dem Faltungssatz ist dann (siehe auch Beispiel (3) in (B)):

$$\boxed{u(x,t) = \frac{1}{\sqrt{4\pi Dt}} \int_{-\infty}^{\infty} e^{-\frac{(x-y)^2}{4Dt}}\ u_0(y)\ dy.}$$

Damit haben wir die allgemeine Lösungsformel für das Diffusionsproblem (D) gefunden.

Bemerkung: Die Funktion

$$K(x,y,t) = \frac{1}{\sqrt{4\pi Dt}} e^{-\frac{(x-y)^2}{4Dt}}$$

heisst *Wärmeleitungskern* (engl. heat kernel) und hat folgende Eigenschaften:

1. Für festes y erfüllt $K(x,y,t)$ die Diffusionsgleichung: nachrechnen!
2. $\lim\limits_{|x|\to\infty} K(x,y,t) = 0$, $(t>0)$.
3. $\lim\limits_{t\to 0} K(x,y,t) = \delta(x,y)$.

Beweis von (3)*:*

Wir nehmen die neue Variable $\zeta = \frac{y-x}{\sqrt{4Dt}}$. Dann ist

$$\frac{1}{\sqrt{4\pi Dt}} \int_{-\infty}^{\infty} e^{-\frac{(x-y)^2}{4Dt}}\, u_0(y)\, dy = \frac{1}{\sqrt{\pi}} \int_{-\infty}^{\infty} e^{-\zeta^2} u_0(x+\zeta\sqrt{4Dt})\, d\zeta.$$

Für $t \to 0$ bekommt man aber:

$$\frac{1}{\sqrt{\pi}} \int_{-\infty}^{\infty} e^{-\zeta^2}\, d\zeta u_0(x) = u_0(x).$$

Das ist aber genau die Filtereigenschaft von $\delta(x,y)$.

Physikalische Interpretation:

$K(x,y,t)$ gibt die Temperatur bei x zur Zeit t an, falls die Einheitswärmemenge zur Zeit $t=0$ an der Stelle y freigesetzt wird. Bilder von $K(x,y,t)$:

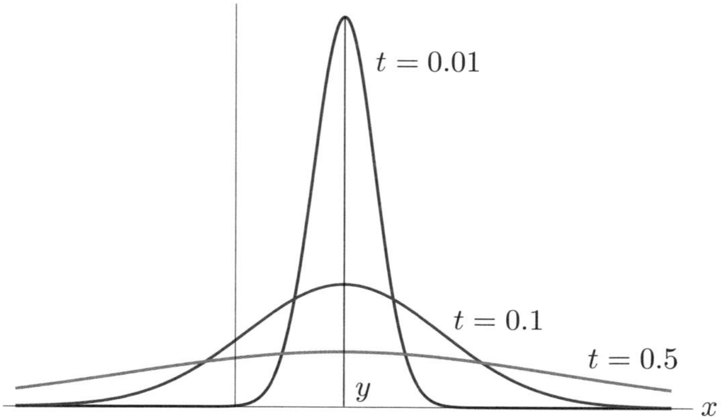

Abb. 7.34. Bilder von $K(x,y,t)$

Der Flächeninhalt unter den Kurven ist immer 1. □

ANWENDUNG DER LÖSUNGSFORMEL:

Ein Standardfall, der in vielen angewandten Situationen betrachtet wird, ist

$$u_0(x) = \begin{cases} 1, & |x| < a \\ 0, & \text{sonst.} \end{cases}$$

Die obige Formel besagt dann

$$u(x,t) = \frac{1}{\sqrt{4\pi Dt}} \int_{-a}^{a} e^{-\frac{(x-y)^2}{4Dt}}\, dy.$$

Wenn man die neue Variable $\zeta = \frac{x-y}{\sqrt{4Dt}}$ wählt und die Definition von erfc benützt, kann man umschreiben zu:

$$u(x,t) = \frac{1}{2}\left(\operatorname{erfc}\left(\frac{x-a}{\sqrt{4Dt}}\right) - \operatorname{erfc}\left(\frac{x+a}{\sqrt{4Dt}}\right)\right).$$

Das Bild der Lösung zu verschiedenen Zeiten hat dann folgende Gestalt ($a = 1$, $D = 1$):

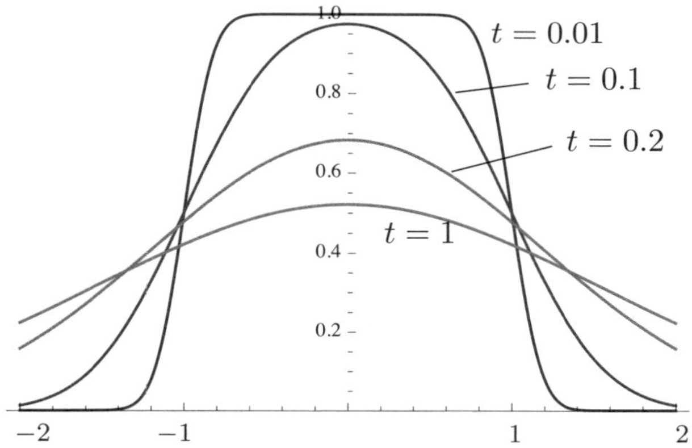

Abb. 7.35. Lösung zu verschiedenen Zeiten

○

ANWENDUNG: Messung des Diffusionskoeffizienten

Die experimentelle Bestimmung des Diffusionskoeffizienten ist eine sehr wichtige, aber oft schwierige Aufgabe. Es sind unzählige Methoden erfunden worden, um dieses Problem in verschiedenen Situationen zu lösen. Hier ist eine Möglichkeit, die in einigen Fällen angewandt worden ist. Es sei der Diffusionskoeffizient einer Substanz in Gas oder einer Flüssigkeit zu bestimmen. Dazu nimmt man einen langen Zylinder mit einem Schieber bei $x = 0$. Der Mantel des Zylinders sei undurchlässig und man betrachtet ihn als unendlich lang. Bei $x = 0$ sei eine Messfläche, mit der man bestimmen kann, wieviel Substanz von $t = 0$ bis $t = T$ durchdiffundiert ist. Bei $t = 0$ soll links im Zylinder die Konzentration $u = 1$ sei, rechts $u = 0$. Das Problem ist also:

$$\begin{cases} \partial_t u = D\partial_{xx} u \text{ in}(-\infty, \infty) \\ u(x,0) = \begin{cases} 1, \; x < 0 \\ 0, \; x > 0. \end{cases} \end{cases} \tag{D}$$

Die Lösung ist dann:

$$u(x,t) = \frac{1}{2}\text{erfc}\left(\frac{x}{\sqrt{4Dt}}\right) = \frac{1}{\sqrt{\pi}} \int_{\frac{x}{\sqrt{4Dt}}}^{\infty} e^{-y^2}\, dy.$$

Die Menge $M(T)$, die im Zeitintervall $(0, T)$ bei $x = 0$ durchdiffundiert ist, heisst:

$$M(T) = -QD \int_0^T \frac{\partial u}{\partial x}(0,t)\, dt = QD\frac{1}{\sqrt{\pi}} \int_0^T \frac{1}{\sqrt{4Dt}} dt = Q\sqrt{\frac{DT}{\pi}}.$$

Man trägt die Messergebnisse auf folgende Art auf:

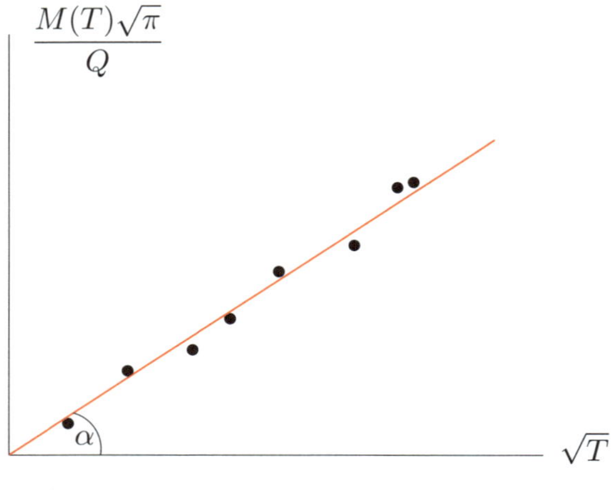

Abb. 7.36. Messung des Diffusionskoeffizienten

Jetzt kann man ablesen:

$$D = \tan^2 \alpha.$$

○

Hier sind einige Werte (in $\frac{\text{cm}^2}{\text{sec}}$):

- Schwefelsäure in Wasser bei $25°C$: $1.73 \cdot 10^{-5}$.
- Sauerstoff in Wasser bei $25°C$: $2.1 \cdot 10^{-5}$.
- Wasserstoff in Eisen bei $10°C$: $1.66 \cdot 10^{-9}$.

Falls der Diffusion noch eine konstante Strömung überlagert wird (Konvektion) mit Geschwindigkeit v in positiver x-Richtung, so hat man folgendes Problem:

$$\begin{cases} \partial_t u &= D\partial_{xx}u - v \cdot \partial_x u \text{ in}(-\infty, \infty) \\ u(x,0) &= u_0(x). \end{cases} \tag{DK}$$

Wir berechnen die Lösung für $u_0(x) = e^{-ax^2}$. Die transformierte Gleichung heisst dann

$$\dot{\widehat{u}} = -Dy^2\widehat{u} + iv\widehat{u}$$

mit $\widehat{u}(0) = \frac{1}{\sqrt{2a}} e^{-\frac{y^2}{4a}}$. Die Lösung der Differentialgleichung für $\widehat{u}$ ist wieder einfach zu berechnen:

$$\widehat{u}(t) = \frac{1}{\sqrt{2a}} e^{-\left(\frac{1}{4a}+Dt\right)y^2 + i \cdot v \cdot t \cdot y}.$$

Wenn wir die Abkürzungen $\alpha = \frac{1}{4a} + Dt$, $\beta = vt$ verwenden, können wir die Exponentialfunktion umschreiben (mit quadratischer Ergänzung):

$$e^{-\alpha\left(y - i\frac{\beta}{2\alpha}\right)^2} e^{-\frac{\beta^2}{4\alpha}}.$$

Jetzt kann man die Regel (2) und wieder Beispiel (3) von (B) anwenden. Das Schlussergebnis lautet dann:

$$u(x,t) = \frac{1}{\sqrt{1+4aDt}} e^{\left(-\frac{a(x-vt)^2}{1+4aDt}\right)}.$$

Man erhält folgende Bilder für $u(x,t)$ für $a = 1$, $D = 0.1$ und $v = 1$:

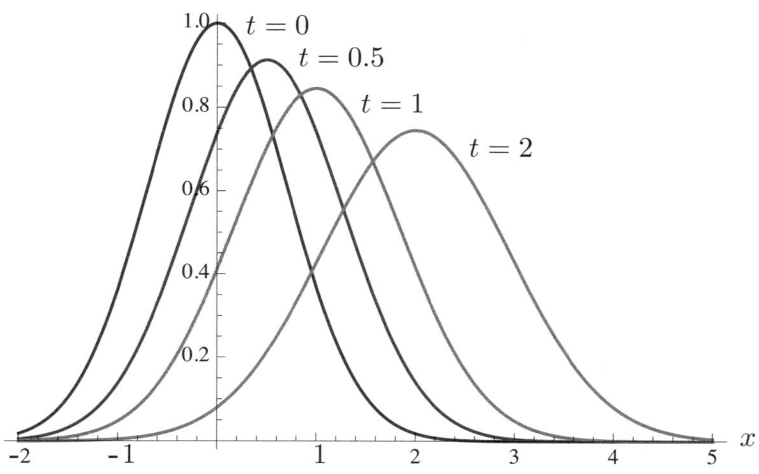

Abb. 7.37. Diffusion und Konvektion, $D = 0.1$

Falls die Diffusion schneller ist ($D = 1$, $v = 1$), sieht es für dieselben Zeiten so aus:

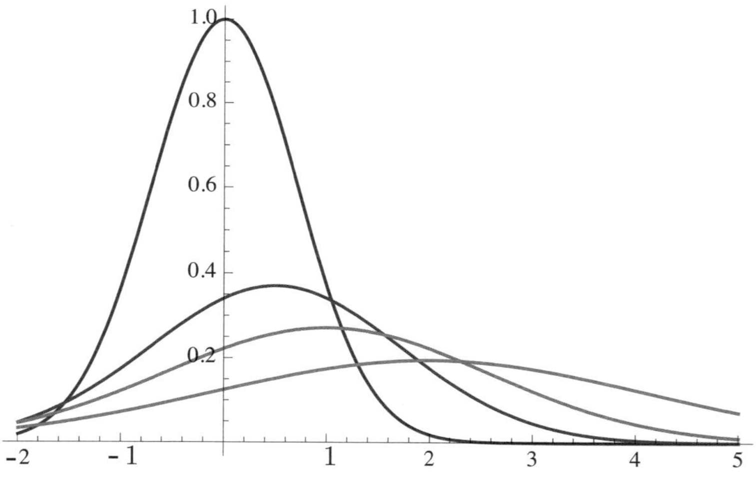

Abb. 7.38. Diffusion und Konvektion, $D = 1$

Für das Intervall $(0, \infty)$ kann man den Wärmeleitungskern leicht aus dem vorherigen ableiten. Wir setzen:

$$K_0(x, y, t) = K(x, y, t) - K(x, -y, t) = \frac{1}{\sqrt{4\pi Dt}} \left(e^{-\frac{(x-y)^2}{4Dt}} - e^{-\frac{(x+y)^2}{4Dt}} \right).$$

Dann gilt ebenfalls:

1. K_0 erfüllt die Diffusionsgleichung.

2. $K_0(0, y, t) = 0$.

3. $\lim\limits_{t \to 0} K_0(x, y, t) = \delta(x, y)$.

Beweis von (3)*:* Wir schreiben zwei Integrale:

$$\frac{1}{\sqrt{4\pi Dt}} \int_0^\infty e^{-\frac{(x-y)^2}{4Dt}}\, u_0(y)\, dy + \frac{1}{\sqrt{4\pi Dt}} \int_0^\infty e^{-\frac{(x+y)^2}{4Dt}}\, u_0(y)\, dy.$$

Im ersten wählen wir die neue Variable $\zeta = \frac{y-x}{\sqrt{4Dt}}$, im zweiten $\zeta = \frac{y+x}{\sqrt{4Dt}}$. Dann haben wir die zwei neuen Integrale:

$$I_1 = \frac{1}{\sqrt{\pi}} \int_{\frac{-x}{\sqrt{4Dt}}}^{\infty} e^{-\zeta^2} u_0(x + \zeta\sqrt{4Dt})\, d\zeta$$

und

$$I_2 = \frac{1}{\sqrt{\pi}} \int_{\frac{x}{\sqrt{4Dt}}}^{\infty} e^{-\zeta^2} u_0(-x + \zeta\sqrt{4Dt})\, d\zeta.$$

Für $t \to 0$ und $x > 0$ gilt aber $I_1 \to u_0(x)$ und $I_2 \to 0$ (da die untere Grenze $\to \infty$). Also gilt auch $\lim_{t\to 0} K_0(x,y,t) = \delta(x,y)$. Damit folgt aber die Lösungsdarstellung für das Problem

$$\begin{cases} \partial_t u &= D\partial_{xx} u \text{ in } (0,\infty) \\ u(x,0) &= u_0(x) \\ u(0,t) &= 0. \end{cases} \tag{D_0}$$

Es gilt:

$$\boxed{u(x,t) = \int_0^{\infty} K_0(x,y,t) u_0(y)\, dy.}$$

Der Beweis ist sehr einfach:

- Durch Differentiation unter dem Integralzeichen folgt, dass die Diffusionsgleichung erfüllt ist (beachte: die Integration ist nach y!).
- $\lim\limits_{t\to 0} u(x,t) = u_0(x)$: wurde schon gezeigt.
- $u(0,t) = 0$, wegen (2) oben.

Physikalische Interpretation:

$K_0(x,y,t)$ ist eine Superposition einer Quelle bei y und einer Senke bei $-y$, zusammen hebt sich dann die Wirkung bei $x = 0$ gerade auf. □

BEISPIEL:

$$u_0(x) = \begin{cases} c, & x \in (a,b) \\ 0, & \text{sonst.} \end{cases}$$

Die Lösungsformel gibt dann als Lösung von (D_0):

$$u(x,t) = \frac{c}{\sqrt{4\pi Dt}} \int_a^b \left(e^{-\frac{(x-y)^2}{4Dt}} - e^{-\frac{(x+y)^2}{4Dt}} \right) dy.$$

Man kann wie vorher die neuen Variablen $\zeta = \frac{x-y}{\sqrt{4Dt}}$ oder $\zeta = \frac{x+y}{\sqrt{4Dt}}$ wählen, und erhält dann folgende Lösung:

$$u(x,t) = \frac{c}{2} \left(\operatorname{erfc}\left(\frac{x-b}{2\sqrt{Dt}}\right) + \operatorname{erfc}\left(\frac{x+b}{2\sqrt{Dt}}\right) - \operatorname{erfc}\left(\frac{x-a}{2\sqrt{Dt}}\right) - \operatorname{erfc}\left(\frac{x+a}{2\sqrt{Dt}}\right) \right).$$

○

BEISPIEL: $D = 1$, $a = 0.5$, $b = 1.7$, $c = 1$

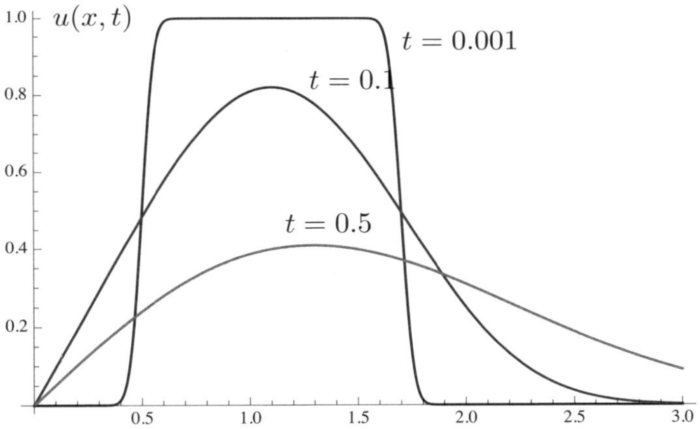

Abb. 7.39. Reine Diffusion, Dirichlet-Randbedingungen bei $x = 0$

Für Neumann-Randbedingungen bei $x = 0$ ist es ebenfalls einfach, den zugehörigen Wärmeleitungskern anzugeben. Wir setzen:

$$K_N(x,y,t) = \frac{1}{\sqrt{4\pi Dt}} \left(e^{-\frac{(x-y)^2}{4Dt}} + e^{-\frac{(x+y)^2}{4Dt}} \right).$$

Dann erfüllt K_N die Diffusionsgleichung und bei $x = 0$ gilt $\partial_x K_N = 0$. Die Eigenschaft, dass $\lim_{t\to 0} K_N(x,y,t) = \delta(x,y)$, beweist man genau gleich wie für K_0. Für das Problem

$$\begin{cases} \partial_t u &= D\partial_{xx} u \text{ in } (0,\infty) \\ u(x,0) &= u_0(x) \\ \partial_x u(0,t) &= 0 \end{cases} \qquad (D_n)$$

hat man die analoge Lösungsformel:

$$\boxed{u(x,t) = \int_0^\infty K_N(x,y,t)u_0(y)\,dy.}$$

Für dasselbe Problem wie vorher, d.h. für

$$u_0(x) = \begin{cases} c, & x \in (a,b) \\ 0, & \text{sonst} \end{cases}$$

gilt jetzt:

$$u(x,t) = \frac{c}{2}\left(\operatorname{erfc}\left(\frac{x-b}{2\sqrt{Dt}}\right) - \operatorname{erfc}\left(\frac{x-a}{2\sqrt{Dt}}\right) + \operatorname{erfc}\left(\frac{x+a}{2\sqrt{Dt}}\right) - \operatorname{erfc}\left(\frac{x+b}{2\sqrt{\mathrm{Dt}}}\right)\right).$$

Mit denselben Daten wie oben sehen dann die Lösungskurven so aus:

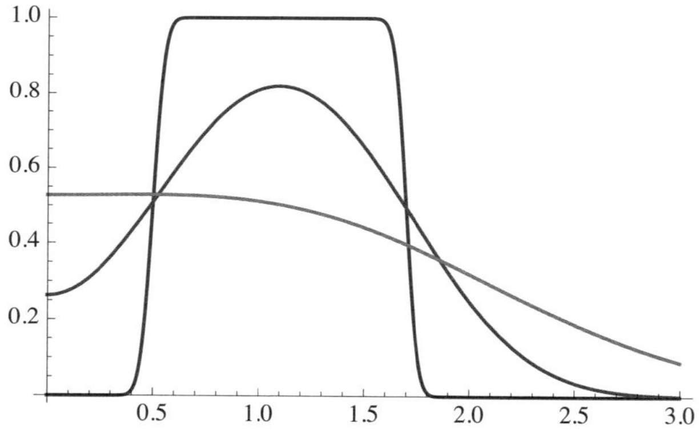

Abb. 7.40. Reine Diffusion, Neumann-Randbedingungen bei $x = 0$

○

7.5.6 Anwendung auf die Wellengleichung

Die Ausbreitung von Wellen gehört sicher zu den wichtigsten physikalischen Phänomenen. Sie sind für uns allgegenwärtig als Schallwellen oder Radiowellen, aber auch Erdbeben (= Druckwellen) und viele andere Wellenarten gehören dazu. Wasserwellen dagegen sind kompliziertere nicht-lineare

Wellen, die nicht durch die hier diskutierte Wellengleichung beschrieben werden. Die Herleitung der Gleichung hängt deshalb vom physikalischen Hintergrund ab und wir müssen auf die Literatur verweisen (z.B. Courant-Hilbert, Methoden der Mathematischen Physik, Bd. 1). Wir werden hier häufig mit dem Bild als Schallwellen arbeiten.

(a) Wir beschränken uns der Einfachheit halber auf eine Dimension und betrachten zuerst das Intervall $(-\infty, \infty)$. Die gesuchte Funktion $u(x,t)$ kann man sich dann z.B. als Abweichung des Luftdrucks vom Normaldruck vorstellen. Diese Funktion muss dann die folgende Differentialgleichung erfüllen:

$$\partial_{tt}u(x,t) = c^2\partial_{xx}u(x,t) \text{ in } (-\infty, \infty).$$

Dazu kommen noch zwei Anfangsbedingungen:

$$u(x,0) = u_0(x), \quad \partial_t u(x,0) = v_0(x).$$

Bei Schallwellen ist c die Schallgeschwindigkeit, bei elektrischen Wellen die Lichtgeschwindigkeit. Wir beginnen mit folgendem Teilproblem:

$$\begin{cases} \partial_{tt}u(x,t) = c^2\partial_{xx}u(x,t) \text{ in } (-\infty, \infty) \\ u(x,0) = u_0(x), \partial_t u(x,0) = 0. \end{cases} \tag{W1}$$

Wir wenden FT an:

$$\ddot{\widehat{u}} = -y^2c^2\widehat{u}, \; \widehat{u}(0) = \widehat{u_0}(y), \; \dot{\widehat{u}}(0) = 0.$$

Diese Differentialgleichung haben wir schon in Kap. 4.2. gelöst:

$$\widehat{u}(y,t) = \cos(yct)\widehat{u_0}(y).$$

Wir schreiben um:

$$\cos(yct) = \frac{1}{2}\left(e^{iyct} + e^{-iyct}\right) \xrightarrow{\text{FT}^{-1}} \frac{\sqrt{2\pi}}{2}(\delta(x,ct) + \delta(x,-ct)) \text{ (Regel (7))}.$$

Nach dem Faltungssatz ist dann:

$$u(x,t) = \frac{1}{2}\int_{-\infty}^{\infty} \widehat{u_0}(x-y)(\delta(y,ct) + \delta(y,-ct))\,dy.$$

Nach der Filtereigenschaft werden aus dem Integral die Werte für $y = ct$ und $y = -ct$ herausgefiltert, d.h.:

$$\boxed{u(x,t) = \frac{1}{2}\left(u_0(x - c \cdot t) + u_0(x + c \cdot t)\right) \text{ (D'Alembert'sche Formel).}}$$

Wir prüfen zuerst nach, dass eine beliebige Funktion $f(x \pm ct)$ immer die Wellengleichung erfüllt: sei $s = x \pm ct$, und Strich bedeute Ableitung nach s. Dann gilt:

$$\partial_x f = f', \ \partial_t f = \pm c f',$$

und damit

$$\partial_{xx} f = f'', \ \partial_{tt} f = c^2 f'',$$

also ist die Wellengleichung erfüllt. Die obige Lösungsformel besagt also, dass die Lösung von (W1) aus dem Mittelwert einer mit Geschwindigkeit c nach links und nach rechts laufenden Welle besteht. Am besten schaut man sich ein einfaches Beispiel an:

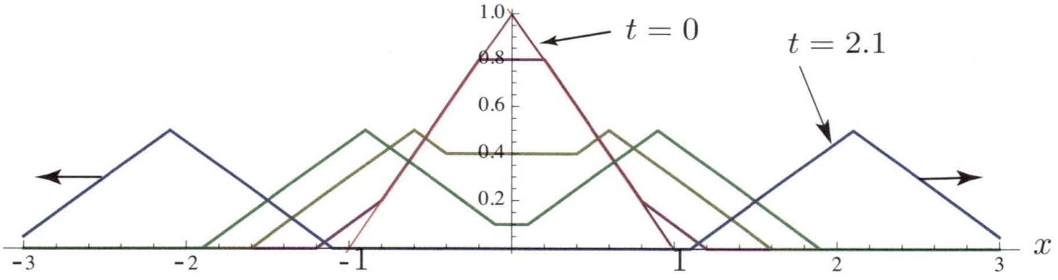

Abb. 7.41. Lösung der Wellengleichung zu verschiedenen Zeiten

Man kann sich die Lösung vorstellen als zwei halbe Anfangsdreiecke, die nach links und rechts weglaufen. Man sieht am Anfang die Überlagerung, und später laufen die Dreiecke getrennt auseinander.

Das nächste Teilproblem ist:

$$\begin{cases} \partial_{tt} u(x,t) = c^2 \partial_{xx} u(x,t) \text{ in } (-\infty, \infty) \\ u(x,0) \quad = 0 \\ \partial_t u(x,0) = v_0(x). \end{cases} \tag{W2}$$

Nach Transformation hat man

$$\ddot{\widehat{u}} = -y^2c^2\widehat{u}, \;\; \widehat{u}(0) = 0, \;\; \dot{\widehat{u}}(0) = \widehat{v}_0(y),$$

mit der Lösung

$$\widehat{u}(y) = \frac{1}{yc}\sin(yct)\widehat{v}_0(y).$$

Aber nach Beispiel (1) von (B) ist

$$\frac{1}{yc}\sin(yct) \longrightarrow \frac{1}{c}\sqrt{\frac{\pi}{2}}\chi(x; -ct, ct),$$

und wir können wieder den Faltungssatz anwenden, woraus sich ergibt:

$$u(x,t) = \frac{1}{c\sqrt{2\pi}}\sqrt{\frac{\pi}{2}}\int_{-\infty}^{\infty} v_0(y)\chi(x-y; -ct, ct)\,dy = \frac{1}{2c}\int_{x-ct}^{x+ct} v_0(y)dy.$$

Falls wir mit $V_0(x)$ die Stammfunktion von v_0 bezeichnen, können wir das Ergebnis auch schreiben in der Form:

$$\boxed{u(x,t) = \frac{1}{2c}(V_0(x+ct) - V_0(x-ct)).}$$

Beispiel:

$v_0(x) = xe^{-x^2}$. Dann ist $V_0(x) = \frac{-1}{2}e^{-x^2}$ also

$$u(x,t) = \frac{1}{4}\left(e^{-(t-x)^2} - e^{-(t+x)^2}\right).$$

In Bildern:

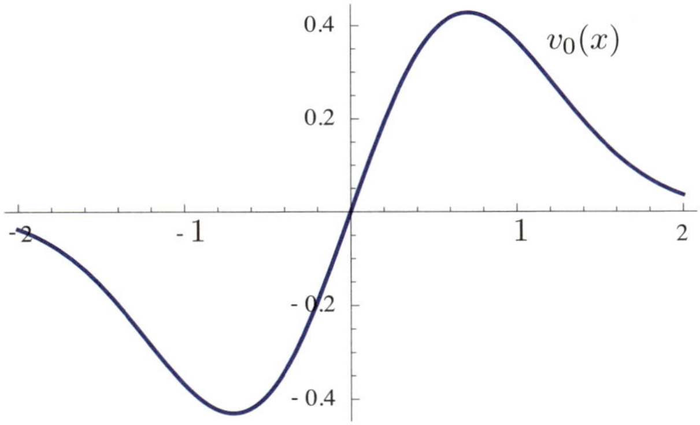

Abb. 7.42. Anfangsgeschwindigkeit

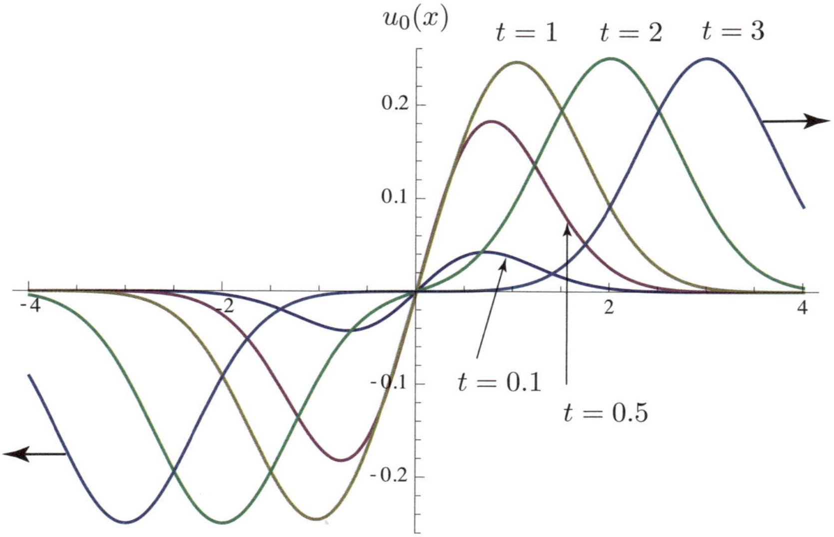

Abb. 7.43. Zugehörige Welle

○

Die dritte Version beinhaltet eine äussere Quelle $q(x,t)$, also z.B. eine Schallquelle:

$$\left\{\begin{array}{ll} \partial_{tt}u(x,t) = c^2\partial_{xx}u(x,t) + q(x,t) \text{ in } (-\infty,\infty) & \\ u(x,0) \quad = 0 & \\ \partial_t u(x,0) = 0. & \end{array}\right. \tag{W3}$$

Nach FT heisst die Gleichung:

$$\ddot{\widehat{u}} = -y^2c^2\widehat{u} + \widehat{q}(y,t),\ \ \widehat{u}(0) = 0,\ \ \dot{\widehat{u}}(0) = 0.$$

Dieses Problem wurde schon in Kap. 4.3. mit Laplacetransformation gelöst:

$$\widehat{u}(y,t) = \int_0^t \frac{1}{yc}\sin(yc(t-\tau)\,\widehat{q}(y,\tau)\,d\tau.$$

Derselbe Schritt wie oben gibt

$$\boxed{u(x,t) = \frac{1}{2c}\int_0^t\int_{x-c(t-\tau)}^{x+c(t-\tau)} q(\zeta,\tau)\,d\zeta\,d\tau.}$$

Wir können dieses Integral geometrisch interpretieren: Es ist ein Integral über ein Dreiecksgebiet in der (ζ, τ)-Ebene, das *Einflussgebiet* $E(x,t)$. Nur die Quellpunkte in diesem Gebiet haben einen Einfluss auf den Wert $u(x,t)$.

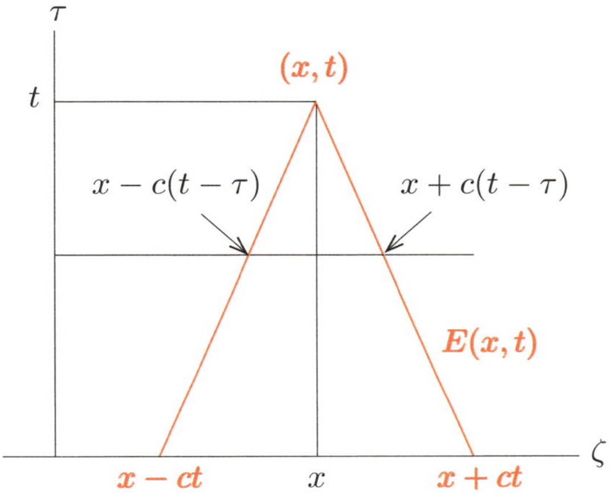

Abb. 7.44. Einflussgebiet von (x,t)

Beispiel: Bewegte Punktquelle, Doppler-Effekt

Wir wählen in (W3) $q(x,t) = a\delta(x, vt)\cos(\omega t)$. Dies modelliert eine punktförmige Schallquelle der Frequenz ω, die sich mit der Geschwindigkeit v in positiver x-Richtung bewegt. Wir nehmen an, dass $v < c$ ist.

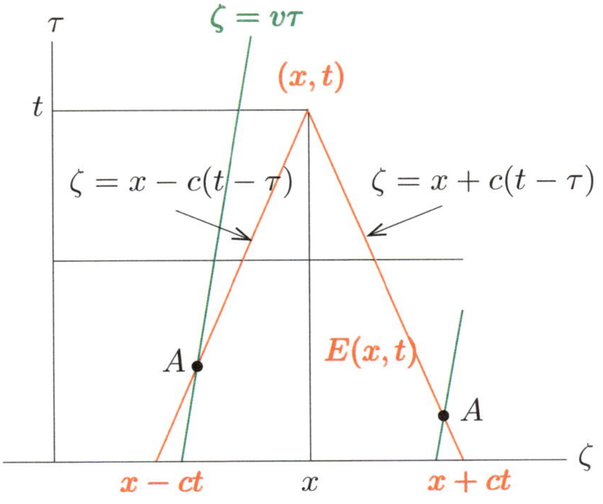

Abb. 7.45. Einflussgebiet bei Doppler-Effekt

Wir wenden die Lösungsformel an und beachten, dass generell gilt:

$$\int_a^b \delta(y,\eta)\,dy = \begin{cases} 1 & \text{falls } \eta \in (a,b) \\ 0 & \text{sonst.} \end{cases}$$

Die Gerade $\zeta = v\tau$ gibt den Ort der Quelle zur Zeit τ an; es kommt darauf an, ob dieser Ort im Einflussgebiet liegt oder nicht. A sei der Austrittspunkt aus $E(x,t)$. Dann haben wir drei Fälle:

1. $t < \frac{x}{c}$: es gibt keinen Austriitspunkt $A \Rightarrow u(x,t) = 0$.

2. Austrittspunkt A auf der Geraden $\zeta = x - c(t-\tau)$, falls

$$\frac{x}{c} < t_1 < \frac{x}{v}.$$

Dann ist $ct_1 - x = (c-v)\tau$:

$$\begin{aligned} u(x,t) &= \frac{a}{2c}\int_0^t \cos(\omega\tau)\int_{x-c(t-\tau)}^{x+c(t-\tau)} \delta(\zeta, v\cdot\tau)\,d\zeta\,d\tau \\ &= \frac{a}{2c}\int_0^{t_1} \cos(\omega\tau)\,d\tau \\ &= \frac{a}{2c\omega}\sin\left(\omega\frac{ct-x}{c-v}\right). \end{aligned}$$

3. Austrittspunkt A auf der Geraden $\zeta = x + c(t-\tau)$, falls $\frac{x}{v} < t_2$. Dann ist $ct_2 + x = (c-v)\tau$ und analog erhält man

$$u(xt) = \frac{a}{2c\omega}\sin\left(\frac{ct+x}{c+v}\right).$$

Für $t = \frac{x}{c}$ hat man damit einen Frequenzsprung:

$$\frac{\omega c}{c-v} \longrightarrow \frac{\omega c}{c+v}$$ *Doppler-Effekt*

(C. Doppler, 1803–1853, östereichischer Physiker).

Das ist sehr gut im Alltag hörbar: stellen Sie sich vor, Sie stehen am Strassenrand und es nähert sich ein Motorrad. Dann hören Sie diesen Frequenzsprung im Moment, wo das Motorrad an Ihnen vorbeifährt. Bild: $u(x,t)$ an einer festen Stelle x, $t^* = \frac{x}{v}$ und $t_0 = \frac{x}{c}$:

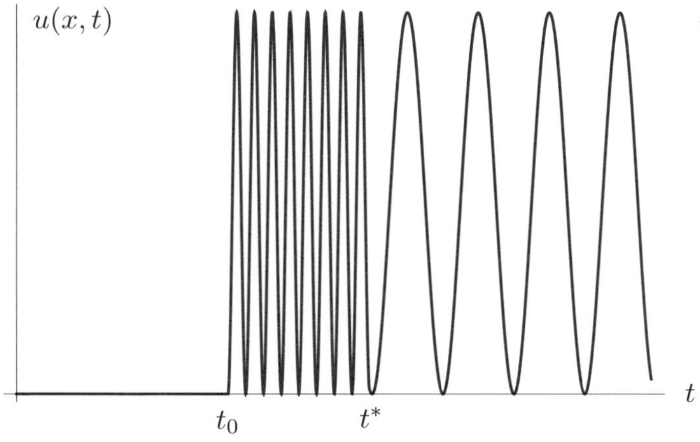

Abb. 7.46. Doppler-Effekt

○

Der Doppler-Effekt wird in den verschiedensten Gebieten angewendet (Medizin, Astronomie, Flugüberwachung, etc.)

Intervall (0,L).

Hier kann man sich eine schwingende Saite vorstellen, die bei $x = 0$ und bei $x = L$ eingespannt ist. $u(x,t)$ gibt dann die Auslenkung der Saite an. Eine andere Interpretation wäre eine Luftsäule in einem Zylinder der Höhe L, wobei der Mantel den Schall reflektiert und Boden und Deckel den Schall völlig absorbieren. Hier gibt $u(x,t)$ die Abweichung vom Normaldruck an. Man hat jetzt statt (W1) das Problem:

$$\begin{cases} \partial_{tt}u(x,t) = c^2\partial_{xx}u(x,t) \text{ in } (0,L) \\ u(0,t) \quad = 0, u(L,t) = 0 \\ u(x,0) \quad = u_0(x), \partial_t u(x,0) = 0. \end{cases} \tag{W4}$$

Dieses Problem liesse sich mit Hilfe von Eigenfunktionen lösen, analog zum Vorgehen bei Diffusionsproblemen. Aber es gibt hier zur Bestimmung der Lösung noch eine elegantere Möglichkeit. Wir benützen dieselbe Formel wie in (W1), aber wir ändern die dort auftretende Anfangsfunktion $u_0(x)$ so ab, dass die Randbedingungen erfüllt werden. Das können wir erreichen, indem wir statt der Funktion $u_0(x)$ ihre antisymmetrische periodische Fortsetzung $\widehat{u}_0(x)$ nehmen:

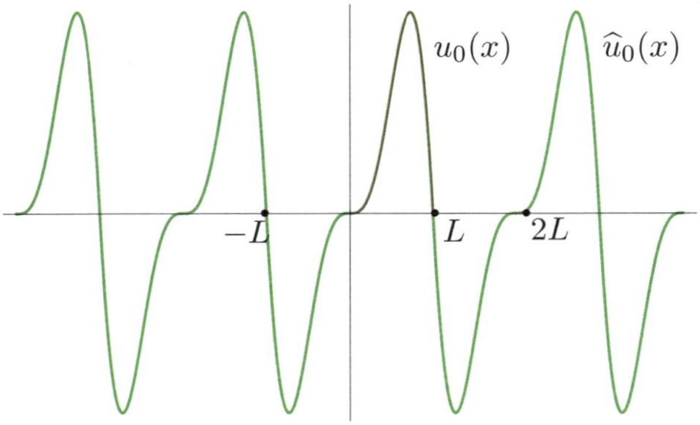

Abb. 7.47. Antisymmetrische Fortsetzung

Man kann sich nun überlegen, dass die analoge Lösungsformel wie für (W1) eine Lösung der Wellengleichung liefert, die die Randbedingungen bei $x = 0$ und $x = L$ erfüllt:

$$u(x,t) = \frac{1}{2}\left(\widehat{u}_0(x - ct) + \widehat{u}_0(x + ct)\right).$$

(a) Wir haben oben gezeigt, dass eine beliebige Funktion $f(x \pm ct)$ immer die Wellengleichung erfüllt. Hier ist es die Funktion $\widehat{u}_0(x)$.

(b) bei $x = 0$ und $x = L$ treffen sich wegen der Antisymmetrie immer eine von rechts kommende und eine von links kommende Welle mit umgekehrtem Vorzeichen. Damit wird die Randbedingung dort immer erfüllt.

ANWENDUNG: Gezupfte Saite

Die Lösungsformel liefert dann die folgenden Bilder von $u(x,t)$:

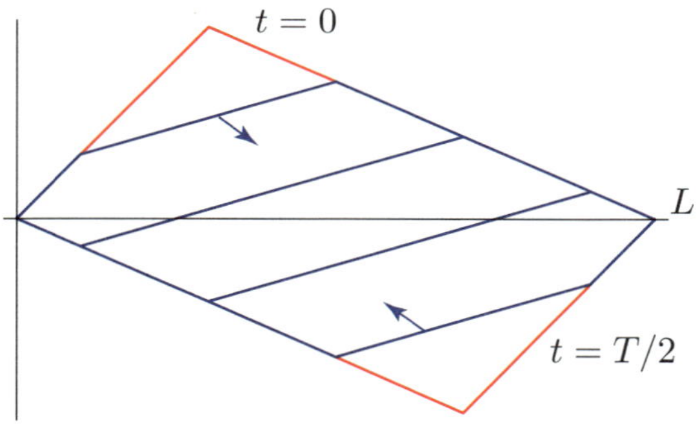

Abb. 7.48. Lösungsbilder bei der gezupften Saite

Die Saite löst sich ab von der bei $t = 0$ gegebenen Auslenkung und geht bei der halben Periode in das bei $x = \frac{L}{2}$ gespiegelte Bild über, dann geht es wieder zurück. Es gilt $T = \frac{2L}{c}$.

Hier ist noch ein Einzelbild:

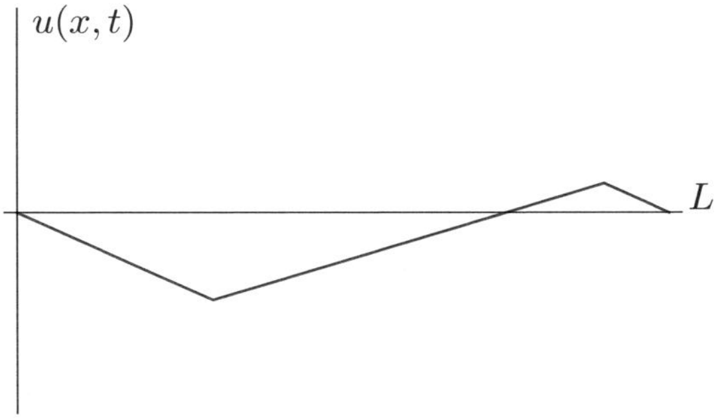

Abb. 7.49. Gezupfte Saite: Einzelbild

Ein wichtiger Spezialfall ist die *stehende Welle*. Sie tritt auf, wenn die Anfangsfunktion eine Eigenfunktion ist, also z.B. $u_0(x) = \sin(\pi \frac{x}{L})$. Typische Bilder sehen dann so aus:

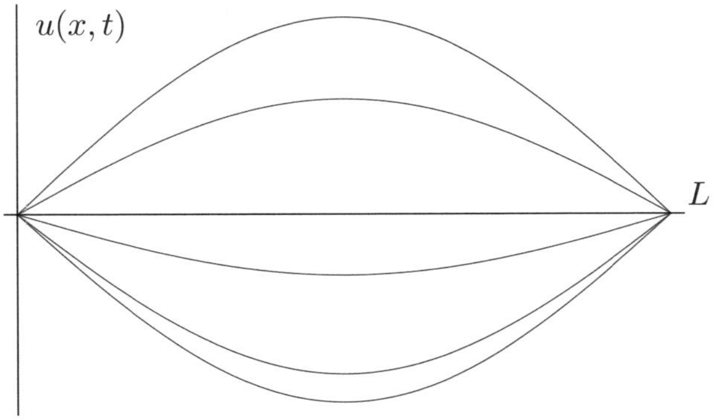

Abb. 7.50. Stehende Welle

○

BEMERKUNGEN:

1. Das zu (W1) analoge Problem für ein Intervall mit homogenen Neumann-Randbedingungen lässt sich durch symmetrische periodische Fortsetzung mit der Formel von (W2) lösen.

2. Für den Fall der Anfangsbedingung in (W2) muss man die Funktion $V_0(x)$ symmetrisch oder antisymmetrisch fortsetzen.

3. Beim Problem (W3) für ein Intervall muss man die Funktion $Q(x,t) = \int_0^x q(\xi,t)\,d\zeta$ fortsetzen.

4. Falls man eine Kombination von allen drei Problemen hat, ist die Lösung eine Summe von drei Teilproblemen. Dies gilt wegen der Linearität der Differentialgleichung und der Randbedingungen.

Hier ist noch ein Beispiel mit einer Anregung einer Saite, also das (W3) entsprechende Problem:

$$\begin{cases} \partial_{tt}u(x,t) = c^2\partial_{xx}u(x,t) + q(x,t) \text{ in } (0,1) \\ u(x,0) \quad = 0, \partial_t u(x,0) = 0 \\ u(0,t) \quad = 0, u(1,t) = 0, \end{cases}$$

mit $q(x,t) = a\sin(\pi x)\sin(\alpha t) + b\sin(2\pi x)\cos(\beta t)$. Die Lösungsformel liefert dann nach einigen Routineschritten:

$$u(x,t) =$$
$$\frac{1}{c}\left(\frac{bc(\cos[t\beta] - \cos[2c\pi t])\sin[2\pi x]}{4c^2\pi^2 - \beta^2} + \frac{a\sin[\pi x](c\pi\sin[t\alpha] - \alpha\sin[c\pi t])}{c^2\pi^3 - \pi\alpha^2}\right).$$

Die Bilder für die Wahl $\alpha = 0.3$, $\beta = \sqrt{2}$, $a = 0.6$ und $b = 1.3$ sehen wie folgt aus: Formen der Auslenkung der Saite:

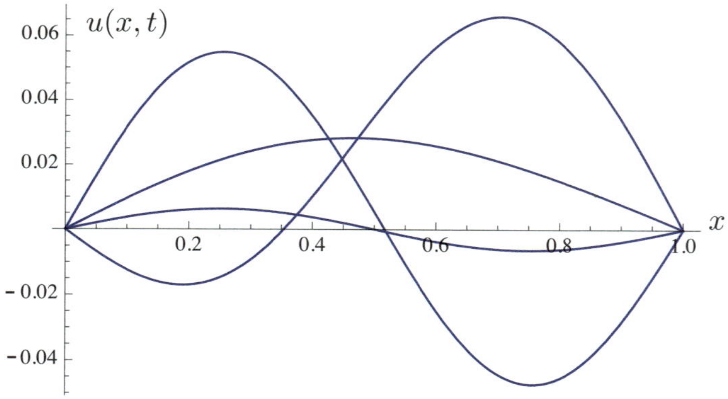

Abb. 7.51. Saite mit Anregung

Schwingung des Mittelpunktes der Saite:

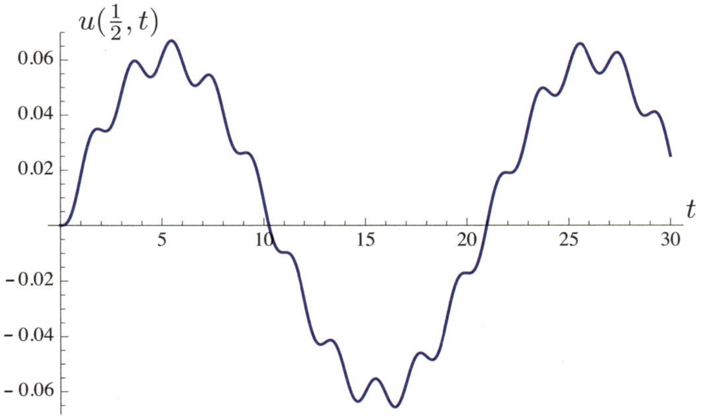

Abb. 7.52.

Interessant ist hier der Vergleich mit der Anregung:

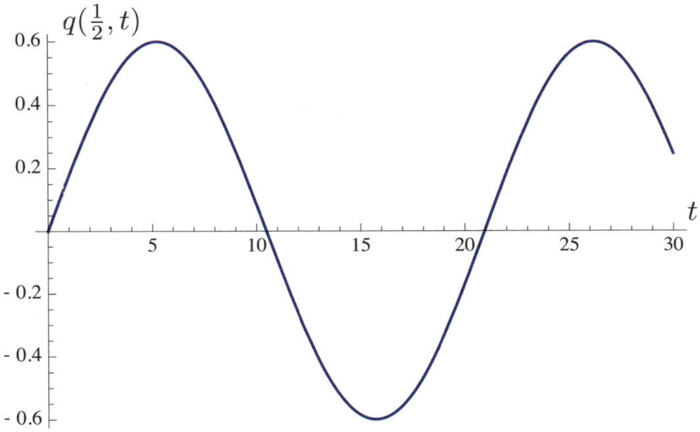

Abb. 7.53. Anregung des Mittelpunktes

Die komplizierte Form der Mittelpunktsbewegung rührt von der Wellenwirkung her.

7.5.7 Übungsaufgaben zu Kapitel 7.5

1. Berechnen Sie die Fouriertransformierte:

   a) $f(x) = x\, e^{-x^2+x}$.

   b) $f(x) = \cos(x)\, e^{-|x|}$.

   c) Gezeichnete Funktion: unendlich fortgesetzt, mit jeweiliger Halbierung der Stufen:

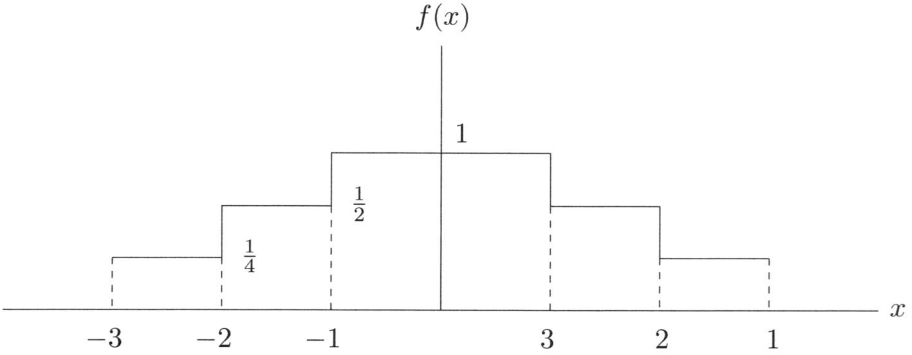

Abb. 7.54.

2. Berechnen Sie mittels Fouriertransformation die Lösung des Diffusionsproblems:

$$\begin{cases} \partial_t u = D\partial_{xx} u \text{ in}(-\infty,\infty) \\ u(x,0) = e^{-x^2}\cdot\cosh(2x). \end{cases}$$

3. **Inhomogenes Medium**

Ein langes Rohr besteht aus zwei Materialien, in denen ein Gas diffundiert. Die Wände sind undurchlässig für das Gas. Am Anfang sind die Konzentrationen konstant, aber verschieden in beiden Materialien. Welche Konzentration wird sich nach langer Zeit einstellen? Modell:

$$\partial_t u_1 = D_1\, \partial_{xx} u_1 \text{ in } (-\infty, 0)$$
$$\partial_t u_2 = D_2\, \partial_{xx} u_2 \text{ in } (0, \infty).$$

BEDINGUNGEN:

$$\begin{aligned} u_1(x,0) &= a,\ x < 0,\ u_2(x,0) = b,\ x > 0 \text{ Anfangsbedingung} \\ u_1(0,t) &= u_2(0,t) \\ D_1\,\partial_x u_1(0,t) &= D_2\,\partial_x u_2(0,t). \end{aligned}$$

Stetigkeitsbedingungen für Wert und Fluss.

Hinweis: das Problem kann mit dem Ansatz

$$u_i(x,t) = \alpha_i \operatorname{erf}\left(\frac{x}{\sqrt{4D_i t}}\right) + \beta_i,\ i = 1,2$$

gelöst werden.

4. **Konvektion und Zerfall**

Eine Substanz wird in einer Strömung mitgeführt und zerfällt gleichzeitig. Diese Situation kann modelliert werden durch die Differentialgleichung:

$$\partial_t u + v \cdot \partial_x u + k \cdot u = 0 \text{ in } (-\infty, \infty).$$

Hierbei ist $u(x,t)$ die Konzentration der Substanz, v die (konstante) Strömungsgeschwindigkeit und k die Zerfallsrate. Die Anfangskonzentration ist:

$$u_0(x) = \begin{cases} \cos x & \text{falls } |x| < \dfrac{\pi}{2} \\ 0 & \text{sonst.} \end{cases}$$

Gesucht ist:

a) Lösung für beliebiges $u_0(x)$.
b) Für $v = 0.5$, $k = 0.2$,$t = 1.5$:
Für welche x ist die Konzentration $= 0.5$?

Hinweis:

Die Lösung findet man bequem mittels Fouriertransformation.

8 Lösungen

8.1 Übungsaufgaben zu Kapitel 5.3

1.

$$f(x,y) = x^2 - 3y^2 + 12y = x^2 - 3(y-2)^2 + 12.$$

(a)

$$S_{x=-2} : f(-2,y) = 16 - 3(y-2)^2$$
$$S_{x=-1} : f(-1,y) = 13 - 3(y-2)^2$$
$$S_{x=0} : f(0,y) = 12 - 3(y-2)^2$$
$$S_{x=1} : f(1,y) = 13 - 3(y-2)^2 = f(-1,y)$$
$$S_{x=2} : f(2,y) = 16 - 3(y-2)^2 = f(-2,y).$$

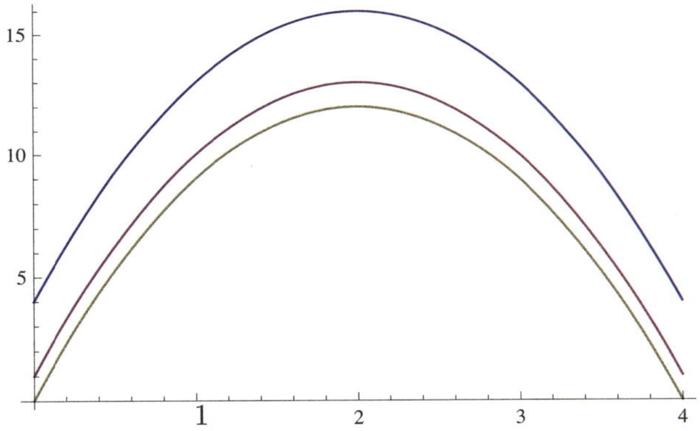

Abb. 8.1.

$$S_{y=-2} : f(x,-2) = x^2 - 36$$
$$S_{y=-1} : f(x,-1) = x^2 - 15$$
$$S_{y=0} : f(x,0) = x^2$$
$$S_{y=1} : f(x,1) = x^2 + 9$$
$$S_{y=2} : f(x,2) = x^2 + 12.$$

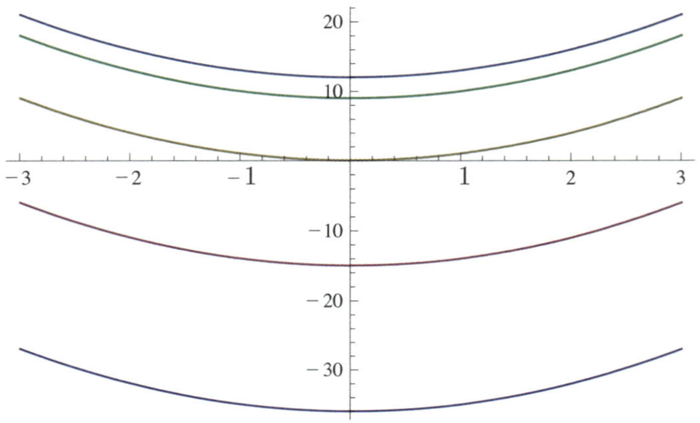

Abb. 8.2.

(b) Neben der Veranschaulichung von f durch Schnitte und Niveaulinien gibt es eine weitere Möglichkeit: Wir können den Funktionsgraphen zeichnen! Dies geschieht analog zu Analysis 1, mit Unterschied, dass das Definitionsgebiet jetzt $\mathbb{R}^2$ statt $\mathbb{R}$ ist. Die Abbildung zeigt die Fläche $f(x,y)$ für den gleichen rechteckigen Ausschnitt aus $\mathbb{R}^2$ wie in Teilaufgabe b).

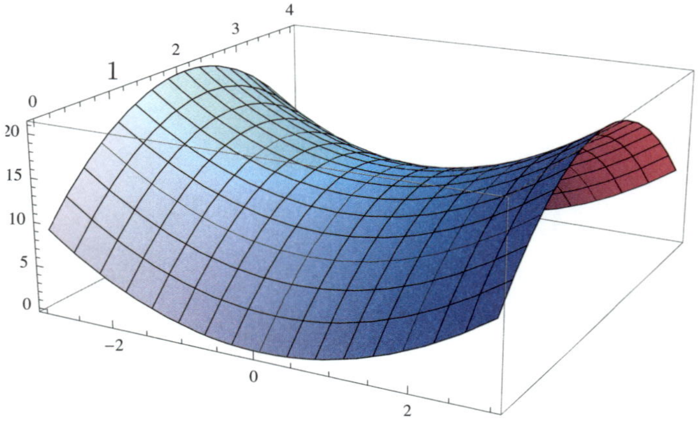

Abb. 8.3.

(c) Die Tangentialebene ist genau dann parallel zur (x, y)-Ebene, wenn die zugehörige Flächennormale auf der (x, y)-Ebene senkrecht steht. Gemäss Vorlesung ist die Flächennormale gegeben durch $(-f_x(x^*, y^*), -f_y(x^*, y^*), 1)^T$. Also muss gelten:

$$\left.\begin{aligned} 0 &= -f_x(x^*, y^*) = -2x^* \\ 0 &= -f_y(x^*, y^*) = 6y^* - 12 \end{aligned}\right\} \Longrightarrow (x^*, y^*) = (0, 2).$$

(d) $(1, 1, f(1, 1)) = (1, 1, 10)$. Zugehörige Flächennormale:

$$\begin{pmatrix} -f_x(1,1) \\ -f_y(1,1) \\ 1 \end{pmatrix} = \begin{pmatrix} -2 \\ -6 \\ 1 \end{pmatrix}.$$

$\Longrightarrow$ parametrisierte Darstellung der Verlängerung der Flächennormalen:

$$\begin{pmatrix} 1 \\ 1 \\ 10 \end{pmatrix} + t \cdot \begin{pmatrix} -2 \\ -6 \\ 1 \end{pmatrix} (*).$$

Durchstoss der (x, y)-Ebene $\Longrightarrow$ z- Komponentevon $(*)$ muss 0 werden:

$$10 + t \cdot 1 = 0 \Longrightarrow t = -10.$$

Es ergibt sich also der Punkt:

$$\begin{pmatrix} 1 \\ 1 \\ 10 \end{pmatrix} - 10 \cdot \begin{pmatrix} -2 \\ -6 \\ 1 \end{pmatrix} = \begin{pmatrix} 21 \\ 61 \\ 0 \end{pmatrix}.$$

2. Die Halbachsen des Ellipsoids sind $a = 1m$, $b = 2m$, und $c = 3m$ mit maximalem Messfehler $0.01m$.

Volumen $V(a, b, c) = \frac{4}{3}\pi abc$.

Das totale Differential der Funktion ist:

$$\begin{aligned} dV &= \frac{\partial V}{\partial a} da + \frac{\partial V}{\partial b} db + \frac{\partial V}{\partial c} dc \\ &= \frac{4}{3}\pi bc\, da + \frac{4}{3}\pi ac\, db + \frac{4}{3}\pi ab\, dc \\ &= \frac{4}{3}\pi(bc\, da + ac\, db + ab\, dc) \end{aligned}$$

$|\Delta a$—,$|\Delta b|$, $|\Delta c| \leq 0.01$ (max. Messfehler).

$$\Longrightarrow \text{wähle } da = db = dc = 0.01$$

$$\text{und } a = 1,\ b = 2,\ c = 3$$

$$\begin{aligned}
\Longrightarrow dV &= \frac{4}{3}\pi(6 \cdot 0.01 + 3 \cdot 0.01 + 2 \cdot 0.01) \\
&= \frac{4}{3} \cdot 0.11 \cdot \pi \approx 0.46 m^3 \\
V(1,2,3) &= \frac{4}{3}\pi \cdot 1 \cdot 2 \cdot 3 = 8\pi \approx 25.13 m^3.
\end{aligned}$$

Also:

Näherung für den **absoluten** Fehler: $0.46m^3$

Näherung für den **relativen** Fehler: $\dfrac{0.46m^3}{25.13m^3} \approx \begin{matrix} 0.0183 \\ (1.83\%) \end{matrix}$.

3. Die fischförmige Linie auf dem Aufgabenblatt ist **implizit** als Lösungsmenge der Gleichung $F(x, y) = 0$ gegeben.

In der Umgebung des Punktes $P = (0, \frac{1}{3})$ können wir die Linie als Graph einer Funktion $y = \varphi(x)$ auffassen.

Für Punkte $(x, y) = (x, \varphi(x))$ gilt dann:

$$F(x, y) = 0.$$

Und weiter:

$$\frac{d}{dx} F(x, y) = 0$$

$$\overset{\text{(Kettenregel)}}{\Longrightarrow} \quad \frac{\partial F}{\partial x} \cdot \underbrace{\frac{dx}{dx}}_{=1} + \frac{\partial F}{\partial y} \cdot \underbrace{\frac{dy}{dx}}_{=\varphi'(x)} = 0$$

$$\frac{\partial}{\partial x} F(x, y) = -6x^2 + 4x^3 + 2y^2 + 4xy^2$$

$$\frac{\partial}{\partial y} F(x, y) = 4xy + 4x^2 y + 4y^3.$$

In Punkten (x, y) mit

$$\frac{\partial}{\partial y} F(x, y) \neq 0$$

folgt also:

$$\varphi'(x) = -\frac{\dfrac{\partial F}{\partial x}}{\dfrac{\partial F}{\partial y}} = \frac{6x^2 - 4x^3 - 2y^2 - 4xy^2}{4xy + 4x^2y + 4y^3}.$$

Für den Punkt $P = (0, \frac{1}{3})$ ergibt sich:

$$\varphi'(0) = \frac{-2(\frac{1}{3})^2}{4(\frac{1}{3})^3} = -\frac{3}{2}.$$

4. (a)

$$h_x(x,y) = -\frac{3}{250}xe^{-(\frac{x}{50})^2-(\frac{y}{20})^2} \Longrightarrow h_x(10,5) = -\frac{3}{25}e^{-\frac{1}{25}-\frac{1}{16}}$$

$$h_y(x,y) = -\frac{3}{40}ye^{-(\frac{x}{50})^2-(\frac{y}{20})^2} \Longrightarrow h_y(10,5) = -\frac{3}{8}e^{-\frac{1}{25}-\frac{1}{16}}.$$

Der Gradient in $(x, y) = (10, 5)$ ist also:

$$\begin{pmatrix} h_x(10,5) \\ h_y(10,5) \end{pmatrix} = \begin{pmatrix} -\dfrac{3}{25} \\ -\dfrac{3}{8} \end{pmatrix} \cdot e^{-\frac{1}{25}-\frac{1}{16}}.$$

Richtung NO entspricht dem Einheitsvektor $\frac{1}{\sqrt{2}}\binom{1}{1}$:

$$\Longrightarrow D_{NO}h(10,5) = \frac{1}{\sqrt{2}}e^{-\frac{1}{25}-\frac{1}{16}} \cdot \begin{pmatrix} -\dfrac{3}{25} \\ -\dfrac{3}{8} \end{pmatrix} \cdot \begin{pmatrix} 1 \\ 1 \end{pmatrix}$$

$$= \frac{1}{\sqrt{2}}e^{-\frac{1}{25}-\frac{1}{16}}\left(-\frac{3}{25} \cdot 1 + \left(-\frac{3}{8}\right) \cdot 1\right).$$

$$\approx -0.31592 \; (\stackrel{\wedge}{=} 31.592\% \text{ Gefälle}).$$

Richtung Westen entspricht dem Einheitsvektor $\binom{-1}{0}$:

$$\Longrightarrow D_W h(10,5) = e^{-\frac{1}{25}-\frac{1}{16}} \begin{pmatrix} -\dfrac{3}{25} \\ -\dfrac{3}{8} \end{pmatrix} \cdot \begin{pmatrix} -1 \\ 0 \end{pmatrix}$$

$$= \frac{3}{25}e^{-\frac{1}{25}-\frac{1}{16}}.$$

$$\approx 0.1083 \; (\stackrel{\wedge}{=} 10.831\% \text{ Steigung}).$$

(b) Darstellung der Himmelsrichtungen durch Einheitsvektoren:

Richtung Osten $\longrightarrow \binom{1}{0}$

Richtung Nordwesten $\nwarrow \frac{1}{\sqrt{2}}\binom{-1}{1}$.

Für den Gradienten setzen wir $(A_1, A_2)^T$. Die Information, welche dem Wanderer im Nebel zur Verfügung steht, lautet mathematisch formuliert:

$$1 \cdot A_1 + 0 \cdot A_2 = +0.25$$
$$-\frac{1}{\sqrt{2}}A_1 + \frac{1}{\sqrt{2}}A_2 = -0.35.$$

Für die Unbekannten A_1 und A_2 erhalten wir:

$$A_1 = 0.25$$
$$A_2 = -0.35 \cdot \sqrt{2} + 0.25 \approx -0.245.$$

Der Gradient am Standort des Wanderers ist also $\binom{0.25}{-0.245}$.

Auf einem Kompass entspricht die Richtung des Gradienten ungefähr **134.42 Grad:**

$\Longrightarrow$ **Richtung des steilsten Abstiegs:** 314.42 Grad (∗)

(≈ Nordwesten).

Gefälle:

$$\begin{pmatrix} 0.25 \\ -0.245 \end{pmatrix} \cdot \frac{\binom{-0.25}{0.245}}{\left|\binom{-0.25}{0.245}\right|} = -\sqrt{0.25^2 + 0.245^2} \approx -0.35,$$

Gradient Einheitsrichtungsvektor zu (∗).

5. (a) Sei $r(t) = (x(t), y(t))^T$ die Falllinie. Der Wanderer folgt stets der Richtung des steilsten Abstiegs:

$$\dot{r}(t) \| \nabla f(x,y) \quad \Longrightarrow \quad \begin{pmatrix} \dot{x}(t) \\ \dot{y}(t) \end{pmatrix} = \lambda \cdot \nabla f(x,y) = \lambda \begin{pmatrix} \dfrac{x}{5000} \\ \dfrac{12}{5} - \dfrac{3y}{5000} \end{pmatrix} \qquad (*)$$

Lokal kann man die Falllinie als Funktion $y(x)$ auffassen, für welche gilt:

$$\frac{dy}{dx} = \frac{\frac{dy}{dt}}{\frac{dx}{dt}} \overset{(*)}{=} \frac{12000 - 3y}{x}.$$

Mit $\frac{dy}{dx} = y'(x)$ und $y = y(x)$ können wir dies umschreiben und erhalten:

$$\frac{y'(x)}{12000 - 3y(x)} = \frac{1}{x} \quad \Longleftrightarrow \quad \frac{y'(x)}{y(x) - 4000} = -\frac{3}{x}.$$

(b)

$$\frac{y'(x)}{y(x) - 4000} = -\frac{3}{x} \quad \Longrightarrow \quad \int \frac{y'(x)}{y(x) - 4000} dx = -3 \int \frac{1}{x} dx$$
$$\Longrightarrow \ln|y(x) - 4000| = -3\ln|x| + c, \qquad c \in \mathbb{R}$$
$$\Longrightarrow |y(x) - 4000| = e^c |x|^{-3}.$$

Anfangsbedingung: $x_0 = -2000, y_0 = y(x_0) = 5000$.

$|y(x) - 4000| = y(x) - 4000$.

$|x|^{-3} = (-x)^{-3} = -x^{-3}$.

$\Longrightarrow y(x) - 4000 = -e^c x^{-3}$. $y(x) = 4000 - e^c x^{-3}$.

Wegen $y(-2000) = 5000$ ist $e^c = 8 \cdot 10^{12}$.

$\Longrightarrow$ Falllinie: $\underline{y(x) = 4000 - 1000 \left(\frac{x}{2000}\right)^{-3}}$.

(c) Kontrolle:

$$\begin{aligned} y(-1500) &= 4000 - 1000 \left(-\frac{1500}{2000}\right)^{-3} \\ &= 4000 - 1000 \left(-\frac{4}{3}\right)^{3} \\ &= 4000 + 1000 \cdot \frac{64}{27} \approx 6370.37 \end{aligned}$$

Höhe in Position (-1500,6370): $f(-1500, 6370) \approx 3340[m]$

Vergleich mit der ursprünglichen Höhe:

$$f(-2000, 5000) = 4900[m].$$

6. Die Geradenschar kann beschrieben werden in der Achsenabschnittsform als

$$\frac{x}{l\cos\alpha} + \frac{y}{l\sin\alpha} = 1,$$

wobei hier der Winkel der Scharparameter ist.

Ableiten nach α und Null setzen:

$$\frac{x\sin\alpha}{l\cos^2\alpha} - \frac{y\cos\alpha}{l\sin^2\alpha} = 0,$$

d.h.:

$$\tan^3\alpha = \frac{y}{x}.$$

Wir benützen die Identitäten:

$$\sin\alpha = \frac{\tan\alpha}{\sqrt{1+\tan^2\alpha}}, \cos\alpha = \frac{1}{\sqrt{1+\tan^2\alpha}}$$

und setzen in der Geradengleichung ein:

$$x\sqrt{1+\left(\frac{y}{x}\right)^{\frac{1}{3}}} + \frac{\sqrt{1+\left(\frac{y}{x}\right)^{\frac{1}{3}}}\cdot y}{\left(\frac{y}{x}\right)^{\frac{1}{3}}} = l.$$

Nach einigen algebraischen Umformungen erhält man damit die Gleichung der Enveloppe als

$$x^{\frac{2}{3}} + y^{\frac{2}{3}} = l^{\frac{2}{3}}.$$

Dies ist die Gleichung der sogenannten Astroide. Bild:

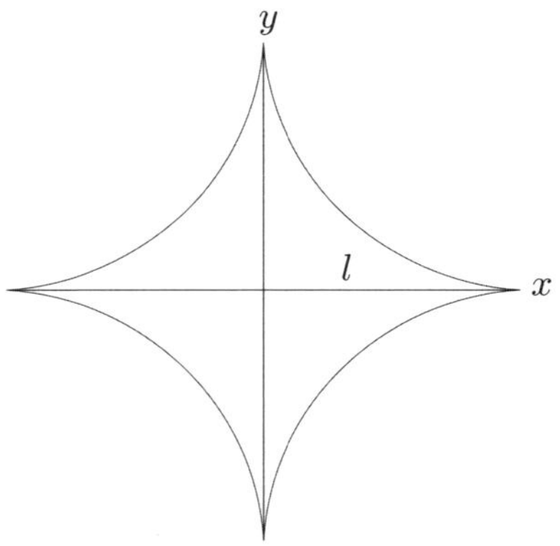

Abb. 8.4.

7. Aus $z = 4 - x^2 - y^2$ folgt

$$|\nabla z|^2 = 4(x^2 + y^2).$$

Auf dem Weg gilt $y = 2 - x^2$, was wir in $|\nabla z|^2$ einsetzen können. Damit haben wir ein Maximum einer Funktion von x zu bestimmen. Man bekommt leicht $x = 1$ und damit $y = 1$. Der steilste Anstieg auf dem Weg hat damit die Steigung $2\sqrt{2}$.

8.2 Übungsaufgaben zu Kapitel 5.7

1. (a) Die Punkte $(-1,-1)$, $(-1,1)$ und $(1,0)$ sind jeweils von konzentrischen (ovalen) Höhenlinien umgeben. Unter der Annahme, dass die zu den Höhenlinien gehörigen Funktionswerte zum Zentrum hin zu- bzw. abnehmen, würde man dort ein Maximum bzw. Minimum erwarten.

In den Punkten $(-1,0)$, $(1,-1)$ und $(1,1)$ kreuzen sich jeweils zwei Höhenlinen. Da die Ableitung in Richtung einer Höhenlinie stets 0 ist, muss in den Kreuzungspunkten $\nabla f = 0$ gelten, d.h. alle Kreunzungspunkte sind mit Sicherheit stationäre Punkte! Intuitiv würde man erwarten, dass es sich bei ihnen um Sattelpunkte handelt. Mit Gewissheit sagen können wir das jedoch nicht!

BEISPIEL: Die Funktion $g(x,y) = (x-y)^2(x+y)^2$ weist zwei sich im Punkt (0,0) schneidende Höhenlinien auf. Dieser ist aber kein Sattelpunkt, sondern vielmehr ein Minimum!

(b)

$$\nabla f(x,y) = \begin{pmatrix} 3-3x^2 \\ -4y+4y^3 \end{pmatrix} = \begin{pmatrix} 3(1-x^2) \\ -4y(1-y^2) \end{pmatrix} = \begin{pmatrix} 3(1-x)(1+x) \\ -4y(1-y)(1+y) \end{pmatrix}$$

$\Rightarrow$ stationäre Punkte (vgl. auch Teil (a)):

$$\begin{array}{lll} P_1 = (-1,-1) & P_2 = (-1,0) & P_3 = (-1,1) \\ P_4 = (1,-1) & P_5 = (1,0) & P_6 = (1,1) \end{array}$$

$$\begin{aligned} f_{xx}(x,y) &= -6x \\ f_{xy}(x,y) &= 0 \\ f_{yy}(x,y) &= -4+12y^2 \ . \end{aligned}$$

Wir benutzen das Kriterium für kritische Punkte aus der Vorlesung:

$$D = f_{xx} \cdot f_{yy} - f_{xy}^2 = 24x - 72xy^2$$

$$\begin{array}{llll} P1: D = 48 > 0, & f_{xx} = 6 > 0 & \Rightarrow & \text{Minimum} \\ P2: D = -24 < 0, & f_{xx} = 6 > 0 & \Rightarrow & \text{Sattelpunkt} \\ P3: D = 48 > 0, & f_{xx} = 6 > 0 & \Rightarrow & \text{Minimum} \\ P4: D = -48 < 0 & & \Rightarrow & \text{Sattelpunkt} \\ P5: D = 24 > 0, & f_{xx} = -6 < 0 & \Rightarrow & \text{Maximum} \\ P6: D = -48 < 0, & & \Rightarrow & \text{Sattelpunkt.} \end{array}$$

(c)

$$\begin{aligned} g(x,y) &= e^{4y-x^2-y^2} \\ g_x(x,y) &= -2xe^{4y-x^2-y^2} \\ g_y(x,y) &= (4-2y)e^{4y-x^2-y^2} \end{aligned}$$

$\Longrightarrow$ kritischer Punkt bei (0,2) (Dort ist $\nabla g = 0$).

Zweite Ableitungen:
$g_{xx}(x,y) = -2e^{4y-x^2-y^2} + 4x^2e^{4y-x^2-y^2}$
$g_{xx}(0,2) = -2e^4$
$g_{xy}(x,y) = -2x(4-2y)e^{4y-x^2-y^2}$
$g_{xy}(0,2) = 0$
$g_{yy}(x,y) = -2e^{4y-x^2-y^2} + (4-2y)^2e^{4y-x^2-y^2}$
$g_{yy}(0,2) = -2e^4$
$D = g_{xx}(0,2)g_{yy}(0,2) - g_{xy}^2(0,2) = 4e^8$

Also: $D > 0$, $g_{xx}(0,2) < 0 \Longrightarrow$ Maximum.

2. Aus Symmetriegründen betrachten wir das Problem im Quadranten $x, y > 0$. Wenn (x,y) den Eckpunkt des Rechtecks bezeichnet, so ist dessen Fläche $F(x,y) = 4xy$. Die Nebenbedingung (Eckpunkt liegt auf Ellipse) lautet:

$$g(x,y) := \frac{x^2}{a^2} + \frac{y^2}{b^2} = 1. \qquad (**)$$

$$\nabla F(x,y) = \begin{pmatrix} 4y \\ 4x \end{pmatrix}.$$

$$\nabla g(x,y) = \begin{pmatrix} \frac{2x}{a^2} \\ \frac{2y}{b^2} \end{pmatrix}$$

$$\Longrightarrow \underbrace{\begin{pmatrix} 4y \\ 4x \end{pmatrix} = \lambda \cdot \begin{pmatrix} \frac{2x}{a^2} \\ \frac{2y}{b^2} \end{pmatrix}}_{(*)} \text{ und gleichzeitig } \underbrace{\frac{x^2}{a^2} + \frac{y^2}{\cdot} b^2 = 1.}_{(**)}$$

Wegen $x, y \neq 0$ folgt aus $(*)$:

$$\left.\begin{aligned} 4yx &= 2\lambda\frac{x^2}{a^2} \\ 4xy &= 2\lambda\frac{y^2}{b^2} \end{aligned}\right\} \Longrightarrow \frac{x^2}{a^2} = \frac{y^2}{b^2}$$

und weiter wegen der Nebenbedingung (∗∗):

$$\frac{x^2}{a^2} = \frac{y^2}{b^2} = \frac{1}{2} \Rightarrow x = \frac{a}{\sqrt{2}}, y = \frac{b}{\sqrt{2}}.$$

Fläche des Rechtecks: $F(\frac{a}{\sqrt{2}}, \frac{b}{\sqrt{2}}) = 4\frac{a}{\sqrt{2}}\frac{b}{\sqrt{2}} = 2ab$.
Fläche der Ellipse: πab.

3. Die Aufgabenstellung lautet: Finde die Extrema von

$$t(x,y) = 2 - \frac{x^2}{50} - \frac{3y^2}{100} + \frac{x}{25},$$

unter der Nebenbedingung $g(x,y) = x^2 + y^2 \leq 16$ (Ungleichung).

1) Extrema im Inneren des Pools:

$$\nabla t(x,y) = \begin{pmatrix} -\frac{1}{25}x + \frac{1}{25} \\ -\frac{3}{50}y \end{pmatrix} = \begin{pmatrix} 0 \\ 0 \end{pmatrix} \Longrightarrow \text{stationärer Punkt bei} \begin{pmatrix} 1 \\ 0 \end{pmatrix}$$

$$t_{xx}(x,y) = -\frac{1}{25} < 0$$

$$t_{xy}(x,y) = 0$$

$$t_{yy}(x,y) = -\frac{3}{50}$$

$$D := t_{xx}t_{yy} - t_{xy}^2 = \frac{3}{1250} > 0 \text{ für alle } x, y$$

(insb. also für $x = 1$, $y = 0$).

Der stationäre Punkt (1,0) ist somit ein **Maximum.**

Die Wassertiefe an der Stelle (1,0) beträgt:

$$t(1,0) = 2 - \frac{1}{50} + \frac{1}{25} = \frac{101}{50} \mathrel{\hat{=}} \underline{202 \text{ cm}}.$$

2) Extrema am Rand des Pools:

$$\nabla t(x,y) = \lambda \nabla g(x,y) \qquad (\lambda\text{: Lagrange-Multiplikator})$$

$$\Longrightarrow \begin{pmatrix} \frac{1}{25}x + \frac{1}{25} \\ -\frac{3}{50}y \end{pmatrix} = \lambda \begin{pmatrix} 2x \\ 2y \end{pmatrix}.$$

Am Rand des Pools gilt $g(x, y) = 16$. Damit haben wir die folgenden 3 Gleichungen:

(i) $-\frac{1}{25}x + \frac{1}{25} = \lambda \cdot 2x$

(ii) $-\frac{3}{50}y = \lambda \cdot 2y$

(iii) $x^2 + y^2 = 16$.

1. Fall: $y = 0 \implies$ (ii) ist stets erfüllt!
Aus (iii) folgt $x = \pm 4$. λ folgt anschliessend aus (i).

2. Fall: $y \neq 0 \Rightarrow \lambda = -\frac{3}{100}$ aus (ii).

Aus (i) $\frac{1}{25} = (2\lambda + \frac{1}{25})x$ folgt $x = -2$.

Und mit (iii) $y = \pm\sqrt{16 - (-2)^2} = \pm 2\sqrt{3}$.

Wassertiefen:

$$t(-4, 0) = \frac{38}{25} \mathrel{\hat{=}} 152\text{cm}$$

$$t(4, 0) = \frac{46}{25} \mathrel{\hat{=}} 184\text{cm}$$

$$t(-2, \pm 2\sqrt{3}) = \frac{37}{25} \mathrel{\hat{=}} \underline{148\text{cm} \quad \text{(Minimum!)}}$$

4. Das Volumen ist $V = xyz$ und die Fläche ist gegeben durch $F(x, y, z) = (x + 2z)(y + 2z)$, der Abfall $4z^2$.

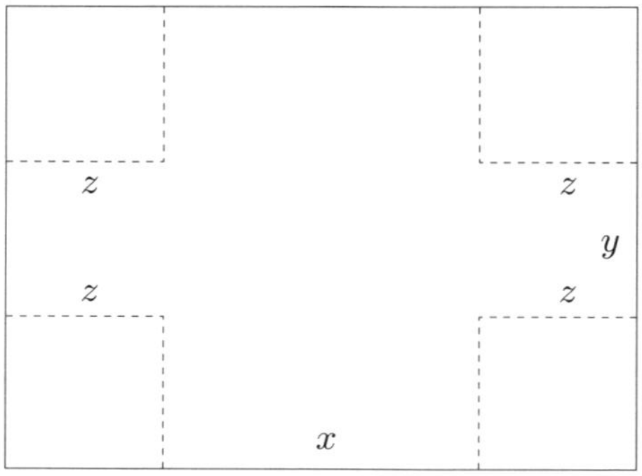

Abb. 8.5.

Für $f(x,y,z) = V - \lambda F$ haben wir damit die drei Gleichungen:

$$\begin{aligned} yz - \lambda(y + 2z) &= 0 \\ xz - \lambda(x + 2z) &= 0 \\ xy - \lambda(2x + 2y + 8z) &= 0. \end{aligned}$$

Es verkürzt die Rechnung, falls man bemerkt, dass die Gleichungen in x und y symmetrisch sind. Das bedeutet, dass auch für die Lösung gelten muss: $x = y$. Damit haben wir noch die zwei Gleichungen:

$$\begin{aligned} xz - \lambda(x + 2z) &= 0 \\ x^2 - \lambda(4x + 8z) &= 0. \end{aligned}$$

Falls man z aus der ersten Gleichung eliminiert und in der zweiten Gleichung einsetzt, bekommt man nach algebraischer Umformung $x = 6\lambda$, also auch $y = 6\lambda$ und danach $z = \frac{3}{2}\lambda$. Die Nebenbedingung liefert dann $\lambda = \frac{\sqrt{F}}{6}$. Damit ist das maximale Volumen $\frac{2F^{3/2}}{27}$ und der entsprechende Abfall $\frac{F}{9}$.

5. Hier ist $f(x,y,z) = xyz - \lambda\left(\frac{x}{p} + \frac{y}{q} + \frac{z}{r}\right)$, womit man die drei Gleichungen

$$\begin{aligned} yz - \frac{\lambda}{p} &= 0 \\ xz - \frac{\lambda}{q} &= 0 \\ xy - \frac{\lambda}{r} &= 0 \end{aligned}$$

bekommt. Die Elimination ist einfach: man bekommt durch Division der ersten zwei Gleichungen $\frac{y}{x} = \frac{q}{p}$, dann aus der dritten $x = \sqrt{\frac{\lambda p}{qr}}$. Damit hat man durch zyklische Vertauschung $y = \sqrt{\frac{\lambda q}{rp}}$ und $z = \sqrt{\frac{\lambda r}{pq}}$. Aus der Nebenbedingung folgt dann $\lambda = \frac{pqr}{9}$ und schliesslich $x = \frac{p}{3}$, $y = \frac{q}{3}$ und $z = \frac{r}{3}$, d.h.:

$$V_{\max} = \frac{pqr}{27}.$$

6. Bei einem beliebigen Kegel gilt ja Volumen $V = \frac{1}{3}$ Grundfläche $\times$ Höhe. Bei fester Grundfläche $z =$ const. muss also die Höhe maximal sein $(= c - z)$. Die Grundfläche ist eine Ellipse mit Halbachsen x und y. Also gilt $V = ab\pi xy(c - z)$. Damit können wir nehmen:

$$f(x,y,z) = xy(c - z) - \lambda\left(\frac{x^2}{a^2} + \frac{y^2}{b^2} + \frac{z^2}{c^2}\right)$$

und wir erhalten die drei Gleichungen:

$$y(c-z) - 2\lambda \frac{x}{a^2} = 0$$
$$x(c-z) - 2\lambda \frac{y}{b^2} = 0$$
$$-xy - 2\lambda \frac{z}{c^2} = 0.$$

Aus den ersten zwei Gleichungen erhält man durch Division $y = x\frac{b}{a}$, was man in der 2. und 3. Gleichung einsetzen kann. Das liefert $z = c - \frac{2\lambda}{ab}$, $\frac{x^2}{a^2} = \frac{2\lambda}{abc^2}(c - \frac{2\lambda}{ab})$ und $\frac{y^2}{b^2} = \frac{2\lambda}{abc^2}(c - \frac{2\lambda}{ab})$. Damit kann man in der Nebenbedingung

$$\frac{x^2}{a^2} + \frac{y^2}{b^2} + \frac{z^2}{c^2} = 1$$

einsetzen und erhält nach einigen Schritten $\lambda = \frac{2abc}{3}$, $x = \frac{2a}{3}$, $y = \frac{2b}{3}$, und $z = -\frac{c}{3}$ und $V_{\max} = \frac{16}{81}abc\pi = \frac{4}{27}$ Ellipsoidvolumen.

8.3 Übungsaufgaben zu Kapitel 6.2

1. (a)

$$\begin{aligned}\int_0^3 f(x,y)\,dx &= \int_0^3 \frac{y}{x+2}\,dx = \\ &= y\int_0^3 \frac{1}{x+2}\,dx \\ &= y\ln|x+2|\,\Big|_0^3 \\ &= y\,(\ln 5 - \ln 2) = \ln\frac{5}{2}\cdot y\end{aligned}$$

$$\begin{aligned}\int_0^4 f(x,y)\,dy &= \int_0^4 \frac{y}{x+2}\,dy \\ &= \frac{1}{x+2}\int_0^4 y\,dy \\ &= \frac{1}{x+2}\,\frac{y^2}{2}\Big|_0^4 = \frac{1}{x+2}\cdot 8.\end{aligned}$$

(b)

$$\begin{aligned}
\int_1^4 \int_1^2 \left(\frac{x}{y} + \frac{y}{x}\right) dy\, dx &= \int_1^4 \left(x \int_1^2 \frac{1}{y}\, dy + \frac{1}{x} \int_1^2 y\, dy\right) dx \\
&= \int_1^4 \left(x \cdot (\ln 2 - \ln 1) + \frac{1}{x} \cdot \left(\frac{2^2}{2} - \frac{1^2}{2}\right)\right) dx \\
&= \int_1^4 \left(\ln 2 \cdot x + \frac{3}{2} \cdot \frac{1}{x}\right) dx \\
&= \ln 2 \cdot \frac{x^2}{2}\bigg|_1^4 + \frac{3}{2} \ln x \bigg|_1^4 \\
&= \ln 2 \cdot \frac{15}{2} + \frac{3}{2} \cdot (\ln 4 - \ln 1) \\
&= \ln 2 \cdot \left(\frac{15}{2} + \frac{6}{2}\right) = \frac{21}{2} \cdot \ln 2.
\end{aligned}$$

(c)

$$\begin{aligned}
\iint\limits_R x \sin(x+y)\, dA &= \int_0^{\frac{\pi}{3}} \int_0^{\frac{\pi}{6}} x \sin(x+y)\, dx\, dy \\
&= \int_0^{\frac{\pi}{6}} \int_0^{\frac{\pi}{3}} x \sin(x+y)\, dy\, dx \\
&= \int_0^{\frac{\pi}{6}} x \left(\int_0^{\frac{\pi}{3}} \sin(x+y)\, dy\right) dx \\
&= \int_0^{\frac{\pi}{6}} x \left(-\cos\left(x + \frac{\pi}{3}\right) + \cos x\right) dx.
\end{aligned}$$

$$\begin{aligned}
&= \int_0^{\frac{\pi}{6}} x \cos x - \int_0^{\frac{\pi}{6}} x \cos\left(x + \frac{\pi}{3}\right) dx \\
&= \cos x + x \sin x\Big|_0^{\frac{\pi}{6}} - (\cos x + x \sin x)\Big|_{\frac{\pi}{3}}^{\frac{\pi}{6}+\frac{\pi}{3}} + \frac{\pi}{3} \int_0^{\frac{\pi}{6}} \cos\left(x + \frac{\pi}{3}\right) dx \\
&= \frac{\sqrt{3}}{2} + \frac{\pi}{6} \cdot \frac{1}{2} - 1 - \left(\frac{\pi}{2} - \frac{1}{2} - \frac{\pi}{3} \cdot \frac{\sqrt{3}}{2}\right) + \frac{\pi}{3} \sin\left(x + \frac{\pi}{3}\right) \\
&= \pi \left(\frac{1}{12} - \frac{1}{2} + \frac{\sqrt{3}}{6} + \frac{1}{3} - \frac{\sqrt{3}}{6}\right) + \frac{\sqrt{3}}{2} - \frac{1}{2} \\
&= \frac{\sqrt{3} - 1}{2} - \frac{\pi}{12}.
\end{aligned}$$

(d)
$$\iint_R x\,y\,e^{x^2y}\,dA = \int_0^2\int_0^1 x\,y\,e^{x^2y}\,dx\,dy$$
$$= \int_0^2 \frac{1}{2}\left(\int_0^1 2xy\cdot e^{x^2y}\,dx\right)dy = \left[\begin{array}{c} s = x^2y \\ ds = 2xy\,dx \end{array}\right]$$
$$= \frac{1}{2}\int_0^2 e^s\big|_0^y\,dy = \frac{1}{2}\int_0^2 e^y - 1\,dy$$
$$= \frac{1}{2}(e^y - y)\big|_0^2 = \frac{1}{2}\left(e^2 - 2 - 1\right)$$
$$= \frac{1}{2}\left(e^2 - 3\right).$$

2. (a) Gesamtladung:

$$Q = \int_1^3\int_0^2 \sigma(x,y)dydx = \int_1^3\int_0^2 (2xy + y^2)dydx$$
$$= \int_1^3 \left[xy^2 + \frac{y^3}{3}\right]_0^2 dx = \int_1^3 \left(4x + \frac{8}{3}\right)dx$$
$$= \left[2x^2 + \frac{8}{3}x\right]_1^3 = 2\cdot 9 + \frac{8}{3}\cdot 3 - \left(2 + \frac{8}{3}\right)$$
$$= 18 + 8 - 2 - \frac{8}{3} = \frac{64}{3} \quad \text{(Coulomb)}.$$

(b) In Polarkoordinaten ist die Scheibe beschrieben durch

$$0 \le r \le 2, -\pi < \varphi \le \pi.$$

Mit $x = r\cos\varphi$ und $y = r\sin\varphi$ können wir den Integranden σ bzgl. r und φ umschreiben:

$$\hat{\sigma}\,(r,\varphi) = r\cos\varphi + r\sin\varphi + r^2\cos^2\varphi + r^2\sin^2\varphi$$
$$= r(\cos\varphi + \sin\varphi) + r^2.$$

$\Longrightarrow$ Gesamtladung:

$$Q = \int_{-\pi}^{\pi}\int_0^2 \hat{\sigma}\,(r,\varphi)rdrd\varphi$$
$$= \int_{-\pi}^{\pi}\int_0^2 (r^2(\cos\varphi + \sin\varphi) + r^3)drd\varphi$$
$$= \int_{-\pi}^{\pi}\left[\frac{r^3}{3}(\cos\varphi + \sin\varphi) + \frac{r^4}{4}\right]_0^2 d\varphi = \int_{-\pi}^{\pi}\left(\frac{8}{3}(\cos\varphi + \sin\varphi) + 4\right)d\varphi$$
$$= \left[\frac{8}{3}\sin\varphi - \frac{8}{3}\cos\varphi + 4\varphi\right]_{-\pi}^{\pi} = 8\pi \quad \text{(Coulomb)}.$$

3. (a) Skizze des Dreiecks

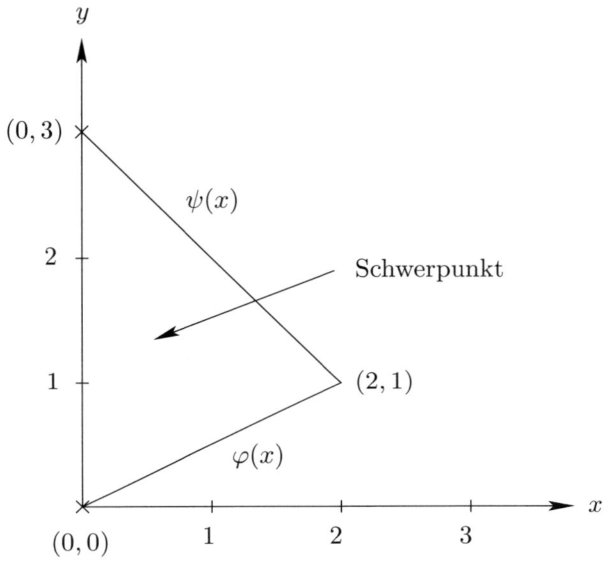

Abb. 8.6.

$$\text{Masse} \quad m = \int_0^2 \int_{\varphi(x)}^{\psi(x)} \varrho(x,y)\,dy\,dx \quad \text{mit} \quad \varphi(x) = \frac{x}{2}$$

$$\psi(x) = 3 - x$$

$$\begin{aligned}
\Longrightarrow m &= \int_0^2 \int_{\frac{x}{2}}^{3-x} (x+y)\,dy\,dx = \int_0^2 \left[xy + \frac{y^2}{2}\right]_{\frac{x}{2}}^{3-x} dx \\
&= \int_0^2 \left(x\,(3-x) + \frac{1}{2}\,(3-x)^2 - \frac{x^2}{2} - \frac{x^2}{8} \right) dx \\
&= \int_0^2 \left(-\frac{9}{8}\,x^2 + \frac{9}{2} \right) dx = \left[-\frac{9}{24}\,x^3 + \frac{9}{2}\,x \right]_0^2 \\
&= -\frac{9}{24} \cdot 8 + \frac{9}{2} \cdot 2 = 6
\end{aligned}$$

Berechnung der Schwerpunktskoordinaten (x_s, y_s):

$$x_s = \frac{1}{m}\int_0^2 \int_{\frac{x}{2}}^{3-x} x\,\varrho(x,y)\,dy\,dx = \frac{1}{6}\int_0^2 \int_{\frac{x}{2}}^{3-x} x\,(x+y)\,dy\,dx$$

$$= \frac{1}{6}\int_0^2 x \underbrace{\int_{\frac{x}{2}}^{3-x} (x+y)\,dy}_{=-\frac{9}{8}x^2+\frac{9}{2}\ \text{(siehe oben)}}\,dx = \frac{1}{6}\int_0^2 \left(-\frac{9}{8}x^3 + \frac{9}{2}x\right) dx$$

$$= \frac{3}{4}\int_0^2 \left(-\frac{1}{4}x^3 + x\right) dx = \frac{3}{4}\left[-\frac{x^4}{16} + \frac{x^2}{2}\right]_0^2$$

$$= \frac{3}{4}(-1+2) = \frac{3}{4}$$

$$y_s = \frac{1}{m}\int_0^2 \int_{\frac{x}{2}}^{3-x} y\,\varrho(x,y)\,dy\,dx = \frac{1}{6}\int_0^2 \int_{\frac{x}{2}}^{3-x} y\,(x+y)\,dy\,dx$$

$$= \frac{1}{6}\int_0^2 \left[x\,\frac{y^2}{2} + \frac{y^3}{3}\right]_{\frac{x}{2}}^{3-x} dx$$

$$= \frac{1}{6}\int_0^2 \left(\frac{x}{2}(3-x)^2 + \frac{(3-x)^3}{3} + \frac{x^3}{8} - \frac{x^3}{24}\right) dx$$

$$= \frac{1}{6}\int_0^2 \left(\left(\frac{x}{2} + \frac{3-x}{3}\right)(3-x)^2 - \frac{x^3}{6}\right) dx = \frac{1}{6}$$

$$\int_0^2 \left(\left(\frac{x}{6}+1\right)(3-x)^2 - \frac{x^3}{6}\right) dx$$

$$= \cdots = \frac{1}{6}\int_0^2 \left(9 - \frac{9}{2}x\right) dx = \frac{1}{6}\left[9x - 9\cdot\frac{x^2}{4}\right]_0^2$$

$$= \frac{1}{6}(18-9) = \frac{3}{2} \quad \Rightarrow \quad (x_s, y_s) = \left(\frac{3}{4}, \frac{3}{2}\right).$$

(b) Skizze der Viertelscheibe

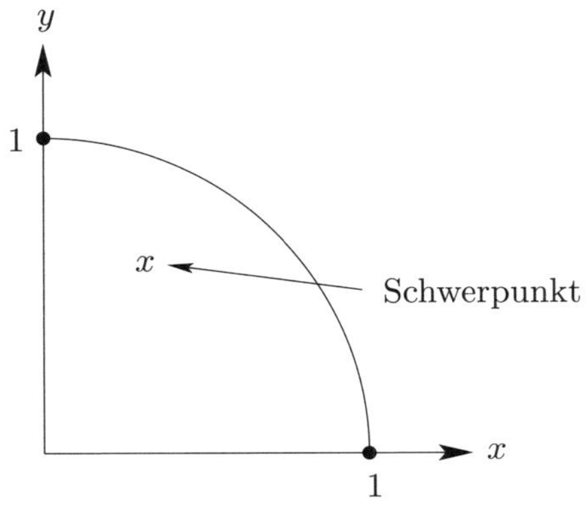

Abb. 8.7.

Dichte $\varrho(x,y) = \alpha y$ wobei $\alpha > 0$

Beschreibung von D in Polarkoordinaten:

$$0 \leq r \leq 1, \quad 0 \leq \varphi \leq \frac{\pi}{2}.$$

Dichte bzgl. r und φ: $\quad \hat{\varrho}(r,\varphi) = \alpha\, r \sin\varphi.$

$$\Rightarrow \quad m = \int_0^{\frac{\pi}{2}} \int_0^1 \hat{\varrho}(r,\varphi)\, r\, dr\, d\varphi = \int_0^{\frac{\pi}{2}} \int_0^1 \alpha\, r \sin(\varphi)\, r\, dr\, d\varphi$$
$$= \alpha \int_0^{\frac{\pi}{2}} \sin(\varphi)\, d\varphi \cdot \int_0^1 r^2\, dr = \alpha \cdot 1 \cdot \frac{1}{3} = \frac{\alpha}{3}.$$

Berechnung der Schwerpunktskoordinaten (x_s, y_s):

$$x_s = \frac{1}{m} \int_0^{\frac{\pi}{2}} \int_0^1 x\, \hat{\varrho}(r,\varphi)\, r\, dr\, d\varphi \overset{(x=r\cos\varphi)}{=} \frac{3}{\alpha} \int_0^{\frac{\pi}{2}} \int_0^1 \alpha\, r^3 \cos(\varphi)\sin(\varphi)\, dr\, d\varphi$$
$$= 3 \int_0^{\frac{\pi}{2}} \cos(\varphi)\sin(\varphi)\, d\varphi \cdot \int_0^1 r^3\, dr = 3 \cdot \frac{1}{2} \cdot \frac{1}{4} = \frac{3}{8}$$
$$y_s = \frac{1}{m} \int_0^{\frac{\pi}{2}} \int_0^1 y\, \hat{\varrho}(r,\varphi)\, r\, dr\, d\varphi \overset{(y=r\sin\varphi)}{=} \frac{3}{\alpha} \int_0^{\frac{\pi}{2}} \int_0^1 \alpha\, r^3 \sin^2(\varphi)\, dr\, d\varphi$$
$$= 3 \int_0^{\frac{\pi}{2}} \sin^2(\varphi)\, d\varphi \cdot \int_0^1 r^3\, dr = 3 \cdot \frac{\pi}{4} \cdot \frac{1}{4} = \frac{3\pi}{16}$$

$$\Rightarrow \quad (x_s, y_s) = \left(\frac{3}{8}, \frac{3\pi}{16}\right).$$

4. Homogene Fläche $\Rightarrow \varrho(x,y) = \varrho = \text{const.}$

Polares Trägheitsmoment

$$\mathbf{I}_0 = \iint_H (x^2 + y^2)\, \varrho\, dA. \quad (*)$$

In Polarkoordinaten ist die Fläche H beschrieben durch:

$$-\pi < \varphi \leq \pi, \quad 0 \leq r \leq R(\varphi)$$

mit

$$R(\varphi) = \begin{cases} 1, & \text{falls } \varphi \in \left(-\pi, -\frac{3}{4}\pi\right) \cup \left(-\frac{\pi}{2}, -\frac{\pi}{4}\right) \cup \left(0, \frac{\pi}{4}\right) \cup \left(\frac{\pi}{2}, \frac{3}{4}\pi\right) \\ 2 & \text{sonst .} \end{cases}$$

Mit $x^2 + y^2 = r^2$ wird $(*)$ also zu

$$\begin{aligned} \mathbf{I}_0 &= \int_{-\pi}^{\pi} \int_0^{R(\varphi)} r^2 \varrho\, r\, dr\, d\varphi = \varrho \int_{-\pi}^{\pi} \int_0^{R(\varphi)} r^3\, dr\, d\varphi \\ &= \varrho \int_{-\pi}^{\pi} \underbrace{\left[\frac{r^4}{4}\right]_0^{R(\varphi)}}_{= \frac{1}{4} \text{ bzw. } 4 \text{ (jeweils in der Hälfte der Fälle)}} d\varphi \\ &= \varrho \cdot \left(\frac{\pi - (-\pi)}{2} \cdot \frac{1}{4} + \frac{\pi - (-\pi)}{2} \cdot 4 \right) = \frac{17}{4} \pi \varrho. \end{aligned}$$

5. Ellipsenkoordinaten:

$$x = 2r\cos\varphi, \ y = r\sin\varphi.$$

Man stellt sofort fest, die ganze Ellipse liegt unterhalb des Paraboloids. Deshalb gilt:

$$\begin{aligned} V &= 2\int_0^{2\pi} \int_0^1 (4 - 4r^2\cos^2\varphi - r^2\sin^2\varphi) r dr d\varphi \\ &= 2\int_0^{2\pi} \left(2 - \cos^2\varphi - \frac{1}{4}\sin^2\varphi\right) d\varphi \\ &= 2\left(4\pi - \pi - \frac{\pi}{4}\right) = \frac{11\pi}{2}. \end{aligned}$$

8.4 Übungsaufgaben zu Kapitel 6.3

1. (a)

$$
\begin{aligned}
B = \; & \{(x,y,z) \in \mathbb{R}^3: \; x^2 + y^2 \le R^2, \; 0 \le z \le H\} \\
= \; & \{(x,y,z) \in \mathbb{R}^3: \; -R \le x \le R, \\
& \qquad -\sqrt{R^2 - x^2} \le y \le \sqrt{R^2 - x^2}, \\
& \qquad 0 \le z \le H\}
\end{aligned}
$$

$$
\Rightarrow \quad \int_{\mathcal{B}} f(x,y,z)\, d\mu(x,y,z) =
$$

$$
\int_{-R}^{R} \int_{-\sqrt{R^2-x^2}}^{\sqrt{R^2-x^2}} \int_0^H f(x,y,z)\, dz\, dy\, dx.
$$

Beachte die Reihenfolge der Integration bzgl x und y. Die Grenzen für y hängen von x ab. Deswegen muss die Integration über x in Relation zu derjenigen über y aussen stehen. (An welcher Stelle die Integration über z erfolgt, spielt keine Rolle.)

(b)

$$
\begin{aligned}
B = \; & \{(x,y,z) \in \mathbb{R}^3: \; x^2 + y^2 \le R^2, \; 0 \le x + y + z \le 1\} \\
= \; & \{(x,y,z) \in \mathbb{R}^3: \; -R \le x \le R, \\
& \qquad -\sqrt{R^2 - x^2} \le y \le \sqrt{R^2 - x^2}, \\
& \qquad -(x+y) \le z \le 1 - (x+y)\}
\end{aligned}
$$

$$
\Rightarrow \quad \int_{\mathcal{B}} f(x,y,z)\, d\mu(x,y,z) =
$$

$$
\int_{-R}^{R} \int_{-\sqrt{R^2-x^2}}^{\sqrt{R^2-x^2}} \int_{-(x+y)}^{1-(x+y)} f(x,y,z)\, dz\, dy\, dx.
$$

(c) Das Gebiet B ist ein nach unten offener Kreiskegel mit Spitze im Punkt $(0,0,1)$, welcher durch die Ebene $z = \frac{x}{2}$ begrenzt wird (siehe Bild):

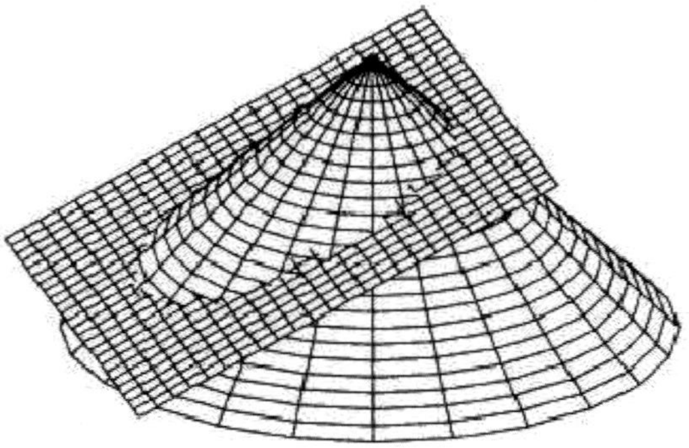

Abb. 8.8.

Die Schnittmenge von Kegel und Ebene lässt sich bestimmen, indem man $z = \frac{x}{2}$ (Ebenengleichung) in $x^2 + y^2 = (1 - z)^2$ einsetzt:

$$\begin{aligned} & x^2 + y^2 = \left(1 - \frac{x}{2}\right)^2 \\ \iff \quad & x^2 + y^2 = 1 - x + \frac{x^2}{4} \\ \iff \quad & y^2 = -\frac{3}{4}x^2 - x + 1 \\ \iff \quad & y = \pm\sqrt{-\frac{3}{4}x^2 - x + 1}. \end{aligned}$$

Die Schnittmenge von Kegel und Ebene lässt sich bestimmen, indem man $z = \frac{x}{2}$ (Ebenengleichung) in $x^2 + y^2 = (1 - z)^2$ einsetzt:

$$\begin{aligned} & x^2 + y^2 = \left(1 - \frac{x}{2}\right)^2 \\ \iff \quad & x^2 + y^2 = 1 - x + \frac{x^2}{4} \\ \iff \quad & y^2 = -\frac{3}{4}x^2 - x + 1 \\ \iff \quad & y = \pm\sqrt{-\frac{3}{4}x^2 - x + 1}. \end{aligned}$$

Der Ausdruck unter der Wurzel ist nicht-negativ, falls

$$-2 \leq x \leq \frac{2}{3}.$$

Ein Punkt (x, y, z) gehört also zum Gebiet, falls

(i) $-2 \leq x \leq \frac{2}{3}$

und (ii) $-\sqrt{-\frac{3}{4}x^2 - x + 1} \leq y \leq \sqrt{-\frac{3}{4} - x + 1}$

und (iii) z oberhalb der Ebene, **aber gleichzeitig** unterhalb der Mantelfläche des Kegels liegt!

Die Kegelgleichung nach z aufgelöst, ergibt zwei Lösungen: $z = 1 \pm \sqrt{x^2 + y^2}$. $z = 1 + \sqrt{x^2 + y^2}$ beschreibt den "oberen" Teil der Kegelfläche und ist anhand der Geometrie für das Gebiet irrelevant.

Punkt (iii) ist äquivalent zu $\frac{x}{2} \leq z \leq 1 - \sqrt{x^2 + y^2}$

$$\Longrightarrow \int_{\mathcal{B}} f(x, y, z)\, d\mu(x, y, z) =$$

$$\int_{-2}^{\frac{2}{3}} \int_{-\sqrt{-\frac{3}{4}x^2 - x + 1}}^{\sqrt{-\frac{3}{4}x^2 - x + 1}} \int_{\frac{x}{2}}^{1 - \sqrt{x^2 + y^2}} f(x, y, z)\, dz\, dy\, dx.$$

2. (a) Für festgehaltenes x und y läuft z zwischen $x^2 + y^2$ und $x^2 + 2y^2$. Die Grenzen für x und y ergeben sich aus dem Bild:

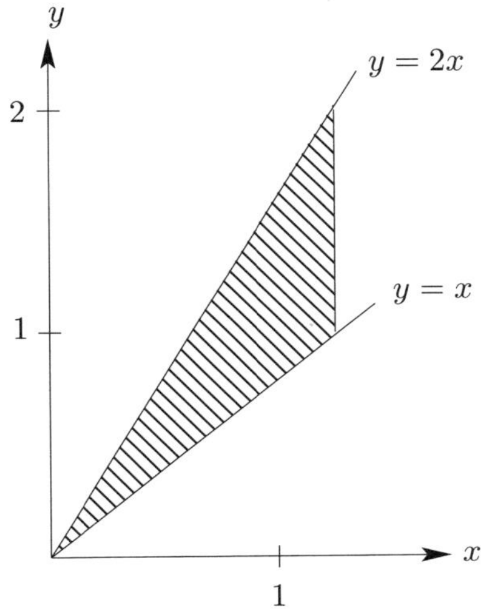

Abb. 8.9.

$$\begin{aligned}
\text{Volumen} &= \int_0^1 \int_x^{2x} \int_{x^2+y^2}^{x^2+2y^2} 1\, dz\, dy\, dx \\
&= \int_0^1 \int_x^{2x} \left((x^2+2y^2) - (x^2+y^2) \right) dy\, dx \\
&= \int_0^1 \int_x^{2x} y^2\, dy\, dx = \int_0^1 \left[\frac{y^3}{3} \right]_x^{2x} dx \\
&= \frac{1}{3} \int_0^1 \left(8x^3 - x^3 \right) dx = \frac{7}{3} \int_0^1 x^3\, dx \\
&= \frac{7}{3} \cdot \frac{1}{4} = \frac{7}{12}.
\end{aligned}$$

(b) Zuerst bestimmen wir die Masse der Kugel. Dazu integrieren wir die Dichte über das gesamte Volumen. Letzteres ist in Kugelkoordinaten beschrieben durch:

$$r \le R, \quad -\pi < \varphi \le \pi, \quad -\frac{\pi}{2} \le \theta \le \frac{\pi}{2}$$

$$\begin{aligned}
\Longrightarrow \mathbf{M} &= \int_0^R \int_{-\frac{\pi}{2}}^{\frac{\pi}{2}} \int_{-\pi}^{\pi} \varrho(r)\, r^2 \cos\theta\, d\varphi\, d\theta\, dr \\
&= \int_0^R \int_{-\frac{\pi}{2}}^{\frac{\pi}{2}} \int_{-\pi}^{\pi} \left(1 + \left(\frac{r}{R} \right)^2 \right) r^2 \cos\theta\, d\varphi\, d\theta\, dr \\
&= \underbrace{\int_0^R \left(r^2 + \frac{r^4}{R^2} \right) dr}_{(*)} \cdot \underbrace{\int_{-\frac{\pi}{2}}^{\frac{\pi}{2}} \cos\theta\, d\theta}_{=2} \cdot \underbrace{\int_{-\pi}^{\pi} 1\, d\varphi}_{=2\pi}
\end{aligned}$$

$$(*) = \left[\frac{1}{3} r^3 + \frac{1}{5} \frac{r^5}{R^2} \right]_0^R = \frac{1}{3} R^3 + \frac{1}{5} R^3 = \frac{8}{15} R^3$$

$$\Rightarrow \quad \mathbf{M} = \frac{32}{15} \pi R^3.$$

Wir wählen (ohne Beschränkung der Allgemeinheit) die z-Achse als Rotationsachse. Dann ist der Abstand von der Achse gegeben durch:

$$d = \sqrt{x^2 + y^2} = \sqrt{r^2 \cos^2 \varphi \cos^2 \theta + r^2 \sin^2 \varphi \cos^2 \theta}$$
$$= \sqrt{r^2 \cos^2 \theta} = r \cos \theta$$

$$\Longrightarrow \quad \mathbf{I} = \int_0^R \int_{-\frac{\pi}{2}}^{\frac{\pi}{2}} \int_{-\pi}^{\pi} \varrho(r)\, d^2\, r^2 \cos\theta \, d\varphi \, d\theta \, dr$$
$$= \int_0^R \int_{-\frac{\pi}{2}}^{\frac{\pi}{2}} \int_{-\pi}^{\pi} \left(1 + \left(\frac{r}{R}\right)^2\right) r^2 \cos^2 \theta \, r^2 \cos\theta \, d\varphi \, d\theta \, dr$$
$$= \underbrace{\int_0^R \left(r^4 + \frac{r^6}{R^2}\right) dr}_{(*)} \cdot \underbrace{\int_{-\frac{\pi}{2}}^{\frac{\pi}{2}} \cos^3 \theta \, d\theta}_{(**)} \cdot \underbrace{\int_{-\pi}^{\pi} 1 \, d\varphi}_{=2\pi}$$

$$(*) = \left[\frac{1}{5} r^5 + \frac{1}{7} \frac{r^7}{R^2}\right]_0^R = \frac{1}{5} R^5 + \frac{1}{7} R^5 = \frac{12}{35} R^5$$

$$(**) = \int_{-\frac{\pi}{2}}^{\frac{\pi}{2}} \cos\theta \, (1 - \sin^2 \theta) \, d\theta = \left[\sin\theta - \frac{1}{3} \sin^3 \theta\right]_{-\frac{\pi}{2}}^{\frac{\pi}{2}}$$
$$= \left(1 - \frac{1}{3}\right) - \left(-1 - \frac{1}{3} \cdot (-1)\right) = \frac{4}{3}$$

$$\Longrightarrow \quad \mathbf{I} = \frac{12}{35} R^5 \cdot \frac{4}{3} \cdot 2\pi = \frac{32}{35} \pi R^5 = \frac{15}{35} \frac{32}{15} \pi R^3 R^2$$
$$= \frac{3}{7} M R^2.$$

(c) Trägheitsmoment

	homogene Kugel		inhomogene Kugel
	$\frac{2}{5}\,MR^2$		$\frac{3}{7}\,MR^2$
	$=0.4\,MR^2$	$<$	$\approx 0.429\,MR^2.$

Das Trägheitsmoment kann geschrieben werden als:

$$\mathbf{I} = \int_{\text{Kugel}} d^2\,\varrho(r) \quad \underbrace{r^2 \cos\theta \, d\mu(\varphi, \theta, r)}_{= dV \text{ (Volumenelement)}}$$

$$\mathbf{I} = \int_{\text{Kugel}} d^2 \quad \underbrace{\varrho(r)\, dV}_{= dm \text{ (Massenelement)}}$$

$$\mathbf{I} = \int_{\text{Kugel}} d^2\, dm$$

↑

quadratischer Abstand des Massenelements dm von der Rotationsachse

Erklärung:

Massenelemente mit grösserem d werden in $\mathbf{I}$ stärker gewichtet. Bei der inhomogenen Kugel sind solche Massenelemente vergleichsweise schwerer, was die Kugelrotationsträger macht.

3. (a) Parametrisierung des Swimmingpoolrandes:

$$r(t) = (4\cos t, 4\sin t), \quad r : [0, 2\pi] \to \mathbb{R}^2.$$

Dann ist $r'(t) = (-4\sin t, 4\cos t)$ und

$|r'(t)| = \sqrt{16((-\sin t)^2 + \cos t^2)} = 4.$

Damit kann die Fläche F als Linienintegral berechnet werden:

$$F = \int_C T(r(t))|r'(t)|\,dt, \quad \text{wobei } C \text{ die durch } r \text{ gegebene Kurve ist.}$$

$$\begin{aligned}
F &= \int_0^{2\pi} T(4\cos t, 4\sin t) \cdot \underbrace{|r'(t)|}_{=4}\,dt \\
&= 4\int_0^{2\pi} \left(2 - \frac{16}{50}\cos^2 t - \frac{48}{100}\sin^2 t + \frac{4}{25}\cos t\right) dt \\
&= 4\int_0^{2\pi} \left(2 - \frac{8}{25}\cos^2 t - \frac{12}{25}\sin^2 t + \frac{4}{25}\cos t\right) dt \\
&= 4\int_0^{2\pi} \left(\frac{42}{25} - \frac{4}{25}\sin^2 t + \frac{4}{25}\cos t\right) dt \\
&= 4 \cdot \left[\frac{42}{25}t\right]_0^{2\pi} - 4 \cdot \frac{4}{25}\left[\frac{t}{2} - \frac{\sin(2t)}{4}\right]_0^{2\pi} + 4 \cdot \frac{4}{25}\underbrace{[\sin t]_0^{2\pi}}_{=0} \\
&= \frac{336}{25}\pi - \frac{16}{25}\pi \\
&= \frac{320}{25}\pi \\
&= 12.8\,\pi \quad (= 1.6 \cdot 8\,\pi)\,.
\end{aligned}$$

(b) Parametrisierung des Ellipsenrandes:

$$r(t) = (10\cos t, 6\sin t), \qquad r : [0, 2\pi] \to \mathbb{R}^2$$

$$\begin{aligned}
|r'(t)| &= \sqrt{(-10\sin t)^2 + (6\cos t)^2} \\
&= \sqrt{100\sin^2 t + 36\cos^2 t} = \sqrt{36 + 64\sin^2 t}
\end{aligned}$$

$$\begin{aligned}
\Rightarrow \text{Fläche} &= \int_0^{2\pi} H\left(r(t)\right) \cdot |r'(t)|\,dt \\
&= \int_0^{2\pi} \left(3 + 0.01(100\cos^2 t - 36\sin^2 t)\right)\sqrt{36 + 64\sin^2 t}\,dt \\
&= \int_0^{2\pi} \left(3 + \cos^2 t - \frac{9}{25}\sin^2 t)\right)\sqrt{36 + 64\sin^2 t}\,dt \\
&= \int_0^{2\pi} \left(4 - \frac{34}{25}\sin^2 t\right)\sqrt{36 + 64\sin^2 t}\,dt.
\end{aligned}$$

Mathematica liefert als numerischen Näherungswert 165.26.

```
Integrate[(4-34/25(Sin[x])^2)Sqrt[36+64(Sin[x])^2],{x,0,2Pi}] // N
```

4. Masse der Kugel:

$$4\pi \int_0^R \left(\alpha + \frac{r}{R}(1-\alpha)\right) r^2 dr = \frac{\pi}{3}(\alpha+3)R^3.$$

Masse des verdrängten Wassers: Kugelsektor + Kegel:

$$2\pi \int_0^\beta \sin\theta d\theta \int_0^R r^2 dr + \frac{1}{3}(R\sin\theta)^2 R\cos\theta =$$
$$\frac{\pi}{3}R^3(2(1+\cos\theta)+\cos\theta\sin^2\theta),$$

Einsinktiefe: $R(1+\cos\theta)$.

Wir setzen $t = 1+\cos\theta$. Dann kann man nach einiger Vereinfachung das Archimedische Prinzip schreiben als:

$$t^2(3-t) = \alpha + 3.$$

Eine Lösung ist nur von Interesse für $0 < \alpha < 1$, denn $\alpha < 0$ ist unmöglich und für $\alpha > 1$ versinkt die Kugel.

Für eine Einsinktiefe von 90 cm muss $t = 1.8$ sein, also $\alpha = 0.888$.

Bemerkung:

Für $\alpha = 1$ ist die Kugel gleich schwer wie das von ihr verdrängte Wasser. Man bekommt auch richtig dann $t = 2$.

5. Die Dichte ist $\varrho(z) = 1 - \frac{z}{2c}$.

Das Volumen ist

$$\int_G \varrho(z) dV.$$

Mit Ellipsoidkoordinaten ist dies:

$$abc \int_0^{\frac{\pi}{2}} \int_0^{\frac{\pi}{2}} \int_0^1 \left(1 - \frac{t}{2}\cos\theta\right) \sin\theta t^2 dt d\varphi d\theta =$$
$$abc \int_0^{\frac{\pi}{2}} \int_0^{\frac{\pi}{2}} \left(\frac{1}{3} - \frac{1}{8}\cos\theta\right) \sin\theta d\varphi d\theta =$$
$$\frac{\pi}{2}abc \int_0^{\frac{\pi}{2}} \left(\frac{1}{3} - \frac{1}{8}\cos\theta\right) \sin\theta d\theta = \frac{\pi}{2}abc \int_0^1 \left(\frac{1}{3} - \frac{1}{8}s\right) ds = \frac{\pi}{2}\, abc\, \frac{13}{48}.$$

Das Moment ist:

$$\int_G z \cdot \varrho(z) dV = abc \int_0^{\frac{\pi}{2}} \int_0^{\frac{\pi}{2}} \int_0^1 ct \cos\theta \left(1 - \frac{t}{2}\cos\theta\right) \sin\theta t^2 dt d\varphi d\theta.$$

Mit denselben Integrationsschritten wie vorher:

$$\frac{\pi}{2} abc^2 \int_0^1 s \left(\frac{1}{4} - \frac{s}{10}\right) ds = \frac{\pi}{2}\, abc^2\, \frac{11}{120}.$$

Also: $z_s = c\frac{22}{65}$.

8.5 Übungsaufgaben zu Kapitel 6.4

1. (a) Parametrisierung des Weges :

$$r_1 : [0,4] \to \mathbb{R}^2, \qquad r_1(t) = (2-t, 0).$$

Dann ist $\vec{r_1'}(t) = (-1, 0)$:

$$\begin{aligned} \Rightarrow W &= \int_0^4 \vec{F}(r_1(t)) \cdot \vec{r_1'}(t)\, dt \\ &= \int_0^4 \begin{pmatrix} 0 \\ t-2 \end{pmatrix} \cdot \begin{pmatrix} -1 \\ 0 \end{pmatrix} dt \\ &= \int_0^4 (0 \cdot (-1) + (t-2) \cdot 0)\, dt = 0. \end{aligned}$$

(b) Parametrisierung des Weges:

$$r_2 : [0,\pi] \to \mathbb{R}^2, \qquad r_2(t) = (2\cos t, 2\sin t)$$

Dann ist $\vec{r_2'}(t) = (-2\sin t, 2\cos t)$:

$$\begin{aligned} \Rightarrow W &= \int_0^\pi \vec{F}(r_2(t)) \cdot \vec{r_2'}(t)\, dt \\ &= \int_0^\pi \begin{pmatrix} 2\sin t \\ -2\cos t \end{pmatrix} \cdot \begin{pmatrix} -2\sin t \\ 2\cos t \end{pmatrix} dt \\ &= \int_0^\pi (-4\sin^2 t - 4\cos^2 t)\, dt \\ &= \int_0^\pi (-4)\, dt = -4\pi. \end{aligned}$$

2. Parametrisierung der Kurve:

$$r_\alpha : [0,1] \to \mathbb{R}^2, \quad r_\alpha(t) = (t, t^\alpha), \quad \alpha > 0.$$

Dann gilt:

$$\begin{aligned} r_\alpha(0) &= (0,0) = P \\ r_\alpha(1) &= (1,1) = Q \\ r'_\alpha(t) &= (1, \alpha\, t^{\alpha-1}). \end{aligned}$$

Mit $F(r_\alpha(t)) = F(t, t^\alpha) = (1 + 2\,t \cdot t^\alpha, 1 - 4\,t^2)$ ergibt sich für die Arbeit also:

$$\begin{aligned} W(\alpha) &= \int_0^1 \vec{F}\,(r_\alpha(t)) \cdot \vec{r'_\alpha}(t)\, dt \\ &= \int_0^1 \begin{pmatrix} 1 + 2\,t^{\alpha+1} \\ 1 - 4\,t^2 \end{pmatrix} \cdot \begin{pmatrix} 1 \\ \alpha\, t^{\alpha-1} \end{pmatrix} dt \\ &= \int_0^1 \left(1 + 2\,t^{\alpha+1} + \alpha\, t^{\alpha-1} - 4\alpha\, t^{\alpha+1}\right) dt \\ &= \left[t + 2\,\frac{t^{\alpha+2}}{\alpha+2} + t^\alpha - 4\,\alpha\,\frac{t^{\alpha+2}}{\alpha+2} \right]_0^1 \\ &= 1 + \frac{2}{\alpha+2} + 1 - \frac{4\,\alpha}{\alpha+2} \\ &= \frac{6 - 2\,\alpha}{\alpha+2}. \end{aligned}$$

Damit $W(\alpha) = 0$, müssen wir $\alpha = 3$ setzen. Die zugehörige Kurve aus der Schar ist also $y = x^3$.

3. Parametrisierungen der Teilstücke:

von	$(1,0,0)$	nach	$(0,1,0)$:	$r_1 : [0,1] \to \mathbb{R}^3,$	$r_1(t) = (1-t, t, 0)$
von	$(0,1,0)$	nach	$(0,0,1)$:	$r_2 : [0,1] \to \mathbb{R}^3,$	$r_2(t) = (0, 1-t, t)$
von	$(0,0,1)$	nach	$(1,0,0)$:	$r_3 : [0,1] \to \mathbb{R}^3,$	$r_3(t) = (t, 0, 1-t).$

Für die Tangentialvektoren gilt:

$$r'_1(t) = (-1, 1, 0) \qquad r'_2(t) = (0, -1, 1) \qquad r'_3(t) = (1, 0, -1)$$

$$\int_C \vec{F} \cdot \vec{dr} =$$

$$\int_0^1 \vec{F}\,(r_1(t)) \cdot \vec{r'_1}(t)\, dt + \int_0^1 \vec{F}\,(r_2(t)) \cdot \vec{r'_2}(t)\, dt + \int_0^1 \vec{F}\,(r_3(t)) \cdot \vec{r'_3}(t)\, dt.$$

Aus Symmetriegründen liefern die 3 Integrale auf der rechten Seite den gleichen Wert. Wir berechnen das erste:

$$\int_0^1 \vec{F}\,(r_1(t)) \cdot \vec{r_1'}(t)\,dt = \int_0^1 \begin{pmatrix} -(1-t)^3 - 2\,(1-t) + 0 \\ -t^3 - 2\,t + (1-t) \\ -0^3 - 2 \cdot 0 + t \end{pmatrix} \cdot \begin{pmatrix} -1 \\ 1 \\ 0 \end{pmatrix} dt$$

$$= \int_0^1 \left((1-t)^3 + 2\,(1-t) - t^3 - 2\,t + (1-t)\right) dt$$

$$= \int_0^1 \left(4 - 8\,t + 3\,t^2 - 2\,t^3\right) dt$$

$$= \left[4\,t - 4\,t^2 + t^3 - \frac{1}{2}\,t^4\right]_0^1$$

$$= 4 - 4 + 1 - \frac{1}{2}$$

$$= \frac{1}{2}$$

$$\Rightarrow \quad \int_C \vec{F} \cdot d\vec{r} = 3 \cdot \frac{1}{2} = \frac{3}{2}.$$

4. Das dargestellte Vektorfeld ist NICHT konservativ.

Begründung:

Es ist möglich, eine geschlossene Kurve C zu finden (z.B. einen Kreis um den Punkt $\left(0, \frac{\pi}{2}\right)$, für welche das Integral $\int_C \vec{F} \cdot d\vec{r}$ positiv ist. Im Falle eines konservativen Vektorfelds F müsste jedoch $\int_C \vec{F} \cdot d\vec{r} = 0$ gelten (und zwar für jede geschlossene Kurve C).

8.6 Übungsaufgaben zu Kapitel 6.6

1. (a) (z. B.:) $r : [0, \frac{\pi}{2}] \to \mathbb{R}^2$, $r(t) = \binom{2}{8} + 6 \cdot \binom{\cos t}{\sin t}$.

(b) Der äussere Einheitsnormalenvektor $n(t) = \binom{\cos t}{-\sin t}$ ist gleich dem normierten Verbindungsvektor von $\binom{2}{8}$ zum Punkt $r(t) = \binom{2}{8} + 6 \cdot \binom{\cos t}{-\sin t}$.

(c) Die Geschwindigkeit im Punkt $r(t) = (x(t), y(t))$:

$$v\,(x(t), y(t)) = \begin{pmatrix} 12 + 12\cos t - 6\sin t \\ -14 + 6\cos t + 12\sin t \end{pmatrix}.$$

Geschwindigkeitskomponente $v_\perp$ senkrecht auf Filterfläche:

$$\begin{aligned} v_\perp &= \underbrace{\big(v\,(x(t),y(t))\cdot n(t)\big)}_{\text{Skalarprodukt}} n(t) \\ &= \underbrace{\big(12\cos t + 12\cos^2 t + 14\sin t - 12\sin^2 t - 12\cos t\sin t\big)}_{=|v_\perp| \quad \text{(Betrag von } v_\perp)} \\ &\quad \cdot \underbrace{\begin{pmatrix} \cos t \\ -\sin t \end{pmatrix}}_{=n(t)}. \end{aligned}$$

(d) Seitliche Ansicht (3D):

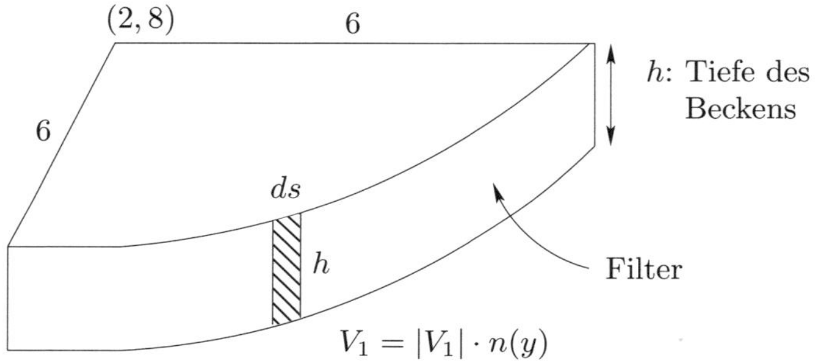

Abb. 8.10.

Flächenelement des Filters $h \cdot ds = 0.5 \cdot |\dot{r}(t)|\,dt = 0.5 \cdot 6dt = 3\,dt$.

Der Volumenstrom (m^3 pro Sekunde) durch das Flächenelement des Filters ist gegeben durch $|v_\perp|\ h\,ds = 3\,|v_\perp|\,dt$. Den gesamten Wasserdurchfluss durch den Filter erhält man entsprechend durch Integration über t von 0 bis $\frac{\pi}{2}$:

$$\int_0^{\frac{\pi}{2}} 3(12\cos t + 12\cos^2 t + 14\sin t - 12\sin^2 t - 12\cos t\sin t)dt = 60\left[\frac{m^3}{s}\right] \triangleq 60.000\,\frac{l}{s}.$$

2. Parametrisierung des Paraboloids:

$$r: \mathbb{R}^2 \to \mathbb{R}^3, \quad r(u,v) = \begin{pmatrix} x(u,v) \\ y(u,v) \\ z(u,v) \end{pmatrix} = \begin{pmatrix} u \\ v \\ 4-(u^2+v^2) \end{pmatrix}.$$

Wir befinden uns oberhalb der x-y-Ebene genau dann, wenn
$4-(u^2+v^2)\geq 0 \quad \Leftrightarrow \quad u^2+v^2\leq 4$.

$$r_u = \begin{pmatrix} 1 \\ 0 \\ -2u \end{pmatrix}, r_v = \begin{pmatrix} 0 \\ 1 \\ -2v \end{pmatrix}, r_u \times r_v = \begin{pmatrix} 2u \\ 2v \\ 1 \end{pmatrix}.$$

Berechnung der Oberfläche:

$$\int_{u^2+v^2\leq 4} |r_u \times r_v|\, dA = \int_{u^2+v^2\leq 4} \sqrt{4(u^2+v^2)+1}\, dA$$

$$\overset{\text{Polarkoord.}}{=} \int_0^{2\pi}\int_0^2 \sqrt{4\,r^2+1}\, r\, dr\, d\varphi = 2\,\pi \left[\frac{(4\,r^2+1)^{\frac{3}{2}}}{12}\right]_0^2$$

$$= 2\,\pi\left(\frac{\sqrt{17}^3}{12}-\frac{1}{12}\right) = \frac{\pi}{6}\left(\sqrt{17}^3-1\right).$$

3. Parametrisierung der Ellipsenoberfläche im positiven Oktanten (vgl. Ellipsoidkoordinaten):

$$r : \left[0,\frac{\pi}{2}\right]\times\left[0,\frac{\pi}{2}\right] \to \mathbb{R}^3, \quad r(\varphi,\theta) = \begin{pmatrix} \cos\varphi\,\cos\theta \\ 2\sin\varphi\,\cos\theta \\ 3\sin\theta \end{pmatrix}$$

$$r_\varphi(\varphi,\theta) = \begin{pmatrix} -\sin\varphi\,\cos\theta \\ 2\cos\varphi\,\cos\theta \\ 0 \end{pmatrix}, \quad r_\theta(\varphi,\theta) = \begin{pmatrix} -\cos\varphi\,\sin\theta \\ -2\sin\varphi\,\sin\theta \\ 3\cos\theta \end{pmatrix}$$

$$\Rightarrow \quad r_\varphi \times r_\theta = \begin{pmatrix} 6\cos\varphi\,\cos^2\theta \\ 3\sin\varphi\,\cos^2\theta \\ 2\sin\theta\,\cos\theta \end{pmatrix}.$$

Mit $v(r(\varphi,\theta)) = \begin{pmatrix} \cos\varphi\,\cos\theta \\ \sin\varphi\,\cos\theta \\ 18\sin^2\theta \end{pmatrix}$ berechnet sich der Volumenstrom zu:

$$\int_0^{\frac{\pi}{2}}\int_0^{\frac{\pi}{2}} v(r(\varphi,\theta))\cdot(r_\varphi\times r_\theta)\, d\theta\, d\varphi$$

$$= \int_0^{\frac{\pi}{2}}\int_0^{\frac{\pi}{2}} \begin{pmatrix} \cos\varphi\,\cos\theta \\ \sin\varphi\,\cos\theta \\ 18\sin^2\theta \end{pmatrix}\cdot\begin{pmatrix} 6\cos\varphi\,\cos^2\theta \\ 3\sin\varphi\,\cos^2\theta \\ 2\sin\theta\,\cos\theta \end{pmatrix} d\theta\, d\varphi$$

$$
\begin{aligned}
&= \int_0^{\frac{\pi}{2}} \int_0^{\frac{\pi}{2}} \big(6\cos^2\varphi\,\cos^3\theta + 3\sin^2\varphi\,\cos^3\theta + 36\sin^3\theta\,\cos\theta\big)\,d\theta\,d\varphi \\
&= 6\int_0^{\frac{\pi}{2}} \cos^2\varphi\,d\varphi \int_0^{\frac{\pi}{2}} \cos^3\theta\,d\theta + 3\int_0^{\frac{\pi}{2}} \sin^2\varphi\,d\varphi \int_0^{\frac{\pi}{2}} \cos^3\theta\,d\theta + 36\cdot\frac{\pi}{2} \\
&\quad \cdot \int_0^{\frac{\pi}{2}} \sin^3\theta\,\cos\theta\,d\theta \\
&= 6\cdot\frac{\pi}{4}\cdot\frac{2}{3} + 3\cdot\frac{\pi}{4}\cdot\frac{2}{3} + 18\,\pi\underbrace{\left[\frac{\sin^4\theta}{4}\right]_0^{\frac{\pi}{2}}}_{=\frac{1}{4}} \\
&= 6\,\pi.
\end{aligned}
$$

8.7 Übungsaufgaben zu Kapitel 6.7

1. Mit $\vec{v} = rot\,\vec{F}$ können wir den Satz von Stokes anwenden und erhalten:

$$\iint\limits_B \vec{v}\cdot d\vec{S} = \iint\limits_B rot\,\vec{F}\cdot d\vec{S} = \int_C \vec{F}\cdot d\vec{r},$$

wobei C die geschlossene Kurve ist, welche B berandet.

Parametrisierung von C:

$$r:[0,2\,\pi]\to\mathbb{R}^3,\quad r(t) = \begin{pmatrix} \frac{d}{2}\cos t \\ \frac{d}{2}\sin t \\ z_0 \end{pmatrix},\quad z_0 = -\sqrt{R^2 - \frac{d^2}{4}}$$

(z_0 ist die Höhe der Unterkante der Sphärenkappe.)

Anmerkung zur Orientierung:

> Wählen wir als Einheitsnormale von B den Vektor $\vec{n} = (x,y,z)$ (statt $\vec{n} = (-x,-y,-z)$), so durchläuft die gewählte Parametrisierung r die Kurve C im positiven Sinn. (Diese Orientierung der Fläche B bedeutet, dass der Fluss aus dem Ballon nach aussen positives Vorzeichen hat!)

$$\int_C \vec{F}\cdot d\vec{r} = \int_0^{2\pi} \vec{F}(r(t))\cdot \vec{r'}(t)\,dt$$

$$= \frac{1}{2}\int_0^{2\pi} \begin{pmatrix} -\frac{d}{2}\sin t \\ \frac{d}{2}\cos t \\ 0 \end{pmatrix} \cdot \begin{pmatrix} -\frac{d}{2}\sin t \\ \frac{d}{2}\cos t \\ 0 \end{pmatrix} dt$$

$$= \frac{1}{2}\int_0^{2\pi} \frac{d^2}{4}\,dt = \pi\,\frac{d^2}{4}.$$

2. (a) $S :=$ Dreieck im $\mathbb{R}^3$ mit Eckpunkten $(1,0,0)$, $(0,1,0)$, $(0,0,1)$

Satz von Stokes:

$$\overset{\downarrow}{\int_C} \vec{F}\cdot d\vec{r} = \iint_S rot\,\vec{F}\cdot d\vec{S} = \iint_S \begin{pmatrix} -2z \\ -2x \\ -2y \end{pmatrix} \cdot d\vec{S}$$

$$= \iint_S -2\begin{pmatrix} z \\ x \\ y \end{pmatrix} \cdot \vec{n}\,dS.$$

Der Einheitsnormalenvektor auf S ist:

$$\vec{n} = \frac{1}{\sqrt{3}}\begin{pmatrix} 1 \\ 1 \\ 1 \end{pmatrix}.$$

$$\Rightarrow \quad \iint_S -2\begin{pmatrix} z \\ x \\ y \end{pmatrix} \cdot \vec{n}\,dS = -\frac{2}{\sqrt{3}}\iint_S \underbrace{(z+x+y)}_{=1}\,dS$$

(da S in der Ebene $x+y+z=1$ liegt)

$$= -\frac{2}{\sqrt{3}}\iint_S 1\,dS = -\frac{2}{\sqrt{3}}\,\text{Fläche (S)}$$

S ist ein gleichseitiges Dreieck mit Seitenlänge $\sqrt{2}$.

$$\Rightarrow \quad \text{Fläche}(S) = \frac{1}{2}\sqrt{2}\cdot\sqrt{\frac{3}{2}} = \frac{\sqrt{3}}{2}$$

Also: Endergebnis $\int_S \vec{F}\cdot d\vec{r} = -1$

(b) Wir wählen $\widetilde{S} = [-1,1] \times [-1,1] \times \{-1\}$.

Dann ist $\widetilde{S}$ gerade die untere Randfläche des Würfels $[-1,1] \times [-1,1] \times [-1,1]$ und besitzt dieselbe Randkurve C wie die Fläche S. Mit Hilfe des Satzes von Stokes können wir dann berechnen:

$$\begin{aligned}
\iint\limits_{S} rot\,\vec{F}\,d\vec{S} &= \int_C \vec{F} \cdot d\vec{r} = \iint\limits_{\widetilde{S}} rot\,\vec{F}\,d\vec{S} \\
&= \iint\limits_{\widetilde{S}} \begin{pmatrix} x^2 z \\ xy - 2xyz \\ y - xz \end{pmatrix} \cdot d\vec{S} \\
&= \iint\limits_{\widetilde{S}} \begin{pmatrix} x^2 z \\ xy - 2xyz \\ y - xz \end{pmatrix} \cdot \vec{n}\,dS \\
&= \iint\limits_{\widetilde{S}} (y - xz)\,dS = \iint\limits_{\widetilde{S}} (y + x)\,dS \\
& \vec{n} = (0,0,1)^T \text{ für } \widetilde{S} \qquad \text{und } z = -1 \text{ in } \widetilde{S}
\end{aligned}$$

$$= \int_{-1}^{1}\int_{-1}^{1} (x+y)\,dy\,dx = \int_{-1}^{1} \left[xy + \frac{y^2}{2} \right]_{-1}^{1} dx = \int_{-1}^{1} 2x\,dx = 0.$$

3. $\operatorname{div} \vec{F}(x,y,z) = 3y^2 + 0 + 3z^2 = 3(y^2 + z^2)$:

$$\begin{aligned}
\iint\limits_{S} \vec{F} \cdot d\vec{S} &= \iiint\limits_{E} div\,\vec{F}\,dV = 3 \iiint\limits_{E} (y^2 + z^2)\,dV \\
&= 3 \int_{-1}^{2}\int_{0}^{1}\int_{0}^{2\pi} r^2 \cdot r\,d\varphi\,dr\,dx = 3 \int_{-1}^{2}\int_{0}^{1} 2\,\pi\,r^3\,dr\,dx \\
&= 6\,\pi \int_{-1}^{2} \left[\frac{r^4}{4} \right]_0^1 dx = 6\,\pi \int_{-1}^{2} \frac{1}{4}\,dx = 6\,\pi \cdot \frac{3}{4} = \frac{9}{2}\,\pi.
\end{aligned}$$

ANMERKUNG:

Zur Berechnung des Integrals wurden Zylinderkoordinaten benutzt (x-Achse $\widehat{=}$ Zylinderachse).

Aus $y^2 + z^2$ (Abstandsquadrat von der Achse) wurde dabei r^2.

4. Wir schreiben das Integral geschickt um:

$$\iint_S (2x+2y+z^2)\,d\vec{S} =$$

$$\iint_S \begin{pmatrix} 2 \\ 2 \\ z \end{pmatrix} \cdot \underbrace{\begin{pmatrix} x \\ y \\ z \end{pmatrix}}_{\text{äussere Einheitsnormale auf } S} dS = \iint_S \begin{pmatrix} 2 \\ 2 \\ z \end{pmatrix} \cdot \vec{n}\,dS = \iint_S \begin{pmatrix} 2 \\ 2 \\ z \end{pmatrix} \cdot d\vec{S}.$$

Mit $\vec{F}(x,y,z) = (2,2,z)$ und dem Satz von Gauss erhalten wir

$$\iint_S \begin{pmatrix} 2 \\ 2 \\ z \end{pmatrix} \cdot d\vec{S} = \iiint_E div\,\vec{F}\,dV = \iiint_E 1 \cdot dV = \mathrm{Vol}\,(E).$$

E ist die Einheitskugel und hat Volumen $\frac{4}{3}\,\pi$.

8.8 Übungsaufgaben zu Kapitel 6.8

1. In der Abwicklung hat man folgende Situation.

Die Länge L des Weges erhält man mit Hilfe des Satzes von Pythagoras nach Vereinfachung :

$$L = \sqrt{a^2 + 2a\sqrt{s^2 - \frac{b^2}{4}} + s^2}$$

Die Strecke L ist Tangente an die Kurve, daher gilt

$$-\frac{\mathrm{dy}}{\mathrm{dx}} = \tan\alpha = \frac{\sin\alpha}{\cos\alpha} = \frac{\sin\alpha}{\sqrt{1-\sin^2\alpha}} = \frac{\frac{y}{L}}{\sqrt{1-\left(\frac{y}{L}\right)^2}}.$$

Jetzt kann man separieren und integrieren:

$$\int \frac{\sqrt{1-\left(\frac{y}{L}\right)^2}}{\frac{y}{L}}\,dy = x + c.$$

Den Bruch kann man algebraisch umwandeln zu

$$\sqrt{\left(\frac{L}{y}\right)^2 - 1}.$$

Falls man die neue Variable z wählt durch

$$\frac{L}{y} = \cosh z$$

hat man

$$dy = -\frac{L \sinh z}{\cosh^2 z}$$

und wegen

$$\cosh^2 z - 1 = \sinh^2 z$$

hat man nun das Integral

$$L \int \frac{\cosh^2 z - 1}{\cosh^2 z} dz = L\left(z - tanh z) = L(z - \frac{\sqrt{\cosh^2 z - 1}}{\cosh z}\right) =$$

$$L\left(\operatorname{arcosh}\left(\tfrac{L}{y}\right) - \frac{\sqrt{\left(\tfrac{L}{y}\right)^2 - 1}}{\tfrac{L}{y}}\right),$$

also

$$x(y) = L \cdot \operatorname{arcosh}\left(\frac{L}{y}\right) - \sqrt{L^2 - y^2}\,.$$

2. Am einfachsten ist es, wenn man ein Resultat aus Analysis 1 Kap. 2.10 benutzt: die Krümmungen in den Scheiteln einer Ellipse mit den Halbachsen a und b sind

$$\frac{b}{a^2}, \frac{a}{b^2}.$$

Es ist anschaulich klar dann, dass die extremalen Normalschnittkrümmungen in den Scheiteln des Ellipsoids Ellipsenkrümmungen entsprechen, mit Halbachsen a, b oder b, c oder a, c. Also hat man

$$K_G = \frac{c^2}{a^2 b^2}, \frac{b^2}{a^2 c^2}, \frac{a^2}{b^2 c^2}$$

sowie

$$H = \frac{c}{2}\left(\frac{1}{a^2} + \frac{1}{b^2}\right),$$

und die andern durch zyklische Vertauschung. Alternativ kann man dasselbe Resultat erhalten, wenn man z.B. die Darstellung

$$\vec{r}\,(u, v) = (a \cdot \sin u \cos v, b \cdot \sin u \sin v, c \cdot \cos v)$$

benützt und H und K_g nach den angegebenen Formeln berechnet. Man erhält dann nach einiger Rechnung

$$K_G = \frac{a^2b^2c^2}{\left(a^2b^2\cos^2 u + c^2\sin^2 u\left(b^2\cos^2 v + a^2\sin^2 v\right)\right)^2}$$

Für $v = 0$,$u = \frac{\pi}{2}$ erhält man z.B.

$$K_G = \frac{a^2}{b^2c^2}\,.$$

3. Die Gleichung des Kegels kann geschrieben werden als $z = a\sqrt{x^2+y^2}$, $a = \tan\alpha$, $\alpha =$ halber Öffnungswinkel. Nach der Formel von Bonnet (siehe auch Beispiel (2)) erhält man nach einiger Rechnung

$$H = \frac{a}{\sqrt{1+a^2}}\frac{1}{2\sqrt{x^2+y^2}} = \cos\alpha frac12\sqrt{x^2+y^2}$$

4. (a) Man erhält die Fundamentalgrössen

$$E = r^2, F = 0, G = (R + r\cos u)^2$$

und damit

$$dO = r(R + r\cos u))dudv$$

(b) Es ist

$$L = r, M = 0, N = (R + r\cos u)\cos u$$

woraus sich ergibt

$$K_G = \frac{\cos u}{rR + r^2\cos u}, H = -\frac{R + 2r\cos u}{2r(R + r\cos u)},$$

d.h.

$$\frac{-1}{rR - r^2} \le K_G \le \frac{1}{rR + r^2}$$

$$-\frac{R + 2r}{2r(R + r)} \le H \le -\frac{R - 2r}{2r(R - r)}$$

8.9 Übungsaufgaben zu Kapitel 7.2

1. Die Eigenfunktionen sind von der Form

$$u(x) = cos(\sqrt{\lambda}x).$$

Aus der Randbedingung folgt mit $\nu = \sqrt{\lambda}\tan(\nu L) = \frac{\alpha}{\nu}$ eine transzendente Gleichung für ν. Es gilt:

$$\int_0^L \cos^2(\nu x)\mathrm{dx} = \frac{L}{2} + \frac{1}{4\nu}\sin(2\nu L) =$$
$$\frac{L}{2} + \frac{1}{2\nu}\sin(\nu L)\cdot\cos(\nu L) = \frac{L}{2} + \frac{1}{2\nu}\frac{\tan(\nu L)}{1+\tan^2(\nu L)} = \frac{L}{2} + \frac{\alpha}{2(\lambda+\alpha^2)}.$$

Der Normierungsfaktor für die Eigenfunktion $u_k(x)$ ist also

$$\sqrt{\frac{2}{L + \frac{\lambda_k + \alpha^2)}{\alpha}}}.$$

2. Es gilt ja $u(r) = \frac{v(r)}{r}$, wobei $v'' + \lambda v = 0$.

Die im Nullpunkt endliche Lösung ist

$$u(r) = \frac{\sin(\nu r)}{r}, \nu = \sqrt{\lambda}.$$

Also muss gelten:

$$\frac{\nu\cos(\nu R)}{R} - \frac{\sin(\nu R)}{R^2} + \alpha\frac{\sin(\nu R)}{R} = 0,$$

d.h.:

$$\nu R\cot(\nu R) - 1 + \alpha R = 0.$$

Man setzt $\nu R = s$, $\alpha R = \beta$ (dimensionslose Zahlen).

Dann hat man die transzendente Gleichung:

$$s\cdot\cot s - 1 + \beta = 0.$$

BEISPIEL: Für $\beta = 2$, $R = 1$ bekommt man $s = 2.02876$, also $\lambda = 4.11586$.

Spezialfall: Für $\beta = 1$ ist $\lambda = \left(\frac{\pi}{2}\right)^2$.

3. Die zweiten Eigenfunktionen von Q = (0,a)×(0,a) sind $\sin(\frac{\pi}{a}x)\cdot\sin(\frac{2\pi}{a}y)$, $\sin(\frac{2\pi}{a}x)\cdot\sin(\frac{\pi}{a}y)$ zum Eigenwert $\lambda_2 = 5\frac{\pi^2}{a^2}$. Dann gilt:

$$u(x,y) := \sin\left(\frac{\pi}{a}x\right)\cdot\sin\left(\frac{2\pi}{a}y\right) - \sin\left(\frac{2\pi}{a}x\right)\cdot\sin\left(\frac{\pi}{a}y\right) =$$
$$2\sin\left(\frac{\pi}{a}x\right)\cdot\sin\left(\frac{\pi}{a}y\right)\left(\cos\left(\frac{\pi}{a}y\right) - \cos\left(\frac{\pi}{a}x\right)\right).$$

(a) Als Differenz von zwei Eigenfunktionen erfüllt u auch $\Delta u + \lambda u = 0$ in G.

(b) Die Randbedingung auf der Hypothenuse (= Diagonale von Q) ist erfüllt für: $y = x$ ist $u(x, y) = 0$. Für $(x, y) \in G$ ist $u(x, y) > 0$, also muss $u(x, y)$ die erste Eigenfunktion sein.

4. (a) Durch Nachrechnen stellt man fest, dass $\Delta u = -4u$, d.h. $\lambda = \lambda_1 = 4$. Es ist der erste Eigenwert, da $u > 0$ im Innern des Dreiecks. Die Randbedingungen sind erfüllt.

Eine Seite ist $y = 0$. Dort ist $u(x, 0) = -\sin(\sqrt{3}x) - \sin(-\sqrt{3}x) = 0$. Auf einer andern Seite gilt $y = \sqrt{3}x$, was wieder $u = 0$ nach sich zieht. Auf der dritten Seite gilt $y = 2\pi - \sqrt{3}x$, damit gilt auch dort $u = 0$. Die Randbedingungen sind also erfüllt.

(b) Für eine beliebige Eigenfunktion $u(x, y)$ des Laplace-Operators zu einem Eigenwert λ ist $u(c \cdot x, c \cdot y)$ wieder eine Eigenfunktion zum Eigenwert $\lambda \cdot c^2$ im gestreckten Gebiet.

Für die Seitenlänge s muss man $c = \frac{2\pi}{\sqrt{3}}$ wählen, dann ist $\lambda = \frac{16}{3}\left(\frac{\pi}{s}\right)^2$.

(c) Die notwendigen Bedingungen für das Maximum sind:

$$\cos(\sqrt{3}x - y) - \cos(\sqrt{3}x + y) = 0$$
$$-\cos(\sqrt{3}x - y) - \cos(\sqrt{3}x + y) + 2\cos(2y) = 0.$$

Die erste Gleichung hat im Dreieck die Lösung $x = \frac{\pi}{\sqrt{3}}$, y beliebig. Einsetzen in der zweiten Gleichung liefert:

$$2\cos(2y) = cos(\pi - y) + \cos(\pi + y) = -2cos(y),$$

umgeformt:

$$2\cos^2 y + cosy - 1 = 0,$$

die Lösung innerhalb des Dreiecks ist demnach:

$$x = \pi/\sqrt{3}, y = 1.0472, u_{\max} = 2.598.$$

(d) Wenn man neue Koordinaten

$$s = \sqrt{3}x - y$$
$$t = \sqrt{3}x + y$$

wählt, hat man

$$\text{Normquadrat} =$$

$$\frac{1}{2\sqrt{3}}\int_0^{2\pi}\int_0^t (\sin(t-s)-\sin(t)-\sin(s))^2 dsdt = \frac{\sqrt{3}\pi^2}{2}.$$

Der Faktor vor dem Integral stammt von der Funktionaldeterminante. Bild der ersten Eigenfunktion:

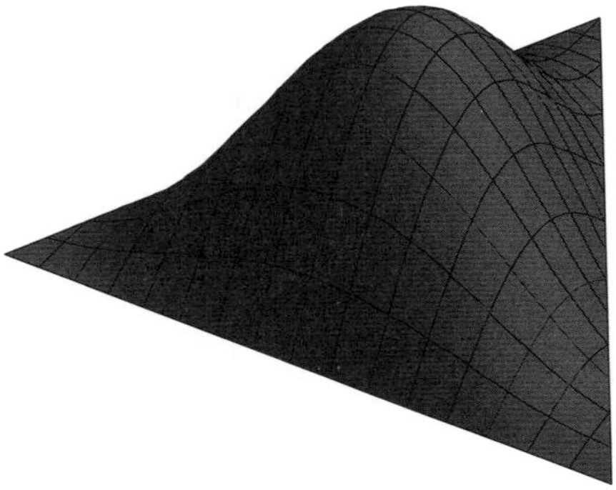

Abb. 8.11.

5. (a) Um die Randbedingung bei $r = R_1$ zu erfüllen, macht man am besten schon den Ansatz:

$$u(r) = \frac{1}{r}\sin(\sqrt{\lambda}(r - R_1)).$$

Dann muss noch erfüllt werden:

$$u(R) = \sin(\sqrt{\lambda}(R_2 - R_1)) = 0.$$

Damit ist klar, dass

$$\lambda_k = \left(\frac{k\pi}{R_2 - R_1}\right)^2.$$

Das ist auch der k-te Eigenwert einer Saite der Länge $R_2 - R_1$.

(b) Die Randbedingung bei $r = R_2$ ist wieder erfüllt mit dem Ansatz:

$$u(r) = \frac{1}{r}\sin(\sqrt{\lambda}(r - R_2)).$$

Jetzt muss noch erfüllt werden:

$$u'(R_1) = \frac{\sqrt{\lambda}}{R_1}\cos(\sqrt{\lambda}(R_1 - R_2)) - \frac{1}{{R_1}^2}\sin(\sqrt{\lambda}(R_1 - R_2)) = 0.$$

Am besten setzt man $s = \sqrt{\lambda}R_1$ und $\gamma = \frac{R_2}{R_1}$, dann hat man die transzendente Gleichung:

$$s = -\tan((\gamma - 1)s).$$

Die Eigenwerte sind dann:

$$\lambda_k = \left(\frac{s_k}{R_1}\right)^2.$$

Für $R_1 = 1,\ R_2 = 2$ erhält man z.B.:

$$\lambda_1 \simeq 4.11585.$$

8.10 Übungsaufgaben zu Kapitel 7.3

1. (a) Für $v(x,y) = \frac{c}{4}\left(h \cdot y + \frac{y^3 - 3x^2 y}{h} - 2\,y^2\right)$ stellt man durch Einsetzen fest, dass für $y = 0$ sowie $y = h \pm x\sqrt{3}$ gilt $v = 0$.

(b) Die Gleichungen:

$$\partial_x v = 0, \partial_y v = 0$$

haben die einzige Lösung innerhalb des Dreiecks

$$x = 0, y = \frac{h}{3},$$

und dort gilt:

$$v = v_{\text{max}} = \frac{ch^2}{27}.$$

2. Die Differentialgleichung lautet, da keine Wärmequelle vorhanden ist:

$$\left(r^2 u'\right)' = 0.$$

Die allgemeine Lösung ist

$$u(r) = \frac{a}{r} + b.$$

Aus den Randbedingungen folgt dann $u(r) = \frac{20r-1}{r}$ und damit:

$$u(1.5) = \frac{58}{3}.$$

3. Die Eigenfunktionen sind:

$$\varphi_{kl}(x,y) = \sin(kx)\sin(ly)$$

mit zugehörigen Eigenwerten

$$\lambda_{kl} = k^2 + l^2$$

Wir schreiben die Differentialgleichung um als

$$\Delta v - \gamma u + \delta x \cdot y = 0, \text{ mit } \gamma = \frac{c}{D}, \ \delta = \frac{q}{D}$$

Die Fourierreihe für die Heizquelle ist

$$\sum_{k,l=1}^{\infty} q_{kl} \cdot \varphi_{kl}(x,y)$$

mit

$$q_{kl} = \frac{4}{\pi^2}\delta \int_0^\pi \int_0^\pi \sin(kx)\sin(ly)x \cdot y dx dy =$$
$$\frac{4\delta}{\pi^2}\left(\int_0^\pi \sin(kx)x \cdot dx\right)\left(\int_0^\pi \sin(ly)y \cdot dy\right) = \frac{4\delta}{\pi^2}\left(\pm\frac{\pi}{k}\right)\left(\pm\frac{\pi}{l}\right)$$
$$\text{(alternierendes Vorzeichen, beginnend mit +)} = 4\delta\left(\pm\frac{1}{k}\right)\left(\pm\frac{1}{l}\right).$$

Die Lösung findet man dann wie in 7.3.(B), Beispiel (b):

$$u(x,y) = \sum_{k,l=1}^{\infty} \frac{q_{kl}}{\lambda_{kl} + \gamma}\varphi_{kl}(x,y)$$

Bild der Lösung: ($\gamma = 4, \delta = 1$):

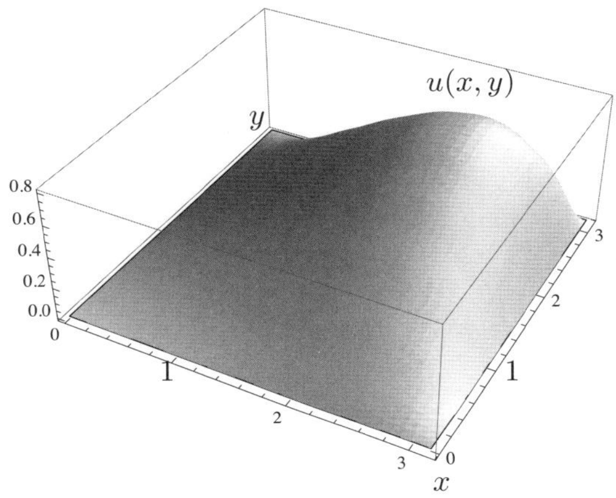

Abb. 8.12.

Der maximale Wert muss auf der Geraden $y = x$ liegen. Der entsprechende Schnitt sieht so aus:

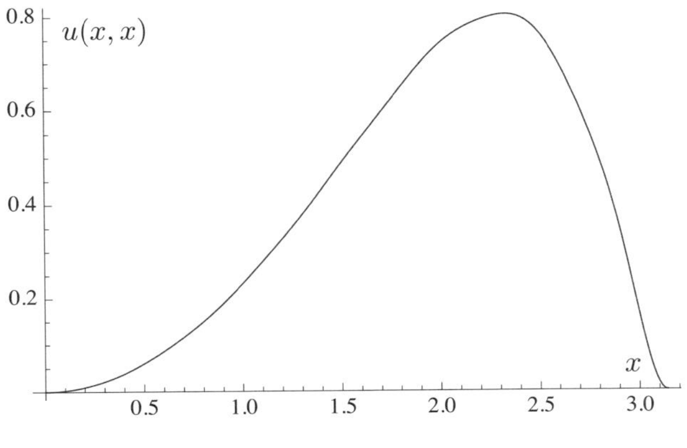

Abb. 8.13.

4. Der für kugelsymmetrische Lösungen gegebene Ansatz: $u(r) = \frac{v(r)}{r}$ führt auf die Differentialgleichung

$$v'' - \frac{c}{D}v + \frac{q}{D}r = 0.$$

Die homogene Differentialgleichung hat die Lösungen:

$$v(r) = a \sin\, h(\gamma r) + b \cos\, h(\gamma), \gamma = \sqrt{\frac{c}{D}}.$$

Wegen der Endlichkeitsbedingung für $u(r)$ muss $b = 0$ sein.

Eine spezielle Lösung der inhomogenen Gleichung lässt sich erraten: $\frac{q}{cD}r$. Damit heisst die allgemeine Lösung:

$$v(r) = a \sinh(\gamma \mathrm{r}) + \frac{q}{c}r.$$

Aus der Randbedingung $v(R) = 0$ ergibt sich dann schliesslich:

$$u(r) = \frac{q}{c}\left(1 - \frac{\sinh(\gamma r)}{\sinh(\gamma R)} \cdot \frac{R}{r}\right).$$

Der maximale Wert tritt im Nullpunkt auf, wo man mit der Regel von Bernoulli den Grenzwert berechnen kann:

$$u_{\mathrm{max}=}\frac{q}{c}\left(1 - \frac{\gamma R}{\sinh(\gamma R)}\right).$$

5. Der Ansatz lautet:

$$u(x, y) = \alpha x + \beta y + \gamma xy + \delta.$$

Dann gilt $\Delta \mathrm{u} = 0$. Auf dem Rand des Rechtecks $(0, a) \times (0, b)$ ist u linear, entweder in x oder in y.

Aus $u(0, 0) = A \Longrightarrow \delta = A$.

Aus $u(a, 0) = B \Longrightarrow \alpha a + \delta = B \Longrightarrow \alpha = \frac{B-A}{a}$.

Aus $u(a, b) = C \Longrightarrow \alpha a + \beta b \gamma ab + \delta = C \Longrightarrow \gamma = \frac{C+A-B-D}{ab}$.

Aus $u(0, b) = D \Longrightarrow \beta = \frac{D-A}{b}$.

Bild der Lösung für $a = 2, b = 3, A = 1, B = 2, C = -1, D = 3$:

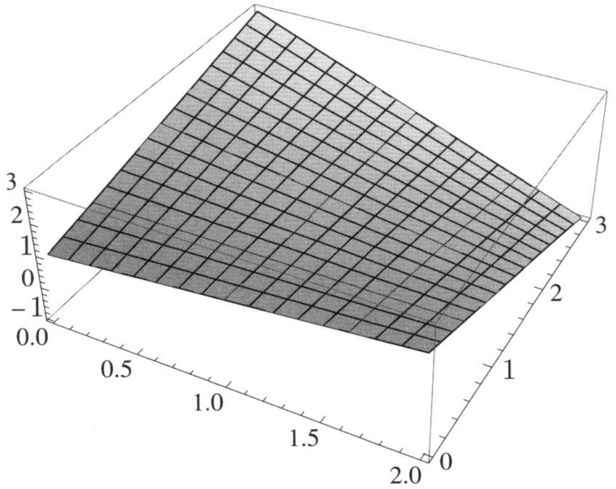

Abb. 8.14.

8.11 Übungsaufgaben zu Kapitel 7.4

1. Die für $x \to \infty$ endliche Lösung ist $v(x) = u_0 e^{-(1+i)\cdot\beta x}$, wobei $\beta = \sqrt{\frac{\omega}{2D}}$, denn $((-1+i)\beta)^2 = \frac{i\omega}{D}$.

Damit gilt: $u(x,t) = u_0 e^{-\beta x}\sin(\omega t - \beta x)$: Welle mit Dämpfungsfaktor $e^{-\beta x}$.

(a) Damit nur noch $\frac{1}{10}$ spürbar ist, muss $\beta x = ln 10$ sein. Für einen Tag ist $\omega = \frac{1}{86400\text{sec}}$. Damit ergibt sich eine Tiefe von $x \simeq 30$ cm.

(b) Hier ist $0 \to 15°$ und $u_0 = 10$.

Es muss gelten: $15 + 10 \cdot \sin(\omega t) = 2$, also $\sin(\omega t) = 0.5$ d.h. $\omega t = \sqrt{3}/2 \cdot \beta = \sqrt{\frac{1}{2\cdot 86400\cdot 0.001}} = 0.0761$. Damit ist die Temperatur für $x = 20$:

$$15 + 10e^{-\beta\cdot 20}\sin(\sqrt{3}/2 - \beta 20) \simeq 13.67°C.$$

2. Die zugehörigen Eigenfunktionen sind:

$$\varphi_k(x) = \cos(\frac{(2k-1)\pi}{2L}x) \text{ mit Eigenwerten } \lambda_k = \left(\frac{(2k-1)\pi}{2L}\right)^2 .$$

Zuerst macht man den Ansatz:

$$u(x,t) = e^{-ct}v(x,t).$$

Dann muss v erfüllen:

$$\begin{aligned}&\partial_t v = D\partial_{x,\,x} v \text{ in } (0,L)\\&\partial_x v(0,t) = -\alpha t e^{-(\beta-c)t}, v(L,t)=0, v(x,0)=0.\end{aligned}$$

Jetzt wird noch die Randbedingung homogen gemacht durch den Ansatz:

$$v(x.t) = w(x,t) + \alpha t e^{-(\beta-c)t}\left(1-\frac{x}{L}\right).$$

Damit bleibt für w(x,t) das Problem:

$$\begin{aligned}&\partial_t w = D\partial_{x,\,x} w \ + q(x,t) \text{ in } (0,L)\\&\partial_x w(0,t) \ = 0, w(L,t)=0\end{aligned}$$

mit $(x,t) = -\alpha e^{-(\beta-c)t}(1-(\beta-c)t)$. Jetzt braucht man:

$$q_k(t) = \frac{2}{L}\int_0^t\int_0^L e^{-D\lambda_k(t-\tau)} q(x,\tau)\varphi_k(x)dxd\tau.$$

Nach einiger Routinerechnung erhält man:

$$q_k(t) = -\frac{8\alpha}{(1-2k)^2\pi^2\left(c-\beta+d\lambda_k\right)^2}\left(-e^{-Dt\lambda_k}D\lambda_k + e^{t(c-\beta)}(D\lambda_k + t(c-\beta(c-\beta+D\lambda_k))\right).$$

Die Lösung ist zusammengefasst:

$$u(x,t) = e^{-ct}\left(\sum_{k=1}^{\infty} q_k(t)\cos\left(\frac{(2k-1)\pi}{2L}x) + \alpha t e^{-(\beta-c)t}(1-\frac{x}{L}\right)\right).$$

Hier ist der Ort-Zeitverlauf der Lösung:
$(0<x<1, 0<t<6)$, $\alpha=1$, $\beta=1/2, c=2, D=1, L=1$.

3. Die zugehörigen Eigenfunktionen und Eigenwerte sind:

$$\varphi_k(r) = \frac{\sin\left(\frac{k\pi}{R}r\right)}{r}, \lambda_k = \left(\frac{k\pi}{R}\right)^2,$$

und nach 7.4 (C) brauchen wir:

$$u_k(t) = 4\pi/(2\pi R)\int_0^t\int_0^R \varphi_k(r) a r^2 e^{-D\lambda_k(t-\tau)} dr d\tau = \frac{a}{Dk^5\pi^5}2(1-e^{-Dk^2\pi^2 t})\left(6-k^2\pi^2\right)(-1)^k.$$

Die Lösung ist dann:

$$u(r,t) = \sum_{k=1}^{\infty} u_k(t)\varphi_k(r).$$

Die stationäre Lösung v(r) erfüllt:

$\frac{D}{r^2}\left(r^2 v'(r)\right)' + ar^2 = 0$ und $v(R) = 0, v(0)$ endlich.

Die Lösung ist $v(r) = \dfrac{a}{20D}(R^2 - r^2)$.

Um die Reihe im Nullpunkt für t $\to \infty$ auszuwerten, muss man noch beachten, dass

$$\lim_{r\to 0} \varphi_k(r) = \frac{k\pi}{R}.$$

Dann ergibt sich die Relation:

$$\sum_{k=1}^{\infty}(-1)^k \cdot \left(\frac{6}{(k\pi)^4} - \frac{1}{(k\pi)^2}\right) = \frac{1}{40}.$$

4. (a) Zuerst werden die Randbedingungen homogen gemacht durch den Ansatz:

$$u(x,y,t) = v(x,y,t) + \frac{y}{b}(1 - e^{-\alpha t})$$

Damit muss $v(x,y,t)$ erfüllen:

$\partial_t v = D\Delta v - \alpha\frac{y}{b}e^{-\alpha t}$ in G plus homogene Randbedingungen.

Zusätzlich muss noch gelten:

$$v(x,y,0) = u_0(x,y) = \cos\left(\frac{\pi}{a}x\right)\sin\left(\frac{\pi}{b}y\right).$$

Jetzt kann man noch weiter aufspalten in:

$$v(x,y,t) = v_1(y,t) + v_2(x,y,t).$$

Hier erfüllt $v_1(y,t)$:

$$\partial_t v_1 = D\partial_{yy}v_1 - \alpha\tfrac{y}{b}e^{-\alpha t},\ y \in (0,b)$$
$$v_1(0,t) = v_1(b,t) = 0$$
$$v_1(y,0) = 0.$$

Die zugehörigen Eigenfunktionen in G sind:

$$\varphi_{kl}(x,y) = \cos(\tfrac{k\pi}{a}x)\sin(\tfrac{l\pi}{b}y), k = 0,1,2,\cdots, l = 1,2,3,\cdots,$$

mit $\lambda_{kl} = \left(\frac{k\pi}{a}\right)^2 + \left(\frac{l\pi}{b}\right)^2$.

Da die Anfangsbedingung für v(x,y,t) gerade eine Eigenfunktion ist, ist

$$v_2(x,y,t) = \cos\left(\frac{\pi}{a}x\right)\sin\left(\frac{\pi}{b}y\right)e^{-D\lambda_{11}t}$$

eine Lösung der Diffusionsgleichung, inklusive Rand- und Anfangsbedingung.

$v_1(y,t)$ ist nach der allgemeinen Formel von 7.4.(C) gegeben durch:

$$v_1(y,t) = -\frac{2}{b}\sum_{l=1}^{\infty} q_l(t)\sin\left(\frac{l\pi}{b}y\right),$$

mit $q_l(t) = \int_0^t\int_0^b \sin(\frac{l\pi}{b}y)\alpha\frac{y}{b}e^{-\alpha\tau}e^{-D\left(\frac{l\pi}{b}\right)^2(t-\tau)}dyd\tau$

$$= \frac{\alpha b^3(-1)^l}{l\pi\,(Dl^2\pi^2 - \alpha b^2)}(e^{-D\lambda_{0l}t} - e^{-\alpha t}).$$

Zusammengefasst gilt also:

$$u(x,y,t) = \frac{y}{b}(1-e^{-\alpha t}) + \cos\left(\frac{\pi}{a}x\right)\sin\left(\frac{\pi}{b}y\right)e^{-D\lambda_{11}t}$$
$$-2\sum_{l=1}^{\infty}\sin\left(\frac{l\pi}{b}y\right)\frac{\alpha b^2(-1)^l}{l\pi\,(Dl^2\pi^2-\alpha b^2)}(e^{-D\lambda_{0l}t} - e^{-\alpha t}).$$

(b) Die stationäre Lösung, die für t $\to \infty$ eintritt, ist hier $\frac{y}{b}$. Im Mittelpunkt von G hat man also den Wert $\frac{1}{2}$.

Um die Zeit zu bestimmen, wann $u(\frac{a}{2},\frac{b}{2},t) = \frac{1}{4}$, hat man die Gleichung:

$$\frac{1}{2}(1-e^{-\alpha t})$$
$$-2\sum_{l=1}^{\infty}\sin\left(\frac{l\pi}{2}\right)\frac{\alpha b^2(-1)^l}{l\pi\,(Dl^2\pi^2-\alpha b^2)}(e^{-D\lambda_{0l}t} - e^{-\alpha t}) = \frac{1}{4}.$$

Wenn man nur den ersten Term der Summe berücksichtigt, kann man die entsprechende Gleichung umschreiben zu:

$$-\frac{2b^2 e^{-\frac{D\pi^2 t}{b^2}} \alpha}{D\pi^3 - b^2\pi\alpha} + e^{-t\alpha}\left(\frac{1}{2} + \frac{2b^2\alpha}{D\pi^3 - b^2\pi\alpha}\right) = \frac{1}{4}.$$

Nimmt man $a = 10cm, b = 5cm, D = 0.2\frac{\mathrm{cm}^2}{s}$ (Wert für Luft bei $20°), \alpha = \frac{0.1}{s}$:

$$3.0253e^{-0.07896t} - 2.5253e^{-0.1t} = 0.25.$$

Numerisch findet man damit $t \approx 22$ sec.

Bild der Lösung zu diesem Zeitpunkt:

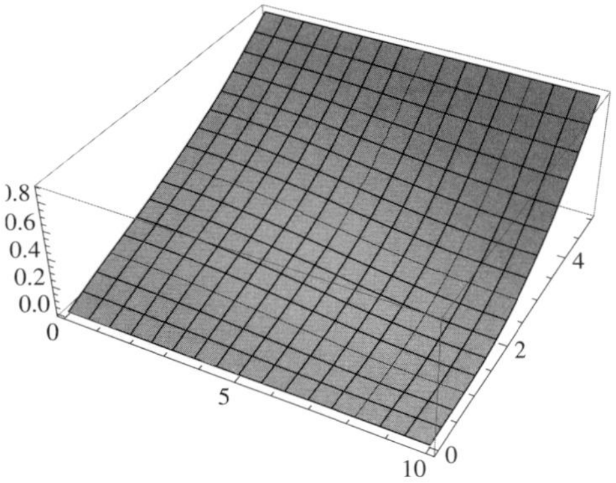

Abb. 8.15.

8.12 Übungsaufgaben zu Kapitel 7.5

1. (a) Durch quadratische Ergänzung schreibt man um:

$$xe^{-x^2+x} = xe^{-\left(x^2+1/2\right)^2+1/4} = e^{1/4}xe^{-\left(x^2+1/2\right)^2}.$$

Es ist schon bekannt (Beispiel 3):

$$e^{-x^2} \longrightarrow \frac{1}{\sqrt{2}}e^{-\frac{y^2}{4}}.$$

Nach Regel (2) gilt dann:

$$e^{-\left(x^2+1/2\right)^2} \longrightarrow e^{\;-1/2\cdot i\;y} \cdot \frac{1}{\sqrt{2}} e^{-\frac{y^2}{4}}.$$

Nach Regel (4) noch:

$$x \cdot e^{-\left(x^2+1/2\right)^2} \longrightarrow i \cdot \frac{d}{\mathrm{dy}} \left(e^{-1/2\cdot iy} \cdot \frac{1}{\sqrt{2}} e^{-\frac{y^2}{4}} \right).$$

Also hat man:

$$xe^{-x^2+x} \longrightarrow e^{1/4} \cdot i \cdot \frac{d}{\mathrm{dy}} \left(e^{\;-1/2\cdot i\;y} \cdot \frac{1}{\sqrt{2}} e^{-\frac{y^2}{4}} \right) = \frac{e^{-\frac{1}{4}(-i+y)^2}(1+iy)}{2\sqrt{2}}.$$

(b) Wenn man umschreibt:

$$cos(x)e^{-|x|} = \frac{1}{2}(e^{ix} + e^{-ix})e^{-|x|},$$

kann man Regel (1) und Beispiel (2) kombinieren und man erhält:

$$\cos(x) \cdot e^{-|x|} \longrightarrow \sqrt{\frac{1}{2\pi}} \left(\frac{1}{1+(y+1)^2} + \frac{1}{1+(y-1)^2} \right) = \sqrt{\frac{2}{\pi}} \frac{(2+y^2)}{4+y^4}.$$

(c) Zuerst berechnet man am besten die FT einer "Treppenstufe nach rechts":

$$\frac{1}{\sqrt{2\pi}} \int_0^1 e^{ixy}\,\mathrm{dx} = \frac{1}{\sqrt{2\pi}} \frac{1}{iy}(e^{iy} - 1).$$

Dann mittels des Verschiebungssatzes alle Stufen mit abnehmender Höhe:

$$\frac{1}{\sqrt{2\pi}} \frac{1}{iy}(e^{iy} - 1) \cdot \left(1 + \frac{1}{2}e^{iy} + \frac{1}{4}e^{2iy} + \frac{1}{8}e^{4iy} + \cdots \right).$$

Das ist eine geometrische Reihe mit Quotient $q = \frac{1}{2}e^{iy}$ und der Summe: $\frac{1}{1-q}$. Also hat man nach rechts insgesamt:

$$\frac{1}{\sqrt{2\pi}} \frac{1}{iy}(e^{iy} - 1) \frac{1}{1 - \frac{1}{2}e^{iy}}.$$

Desgleichen erhält man nach links zuerst:

$$\frac{1}{\sqrt{2\pi}} \int_{-1}^0 e^{ixy}\,\mathrm{dx} = \frac{1}{\sqrt{2\pi}} \frac{1}{iy}(1 - e^{-iy})$$

und durch Verschiebung nach links und Addition:

$$\frac{1}{\sqrt{2\pi}}\frac{1}{iy}(1-e^{-iy})\cdot\left(1+\frac{1}{2}e^{-iy}+\frac{1}{4}e^{-2iy}+\frac{1}{8}e^{-4iy}+\cdots\right),$$

und mit derselben Überlegung wie oben:

$$\frac{1}{\sqrt{2\pi}}\frac{1}{iy}(1-e^{-iy})\frac{1}{1-\frac{1}{2}e^{-iy}}.$$

Wenn man die beiden Terme noch addiert und vereinfacht, erhält man zum Schluss:

$$\widehat{f}(y)=\frac{1}{\sqrt{2\pi}}\frac{\sin(y)}{y\left(\frac{5}{4}-\cos(y)\right)}.$$

2. Die Anfangsbedingung kann geschrieben werden als

$$u(x,0)=\frac{e}{2}(e^{-(x-1)^2}-e^{-(x+1)^2}).$$

Die Lösung des Problems:

$$\begin{cases}\partial_t u = D\partial_{xx}u \text{in } (-\infty,\infty)\\ u(x,0)=e^{-ax^2}\end{cases}$$

wurde schon bestimmt in 7.5.(E), (man setze $v=0, a=1$):

$$u(x,t)=\frac{1}{\sqrt{1+4Dt}}\exp\left(-\frac{x^2}{1+4\ Dt}\right).$$

Wegen der Linearität können wir aufspalten in zwei Probleme. Für den Term $e^{-(x-1)^2}$ können wir eine Verschiebung der x-Koordinate vornehmen. Das hat keinen Einfluss auf die Differentialgleichung und das Grundintervall. Dasselbe gilt für den zweiten Term. Damit lautet die Lösung des Originalproblems:

$$u(x,t)=\frac{1}{\sqrt{1+4Dt}}\frac{e}{2}\left(\exp(-\frac{(x-1)^2}{1+4Dt}\right)+\exp\left(-\frac{(x+1)^2}{1+4Dt}\right).$$

3. Die Funktionen $u_i(x,t)=\alpha_i erf(\frac{x}{\sqrt{4D_it}})+\beta_i$ erfüllen die Differentialgleichungen. (Nachrechnen!)

Bei der Anfangsbedingung für $u_1(x,t)$ muss man für <0 und $t\to 0$ beachten, dass erf $(-\infty)=-1$, ebenso bei $u_2(x,t)$ und $x>0$, dass $\text{erf}(\infty)=1$.

Anfangs- und Stetigkeitsbedingungen ergeben dann vier Gleichungen:

$$\begin{aligned}\beta_1 - \alpha_1 &= a\\ \beta_2 - \alpha_2 &= b\\ \beta_1 &= \beta_1\\ \alpha_1 \frac{1}{\sqrt{4D_1}} &= \alpha_2 \frac{1}{\sqrt{4D_2}},\end{aligned}$$

mit den Lösungen

$$\alpha_1 = \frac{b-a}{\sqrt{D_1}+\sqrt{D_2}}\sqrt{D_1},$$

$$\alpha_2 = \frac{b-a}{\sqrt{D_1}+\sqrt{D_2}}\sqrt{D_2},$$

$$\beta_1 = \beta_2 = \frac{a\sqrt{D_2}+b\sqrt{D_1}}{\sqrt{D_1}+\sqrt{D_2}}.$$

Der stationäre Wert, der sich einstellt, ist

$$\frac{a\sqrt{D_2}+b\sqrt{D_1}}{\sqrt{D_1}+\sqrt{D_2}}.$$

Typische Bilder für verschiedene Zeiten, für $D_1 = 1,\ D_2 = 4,\ a = 1, b = 3$:

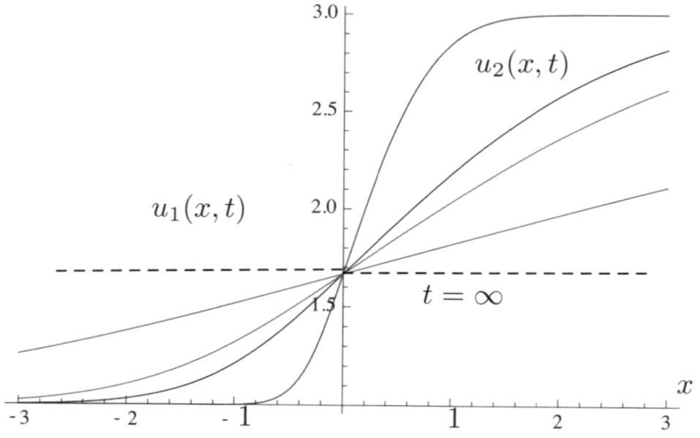

Abb. 8.16.

4. (a) Durch FT erhält man eine gewöhnliche Differentialgleichung in t:

$$\begin{aligned}\dot{\widehat{u}} - iyc\widehat{u} + ku &= 0\\ \widehat{u}(0) &= \widehat{u}_0(y),\end{aligned}$$

mit der Lösung

$$\widehat{u}(t) = \widehat{u}_0(y)e^{icy-kt} = e^{-kt}\widehat{u}_0(y)e^{icy}.$$

Der Verschiebungssatz aus (7.5. (C)) ergibt die Rücktransformierte

$$u(x,t) = e^{-kt} \cdot u_0(x - ct).$$

(b) Für die angegebenen Werte hat man die Gleichung

$$e^{-0.3} \cdot \cos(x - 0.75) = 0.5,$$

mit den zwei Lösungen:

$$x = 1.5799 \text{ und } x = -0.0799.$$

Es gibt keine anderen Lösungen, da nur eine einziger positiver "Kosinusbogen" vorhanden ist.

Index

Weitere Publikationen im vdf Hochschulverlag

Meike Akveld, René Sperb

Analysis I

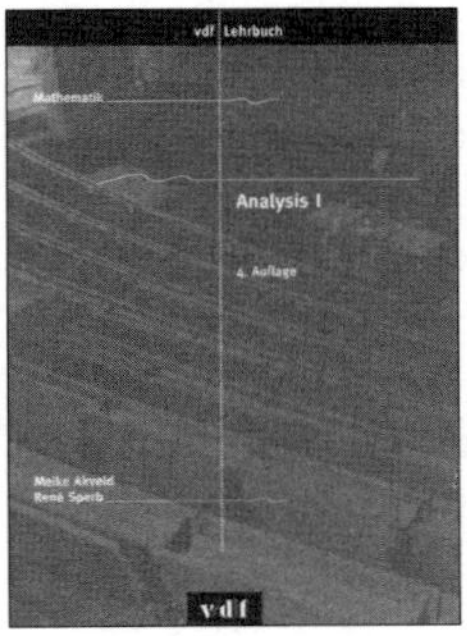

Das Buch richtet sich an Studierende der Ingenieurwissenschaften, die über mathematische Kenntnisse bis zur Differential- und Integralrechnung verfügen. Im Vordergrund stehen Anwendungen auf technische, physikalische und naturwissenschaftliche Probleme. Schwerpunkte bilden u.a. die Behandlung von gewöhnlichen Differentialgleichungen, ein erster Kontakt mit Rand- und Eigenwertproblemen sowie deren Interpretation im Zusammenhang mit mathematischen Modellen.

vdf-Lehrbücher und -Skripten
4., durchges. u. korr. Aufl. 2012
304 S., zahlr. Abbildungen
17 x 24 cm, broschiert
ISBN 978-3-7281-3510-0

Lino Guzzella

Analysis and Synthesis of Single-Input Single-Output Control Systems

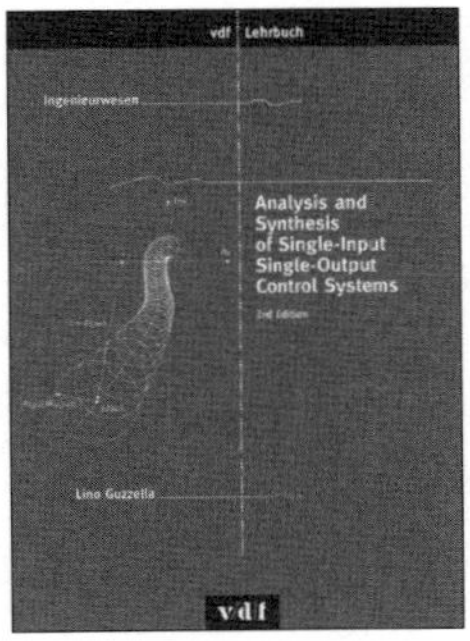

This text supports a first course on feedback control systems in an engineering undergraduate program. Its primary objectives are to introduce the main ideas and to show the basic approaches for the design of simple yet practically relevant control systems. Readers planning to work through this text should have a clear understanding of elementary complex analysis, of matrix algebra and of calculus, including ordinary differential equations. Basic concepts of engineering physics are assumed to be known as well. This course introduces all relevant steps of a control system design procedure. The price one must pay for such a width is the limitation of the discussion to relatively simple systems.

vdf-Lehrbücher und -Skripten
3., überarbeitete Aufl. 2011
392 S., zahlr. graf. Darst.
engl., 17 x 24 cm, broschiert
ISBN 978-3-7281-3386-1

vdf Hochschulverlag AG an der ETH Zürich, Voltastrasse 24, CH-8092 Zürich
Tel. +41 (0)44 632 42 42, Fax +41 (0)44 632 12 32, verlag@vdf.ethz.ch, www.vdf.ethz.ch

Kaspar Nipp, Daniel Stoffer

Lineare Algebra

Eine Einführung für Ingenieure unter besonderer Berücksichtigung numerischer Aspekte

5., durchgesehene Aufl. 2002
260 S., zahlr. graf. Darst. und Formeln, 16 x 23 cm, broschiert
ISBN 978-3-7281-2818-8

Diese Autographie ist geschrieben für Ingenieurstudenten als Begleittext zur Grundvorlesung «Lineare Algebra». Im Vordergrund stehen algorithmische Aspekte; die geometrisch-abstrakten Gesichtspunkte werden jedoch nicht vernachlässigt. Der Ausgangspunkt dieser Einführung ist die Bestimmung der Lösungsmenge linearer Gleichungssysteme mit dem Eliminationsverfahren von Gauss. Immer wieder wird der Bezug hergestellt zum Lösen von linearen Gleichungssystemen und zum Gaussverfahren. Dieses ist sozusagen das zentrale Instrument der Autographie. Da in der Praxis oft Probleme mit vielen Unbekannten vorkommen, werden auch die sich daraus ergebenden numerischen Aspekte behandelt.

Guido Mislin

Algebra I

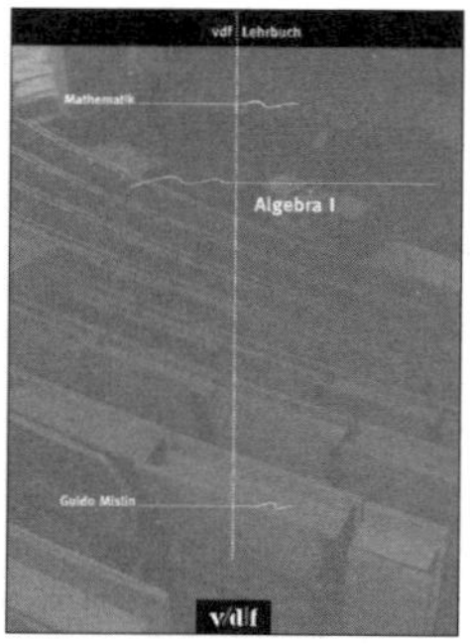

vdf-Lehrbücher und -Skripten
1998, 114 Seiten
17 x 24 cm, broschiert
ISBN 978-3-7281-2408-1

Ein Lehrbuch über die grundlegenden algebraischen Strukturen: Es enthält eine elementare Einführung in die Theorie der Gruppen, Ringe und Körper sowie einen Anhang über Mengen und Kategorien. Neben der Theorie werden attraktive Beispiele vorgestellt und diskutiert, die den abstrakten Teil harmonisch ergänzen (Darstellbarkeit von natürlichen Zahlen als Summe von zwei Quadraten, die Fermatsche Vermutung für die Primzahl 3, Winkeldreiteilung, Quadratur des Kreises, das Delische Problem der Würfelverdoppelung). Der Autor legt viel Gewicht auf eine ausführliche Beweisführung und eine verständliche, didaktisch ausgewogene Darstellung des vermittelten Stoffes. Der Text ist mit zahlreichen Übungsaufgaben angereichert und eignet sich für Mathematik- und Physikstudierende der unteren Semester. Auch für das Selbststudium geeignet.

vdf Hochschulverlag AG an der ETH Zürich, Voltastrasse 24, CH-8092 Zürich
Tel. +41 (0)44 632 42 42, Fax +41 (0)44 632 12 32, verlag@vdf.ethz.ch, www.vdf.ethz.ch

Norbert Hungerbühler

Einführung in partielle Differentialgleichungen

für Ingenieure, Chemiker und Naturwissenschaftler

vdf-Lehrbücher und -Skripten
2., durchgesehene Aufl. 2011
232 S., zahlr. Abbildungen
17 x 24 cm, broschiert
ISBN 978-3-7281-3449-3

Dieses Lehrbuch richtet sich an Studierende der Ingenieurwissenschaften, der Chemie und der Naturwissenschaften im zweiten Studienjahr. Es bietet eine einfache Einführung in das facettenreiche Gebiet der partiellen Differentialgleichungen und setzt an Vorkenntnissen nur das mathematische Grundwissen der Einführungsvorlesungen in Analysis voraus.
Partielle Differentialgleichungen dienen unter anderem als Modell für Zustände und Vorgänge in kontinuierlichen Medien. Sie beschreiben Potentiale und Felder und ergeben sich als notwendige Bedingungen bei Optimierungsproblemen in der Variationsrechnung.
Alle Kapitel sind durch Figuren illustriert und mit Übungsaufgaben und Lösungen angereichert.

Peter Läuchli

Matroide

Eine Einführung für Informatiker und Mathematiker

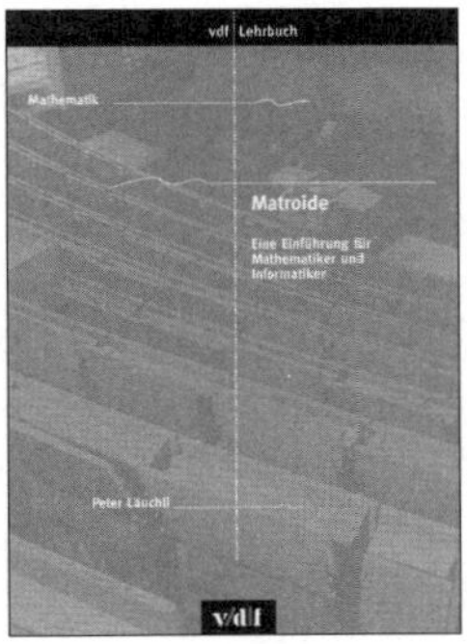

vdf-Lehrbücher und -Skripten
1998, 144 S., zahlr. Abbildungen
17 x 24 cm, broschiert
ISBN 978-3-7281-2470-8

Dieses Buch ist eine Einführung in die Matroide. Jedem Kapitel sind Übungen mit unterschiedlichem Schwierigkeitsgrad angefügt. Sie dienen als Ergänzung zum Inhalt. An ihnen können die Leser nachprüfen, ob sie den Stoff verstanden haben.
Die Elemente der Matroidtheorie, insbesondere auch das Konzept der Dualität und dasjenige der kryptomorphen Axiomatisierungen werden eingeführt. Als Illustration dient vor allem die lineare Algebra. Verbindungen zur Graphentheorie, der wichtige Begriff des Minors und der kombinatorische Begriff der Transversalen werden ebenfalls angesprochen. Abschliessend folgt noch ein kurzer Blick auf den Themenkreis der kombinatorischen Optimierung.

vdf Hochschulverlag AG an der ETH Zürich, Voltastrasse 24, CH-8092 Zürich
Tel. +41 (0)44 632 42 42, Fax +41 (0)44 632 12 32, verlag@vdf.ethz.ch, www.vdf.ethz.ch

Rolf Klaus

Der Mikrokontroller C167

vdf-Lehrbücher und -Skripten
2., überarb. Aufl. 2005
296 S., 17 x 24 cm, broschiert
ISBN 978-3-7281-3030-3

Das Buch behandelt den Mikrokontroller C167, der die Basis für eine grosse Zahl von Nachfolgeprodukten ist.
Die Publikation richtet sich an Studierende und Ingenieure, welche ihr Wissen auf diesem Gebiet vertiefen wollen. Der Aufbau, die Funktionsweise und die Programmierung des Mikrokontrollers C167 werden erklärt und anhand von Beispielen veranschaulicht. Viele Übungen mit ausführlichen Lösungen in Assembler und C dienen der Lernkontrolle.
Das vorliegende Buch bildet zusammen mit den Publikationen «Einführung in die Digitaltechnik – Vom Gatter zu VHDL», «Grundlagen der Computertechnik», «Die Mikrokontroller 8051, 8052 und 80C517» und «Einführung in C++ – Konzepte moderner Programmiersprachen» eine Einheit.

Rolf Klaus

Die Mikrokontroller 8051, 8052 und 80C517

vdf-Lehrbücher und -Skripten
3., durchges. Aufl. 2009
zahlreiche Darstellungen
256 S., 17 x 24 cm, broschiert
ISBN 978-3-7281-3259-8

Der Einsatz der Computertechnik nimmt seit Jahren in allen Bereichen stark zu. Sichtbarer Beweis sind die rasanten Veränderungen im Bereich der Personal Computer. Weniger gut sichtbar, aber genauso wichtig sind die Mikrocontroller, die in Geräte integriert sind und deren Funktionen steuern. Geräte des täglichen Lebens wie Waschmaschinen, Billetautomaten, Tanksäulen, Bankomaten usw. sind heute ohne integrierte Mikrokontroller undenkbar.
Das Buch behandelt den Aufbau und die Programmierung der Mikrokontroller 8051, 8052 und 80C517, die weltweit in riesigen Stückzahlen eingesetzt werden und deren Architektur die Basis für eine grosse Zahl von Nachfolge-Produkten ist.

v/d|f
vdf Hochschulverlag AG an der ETH Zürich, Voltastrasse 24, CH-8092 Zürich
Tel. +41 (0)44 632 42 42, Fax +41 (0)44 632 12 32, verlag@vdf.ethz.ch, www.vdf.ethz.ch